内容简介

　　本书全面论述了藜麦在中国的科研成果、生产成就和应用技术，共分 5 章。第一章论述了藜麦在中国的生产布局和种质资源，资料翔实，数据可靠；第二章阐述了藜麦种植的生物学基础，包括生育进程和有机物的生物合成；第三章介绍了北方高原地区和西南高原地区藜麦实用栽培技术，较全面地反映了藜麦栽培的科研成果和生产成就；第四章属于抗逆栽培内容，一方面介绍了生物胁迫及其应对，撰述了包括病虫草害的种类、发生规律、为害和防治等；另一方面从水分、温度、盐碱胁迫和灾害性天气的影响等方面撰述了非生物胁迫及其应对等；第五章介绍了藜麦的营养品质和利用与加工。

　　全书自成体系，对于藜麦在中国的种植与利用予以全方位介绍和论述。

U0349586

编委会

其他作者（按姓氏拼音排序）

陈翠萍　青海大学农林科学院（青海省农林科学院）

董文琦　河北省农林科学院生物技术与食品科学研究所

郭虹霞　山西农业大学农学院

姜　龙　吉林农业科技学院

金　茜　甘肃省农业科学院畜草与绿色农业研究所

李　洁　青海大学农林科学院（青海省农林科学院）

罗永露　贵州省农业科学院旱粮研究所

马春红　河北省农林科学院生物技术与食品科学研究所

马红霞　河北省农林科学院生物技术与食品科学研究所

秦春林　甘肃省农业科学院农业经济与信息研究所

隋建枢　贵州省农业科学院旱粮研究所

王　昶　甘肃省农业科学院作物研究所

温之雨　河北省农林科学院生物技术与食品科学研究所

吴石平　贵州省农业科学院旱粮研究所

吴文强　贵州省农业科学院旱粮研究所

杨　阳　河北省农林科学院生物技术与食品科学研究所

杨　钊　甘肃省农业科学院

张立异　贵州省农业科学院旱粮研究所

张丽光　山西农业大学农学院

赵　丽　山西农业大学农学院

作者分工

前　言

　　藜麦（*Chenopodium quinoa* Willd.）是一年生双子叶草本植物，原产于南美洲安第斯山脉的玻利维亚、秘鲁、智利、厄瓜多尔等国，是古印加民族的重要粮食作物。藜麦的栽培历史距今已有7 000多年。藜麦籽粒蛋白质含量高，富含人体必需的氨基酸、矿物质、维生素等多种营养物质，被联合国粮农组织（FAO）定为"唯一一种单体即可满足人体基本营养需求的食物"。藜麦具有耐寒、耐旱、耐盐碱等生物学特性，非常适合中国高海拔、干旱或冷凉地区种植。20世纪80年代，西藏自治区从国外引进藜麦开始小规模试种，其后，山西、甘肃、青海等地也开始了藜麦引进试种试验，并育成了不同系列的藜麦品种。2020年，全国藜麦种植面积达20 000hm²。目前，在种质资源收集、品种选育、栽培技术、基因组、抗逆、营养价值开发利用等方面进行了全面而深入的研究。

　　基于此，中国农业科学院作物科学研究所曹广才研究员担任总策划，联合甘肃省农业科学院、山西农业大学、贵州省农业科学院、青海省农林科学院、吉林农业大学等单位从事藜麦研究工作的科研人员共同撰写了《藜麦》一书，本书内容翔实，条理清晰，对国内藜麦的研究和发展进行了全面介绍，可为从事藜麦研究的人员提供参考。

　　全书共5章10节，参编各单位具体分工为：甘肃省农业科学院畜草与绿色农业研究所撰写前言和第一章；山西农业大学农学院撰写第二章第一节和第五章第一节；河北省农林科学院生物技术与食品科学研究所撰写第二章第二节；青海省农林科学院作物育种研究所撰写第三章第一节和第五章第二节；贵州省农业科学院旱粮研究所撰写第三章第二节和第四章第一节；吉林农业大学撰写第四章第二节。

　　本书在撰写过程中得到了国内外很多育种、栽培专家的帮助，在此表示由衷的感谢。由于编者水平有限，书中难免有不当之处，敬请读者提出宝贵意见。

杨发荣

2021年6月

目　　录

第一章 中国藜麦生产布局和种质资源

第一节 中国藜麦生产布局

一、藜麦的起源和传入

（一）分类地位

藜麦（*Chenopodium quinoa* Willd.）是苋科（Amaranthaceae）藜属（*Chenopodium*）一年生草本植物。藜麦与灰菜（*Chenopodium album* L.）同科同属，外形相近。《中国植物志》记载，藜属植物约有 250 种，分布遍及世界各地，中国的藜属植物有 19 种和 2 个亚种，对藜麦则无记载，可见藜麦传入中国的时间和研究工作起步较晚。

（二）形态特征

藜麦为 1 年生双子叶植物，叶片宽阔，一般具有短茸毛，叶缘光滑（较少）或呈掌状分裂，互生，茎色多彩，因品种而异。

1. 根

藜麦根系非常发达，呈网状分布，有助其抵抗强风等恶劣环境。种子萌发后，胚根形成主根，然后再生长出侧根与不定根。藜麦根系多分布在地表 12.6~15cm 深处，有的可延伸至 1.5m 深，强大侧根使其抗旱性突出。

2. 茎

藜麦的茎在近地表处呈圆柱形，分枝呈尖形，茎为绿色、黄色、紫色或黑红色，有的具有斑纹，由于一种甜菜红碱 β-花青素的存在而呈淡红色。甜菜红碱呈现黄色至红色，是一类含氮水溶性物质，为酪氨酸衍生物，仅存在于有限植物种类，据结构不同可主要分为红紫色 β-花色苷及黄色甜菜黄素。茎的长度因品种及环境的不同，在 0.5~2.5m 不等，在印度北部种植的一些藜麦品种间茎部长度差异达 13 倍，并且茎粗存在很大差异。藜麦的茎高度分枝，其分枝特性主要因品种及种植密度而异，在印度北部测试株中，不同品系的初生分枝数目相差达 4.5 倍。

3. 叶

藜麦不同部位的叶片大小具有很大差异，叶片也呈现多种形状，植株上部叶片呈柳叶形，下部叶片呈菱形或三角形。叶片边缘平滑，或呈齿状、锯齿状，幼叶表面多覆盖有茸，有的品种则无短茸。主茎叶片的叶柄长度大于侧枝及二级分枝。幼苗叶片一般呈绿色，植株成熟时变成黄色、紫色或红色，由于甜菜红碱的存在，通常叶柄基部或叶脉呈红色。

4. 花

（1）花序　藜麦花序呈圆锥形，分枝较多，花序长度 15～70cm，着生在植株顶部或基部叶腋处。藜麦有花枝，并着生二级至三级分枝，花序为有限生长型，两性花出现后分枝终止，花序生长主要是花茎的节间生长。三级短花枝上着生的一簇花称为小花球，二三级分枝上着生有末端两性花。藜麦的一个重要特征是既有两性花又有雌性花。藜麦的花序形状一般有两类，一类是花簇着生在次级枝上；另一类是团伞状花序，小花球着生在三级花枝上。藜麦花序的颜色因基因型的不同而异。例如，在智利北部收集的种质资源中黄色花序最为常见（57%），其次为红色花序（32%），橘色、粉色和紫色花序不常见（每种大约 4%）。

（2）花的类型　藜麦的花没有花瓣，有雌花和完全花。完全花有 5 个萼片、5 个花药及 1 个上位子房，子房上柱头有 2 个或 3 个分枝，也有发现在雌蕊原基上有 4 个柱头分枝（在开花期仅有 3 个柱头分枝，另 1 个败育）。藜麦花依花被的存在与缺失以及花被大小可分为 5 种类型：①顶生两性花顶生花，宽 2mm，存于主花枝、基部花枝及侧花枝花序簇花中。②侧生两性花，分散在雌花及二歧聚伞花序的一级、二级甚至三级花枝末端，这些花经常具有 5 个花被及雄蕊。③具花被大雌花，具 5 个花被，无雄蕊，大小为两性花一半，宽 1mm。④具花被小雌花，分布在二歧聚伞花序的终端分枝上，除了花较小外（直径 0.5mm），形态学上与第三类花相似。⑤无花被小花，只有裸露的心皮，没有花被，存在于二歧聚伞花序的终端分枝上。

（3）花簇或花球　藜麦花簇中的花相互对生于三级花枝，呈二歧聚伞形。二歧聚伞花序对称分布，以两性花的出现而终止。花枝上花簇的位置决定了其大小、数量及不同类型花所占比例。据二歧聚伞花序数目及相连侧枝花的种类及数目可以分为 10 种类型：①每个花簇中，顶花是两性花（7.7%），其余均为雌性花。二歧聚伞花序的一二级花枝以具有花被的大雌花而终止，而三四级花枝分别生长有花被及无花被的小雌花。②二歧聚伞花序的顶端及一级花枝以出现两性花而终止（10.6%）。二级分枝中生长具有花被的大雌花，而二三级花枝中生长雌性花。③花簇有 11.1% 的两性花，仅在四级花枝长有无花被的小雌花。④二歧聚伞花序有五级花枝，约 12.5% 是两性花。一二级花枝着生有两性花，三级花枝生有具花被的大雌花，而四五级花枝着生无花被的雌花。⑤花序中长有 21.7% 的雌花，而二三级花枝中分别着生具花被的大、小雌花。⑥仅在三级花枝中生长无花被的小雌花。⑦两性花占 20%，花序只有两级分枝。一二级花枝中分别着生具花被的大小雌花。⑧仅在二级花枝中着生有无花被的小雌花。⑨两性花占 46.6%，二歧聚伞花序只有两级分枝。一级花枝上着生有两性花，而二级花枝上着生有具花被的大雌花。⑩两性花最多（48.9%），花序有四级分枝。一二三级花枝着生有两性花，而四级花枝生有具花被雌花。

5. 果实

藜麦果实为瘦果，由外到内分别为花被、果皮及种皮。果实直径 1.8~2.6mm，形状为圆柱形、圆锥形或椭圆形。藜麦种子发芽快，暴露在潮湿环境中数小时即可发芽。种子形状差异很大，有圆锥形、圆柱形到椭圆形，大小差异也很大，小（<1.8mm）、中（1.8~2.1mm）、大（2.2~2.6mm）不等。在印度次大陆曾报道一种相对较小的藜麦种子，其质量为 2~6mg。藜麦种子颜色多样，黑色多于红色或黄色，占主导地位，其次主要为白色。种子纵切面显示胚在外周，种子中有一个基体作为贮藏组织或外胚乳存在。在成熟种子中，胚乳仅存在于珠孔位置，由 1 层或 2 层细胞组织组成，围绕在胚的下胚轴处。藜麦种子的果皮由 2 层细胞构成，外层细胞较大，呈乳头状，内层细胞不具伸展性。果皮中富含皂苷，味微苦，食用前需要通过洗脱或摩擦去除，如果籽实经过加工处理后仍具有苦涩味，可能是由于仍残留有果皮，因为皂苷仅存在于果皮中。藜麦种子内储存物质的固定分布展现了显著的区室化，与皂苷种子很相似。碳水化合物主要分布于外胚乳，而蛋白质、矿质营养元素和脂肪主要存在于胚乳及胚。

综上所述，藜麦的植物学特征对特定目标中育种程序中植株选择具有重要作用。自交不亲和、雄性不育系及通过研究花簇确定为低频率两性花的植株可用于育种，这是因为藜麦的花很小，难以去雄。需要更加详细地研究和考察不同样本中不同类型花的不同比例，以及该比例对近亲繁殖、异型杂交比例和产量的影响。

（三）生活习性

1. 品种抗旱性

藜麦具有表型可塑性和抗逆性，特别适应安第斯山脉地区的干旱气候。在安第斯阿尔蒂普拉诺高原，雨季较短，干旱常在雨季结束和开始前发生。阿尔蒂普拉诺高原地区的降雨时期被干旱期分隔，所以干旱也会在生长季节发生。生长季节内和季节间的干旱都会影响作物产量，尤其是当干旱发生在开花期等重要生长时期影响更大。

一般认为，藜麦干旱胁迫下仍能收获籽粒的优良作物。尽管藜麦是 C_3 作物，但藜麦具有较高的水分利用效率，其抗旱机制主要包括逃旱、耐旱和避旱，有助藜麦忍受或避开其他非生物胁迫，如冻害。然而，当干旱发生在敏感时期，例如，藜麦出苗期、开花期和乳熟期发生干旱，产量也会显著降低。

避旱是通过生长周期延长以应对早期营养生长阶段的干旱，或者通过早熟应对生长后期的干旱胁迫，早熟是安第斯山干旱频发地区藜麦生长初期或末期避旱的重要机制。藜麦避旱主要是通过高根茎比、叶片脱落导致的叶面积减少、调节气孔行为和含草酸钙特殊囊泡，同时还具有在严重失水时阻止细胞膨胀的小而厚的壁细胞。含草酸钙囊泡是藜麦特有的一种抗旱结构，草酸钙晶体具吸湿性，在减轻干旱胁迫上可能有 2 种功能，一是增加反射率，减少了阳光对叶片直接照射，二是气孔保卫细胞湿润降低蒸腾损失。花序内的花蕾开花不同步，也是降低干旱和其他非生物逆境风险的一种机制。

藜麦耐旱主要通过溶质实现植株组织弹性和低渗透势。与棉花一样，脯氨酸也是调节藜麦渗透平衡的主要物质，在膨大的组织中，脯氨酸被迅速氧化，而在干旱胁迫下，脯氨酸的氧化会被抑制，并且发现脯氨酸含量最高的品种来源于极端干旱和昼夜温差大的生态地区。

尽管藜麦的抗旱机制较多，但是水分胁迫经常会造成减产，除非干旱发生在成功出苗后的早期生长阶段，只引起土壤板结而对藜麦生长几乎无影响。

2. 环境因子对藜麦生长的影响

(1) 温度　温度敏感性高的藜麦品种来源于寒冷和干旱地区，而来源于温暖和潮湿地区的品种温度敏感性较低，这也部分解释了为何高原地区的品种受全球变暖的影响更大。高原地区的品种对生育后期的干旱和冻害较为敏感，当光照时间减少时预示着不利环境即将来临，籽粒灌浆速度就会变快。藜麦适宜生长的温度为 15~20℃，但也可以在 10~25℃环境下生长，极端高温会导致花败育。除干旱外，冻害也是在阿尔蒂普拉诺高原地区影响作物生长的主要限制因子，冻害导致减产是因为细胞被破坏，甚至植株死亡。藜麦是少数能忍受一定程度冻害的作物，并且还取决于冻害持续时间、品种、冻害发生时的生育期、相对湿度和土壤微环境，例如，山坡比峡谷受冻害的风险低。

研究不同冻害持续时间和强度对不同藜麦品种不同生育期的影响，发现藜麦在花芽形成期对冻害最为敏感，在营养生长阶段不太敏感。开花期低温持续 4h 会导致籽粒减少 66%，营养生长时期的藜麦在 -8℃ 低温下持续 2~4h 也会明显受害。

藜麦在冻害下的主要存活机制是其含有过冷液体避免了结冰，温度低于凝固点但仍不凝固或结晶的液体被称为过冷液体。藜麦植株体内含有高浓度的可溶性糖，可能会降低凝固温度和平均致死温度。

（2）光周期 藜麦也可以忍受较强的辐射强度，从海平面的照射到高纬度的强照射藜麦都可忍受。藜麦属于短日照植物，根据品种对光周期敏感程度不同，可以将藜麦品种分为短日钝感型和短日敏感型。光周期对种子繁殖各阶段的影响都很大，某一发育阶段的水分胁迫会影响后续生育期的持续时间，同样某一发育阶段的光照持续时间也会影响后续生长期，这被称为延迟反应。平均入射辐射会影响藜麦叶片间距，而且入射辐射越高，叶片间距越大。但是，光周期敏感和叶片间距大的品种对辐射不敏感。

（3）冰雹或雪 冰雹或雪在藜麦生长季节较少发生，或者只发生在安第斯山地区，但仍然会对藜麦造成损失，特别是发生在花芽已经形成时。同其他非生物逆境生长一样，不同藜麦品种对冰雹的耐受性不同。

（4）盐分 藜麦是一种兼性盐生作物，可以在极端盐环境下生长，例如，土壤的电导率高达52dS/m时藜麦也能生长。在高原盐滩，植物组织通过积累盐离子调节叶片水势，使植株可以在盐胁迫下保持细胞膨压和蒸腾作用。同时，土壤盐分增加会导致藜麦发芽延迟，使其在高盐分条件下种子还能保持休眠和活力，对土壤盐分胁迫的耐受性和敏感性主要取决于品种。

（5）土壤 藜麦可以忍受较广泛的土壤酸碱度和质地，从酸性土壤（pH值为4.5，如秘鲁的卡哈马卡地区）到碱性土壤（pH值为9，如玻利维亚缺盐地区），中性土壤最适宜藜麦生长。尽管排灌良好的土壤适合作物生长，但是从沙地到黏性土壤藜麦都能生长。

（四）藜麦起源和在中国的传播

多数文献介绍，藜麦原产于南美洲安第斯山区，距今有5 000~7 000年的种植历史，也有报道称有7 000年种植历史。

肖正春等（2013）介绍安第斯山中段山区保留着许多古代印加帝国的文化遗迹，其中，"马丘比丘"遗迹堪称举世瞩目，靠近厄瓜多尔的维卡邦巴谷有一个长寿谷，除受益于良好的自然环境外，健康饮食也是该地区的居民长寿的原因之一。藜麦兴盛于古代印第安三大文明（玛雅文明、印加文明、阿兹特克文明）之一的印加文明。相传很久以前，藜麦是神赐予的粮食。一天，太阳神 Inti Raymi（古印加人崇拜的太阳神）的三儿子带着一行人在安第斯山上围猎驼羊，追逐的过程中掉下了山崖，当地的一位农民不顾生命安危，把他救了上来，三太子回到太阳宫后，给他父亲讲述了自己受难被救的事，为了报答救子之恩，Inti Raymi 派遣了一只叫 Kullku 的神鸟，把藜麦种子送到了这位农民家中，从此以后藜麦成了安第斯山人最重要的粮食。

在印加文明兴盛时期，藜麦已经成为古印加民族的主要食物之一，在海拔4 000m以上空气稀薄的山区，食用了藜麦的信使就能够连续24h接力传递，这不能不说是一个奇迹。古印加军队行军时的粮食也是藜麦和油脂裹成的藜麦丸，战士们就是靠它铸就了强盛的印加黄金帝国。藜麦还被用于治疗疼痛、炎症以及骨折等，如今当地的一些田径运动员还在使用一种与藜麦有关的古老方法来提高他们的运动成绩。

藜麦，在古印加时代，不仅为人们提供营养，而且是他们的精神食粮，被称为"粮食之母"，也是祭奠太阳神及举行各种大型活动必备的贡品。那时，每年的种植藜麦的季节都是由在位帝王用金铲播下第一粒种子。西班牙殖民者入侵南美洲后，为了从精神上统治印加民族，实行了禁止种植藜麦的制度，违反者最重可实行死刑。尽管如此，藜麦还是在边远山区延续种植至今。当地土著人至今一直保持着以藜麦为主食的习俗。藜麦不仅是他们生活的重要部分，而且喜欢骄傲地宣称："我们从不得病，因为我们吃祖先传下来的藜麦。"

20世纪80年代，美国国家航空航天局（NASA）在寻找适合人类执行长期性太空任务的闭合生态生命支持系统（CELSS）的粮食作物时，神秘的藜麦在安第斯山脉被"重新发现"，NASA对藜麦做了细致全面的研究，发现其具有极高而且全面的营养价值，在植物和动物王国里几乎无与匹敌。它的蛋白质、矿物质、氨基酸、纤维素、维生素等微量元素含量都高于普通的食物，与人类生命活动的基本物质需求完美匹配。最重要的是藜麦为粮食作物中稀有的未进行人工遗传改良的古老物种，在大自然中按生物自然的规律繁育了几千年，可以说是最纯天然的食物，对长期在太空中飞行的宇航员来说不仅仅是健康食品，更是安全的食物。因而，NASA将藜麦列为人类未来移民外太空空间的理想"太空粮食"。联合国粮农组织（FAO）研究认为，藜麦是唯一一种单体植物即可满足人体基本营养需求的食物，正式推荐藜麦为最适宜人类的完美"全营养食品"，列为全球十大健康营养食品之一。

藜麦传入中国的时间较晚，国内对藜麦的研究起步也较晚。张晓玲等（2018）报道，20世纪80年代末，中国西藏地区开展了藜麦试种研究，直至2008年藜麦才在山西省呈规模化种植。2013年，山西省静乐县藜麦种植面积达到667hm²，该县因此获得了"中国藜麦之乡"的美誉。李娜娜（2017）报道，进入21世纪后，受国际上对于藜麦研究与产业发展的影响，西藏、甘肃、山西、青海、河北、河南、山东等省（区）均陆续开始引进试种，筛选出部分区域适应性较好的品种。

藜麦的起源中心有很多个，遗传方面具有多样性。安地斯高原是海拔

3 500~4 300m的高原地区，从南到北绵延将近 800km。提提喀喀湖沿线是具有最丰富的遗传多样性和变异性的地区。藜麦分布在整个安第斯山地区，从智利（安托法加斯塔）到阿根廷北部（胡胡伊省和萨尔塔省），再到哥伦比亚（帕斯托）都可以看到藜麦大量种植。古时候，哥伦比亚北部和阿根廷东部的科尔多瓦省都曾广泛种植藜麦，但是现在均不再种植。现在主要的藜麦种植地区是从哥伦比亚南端开始，经过厄瓜多尔、秘鲁和玻利维亚，再到智利高原（塔拉帕卡东部）和阿根廷北部（胡胡伊省和萨尔塔省）的一些地区。

玻利维亚的藜麦品质最好，主要出口到北美洲、欧洲和亚洲等，高价出售，全球藜麦市场的 42%需求都由它提供。玻利维亚高原是一个盆地地貌，位于皇家科迪勒拉山系和西科迪勒拉山系之间，海拔 3 700~4 100m，占地面积 70 000km²，海拔 5 000m的二级山脉是该地区主要组成部分。玻利维亚高原有超过 35 000hm² 的藜麦种植基地，主要分布在拉巴斯、欧鲁罗、萨利纳斯·加尔西门多萨、阿罗马、瓜尔贝托·弗得罗、和拉迪斯劳·卡布雷拉地区，优质藜麦的生产地主要位于地波托西（包括诺尔利佩斯省和丹尼尔·坎波茨省伊卡区）。

秘鲁高原具有广阔而复杂的农业生态地带，这是自然环境所决定的，这个地区的农作物变异是很惊人的。秘鲁拥有科康拉卡斯特、普纳、苏尼 3 个主要的农业生态区域，每个区域又有细分区域，被称作"ayonoqas"。秘鲁的藜麦表现出广泛的遗传多样性，甚至不同年份种植的同样的品种都会产生变异。普诺、万卡约和库斯卡是主要藜麦生产区，产量分别占总产量的 75%、10%和 5%，此外，还有卡哈马卡、万太郎谷、瓦伊拉斯和安达韦拉斯等不同的产区。

智利大陆从南纬 18°延伸到南纬 43°，分为 3 个不同的藜麦地理区，即北部高原地区、中部地区和南部地区。在智利北部，藜麦主要由智利高原北部的土著艾马拉印第安人种植，种植区域延伸至智利中南部。在智利南部地区，主要以个体农户的形式种植适于低地的地方品种，从海拔 1 000m到接近海平面，沿袭了南纬 34°~46° 皮珍契族古老文化和南纬 40° 马普切人的种植习惯，海拔超过 3 500m的智利高原藜麦也可以种植。

藜麦的商业化栽植最早追溯到秘鲁、玻利维亚、厄瓜多尔等国家，2 000多年后藜麦的价值逐步受到营养学家们认可并推荐，20 世纪 90 年代以后藜麦作为候选的特色农作物，逐渐被美国、加拿大和欧洲等引种。随着全球藜麦种植面积逐步扩大，美洲、欧洲和亚非地区已将藜麦纳入"确保粮食安全的战略性作物"之中，逐步进行本土化开发。步入 21 世纪后，国际上对于藜麦研究不断增多，产业发展十分迅速，我国西藏、甘肃、山西、青海、河北、河南、山东等省（区）也开始陆续引进藜麦试种，根据区域特点筛选出适应性较好的藜麦品种。

藜麦作为一个新作物，从国外引进时间不长，1988 年，西藏农牧学院和西藏农牧科学院联合首次引进藜麦试种。在西藏地区，藜麦展现出良好的适应性，产量高达 5 250kg/hm^2。2011 年，甘肃省农业科学院杨发荣等按照生态区域划分，在宁县旱作区、永靖县半干旱区、康乐县高寒二阴区以及兰州灌溉区等地分别进行了藜麦引种实验，引进的 8 个藜麦品种在实验的生态区域都能结果成熟，最高产量可达 5 175kg/hm^2。2012—2014 年，闫书耀等在中国山西省高寒地区进行了为期 3 年的藜麦引种试验，最高藜麦产量可达 8 100kg/hm^2。2012 年，山西省静乐县藜麦种植面积迅速增长到 86.67hm^2，在非原产地国家种植面积排名第二位，仅次于美国。李成祖等（2020）选用了藜麦品种'GZ-3'和'GZ-5'在中国青海格尔木地区进行适应性引种种植实验，产量高达 3 616.5~5 577kg/hm^2。周海涛等（2014）研究发现，在河北张家口地区，藜麦生育期较短，属于早熟类型品种。参试品种'LM-4'产量一度达到 3 637kg/hm^2，蕴藏着巨大的增产潜力。河南省安阳市农业科学院也在 2013 年开始尝试藜麦适应性栽培试验，经过品比试验，参考了不同海拔梯度和播期试验，研究人员在引进的 11 份材料筛选出 2 份综合性状较好的材料'安藜 3 号'和'安藜 4 号'确定为试验品种。2006 年，马维亮等在国家外国专家局引荐下，宁夏自治区外国专家局立项资助宁夏自治区农林科学院从玻利维亚引进 4 个藜麦品种进行了 3 年引种试验。2013 年以来，中国各地陆续引种试种藜麦，规模逐年扩大。宁夏也有企业和个人开始引种试种，宁夏中卫市农牧专业合作社 2013 年在香山压砂地试种藜麦 0.13hm^2，2014 年种植 0.67hm^2，2015 年种植 60hm^2，2016 年种植 110hm^2，产量 1 680~2 295kg/hm^2。固原市原州区 2016 年试种藜麦 3.33hm^2，总产 5 500kg，平均产量 1 651kg/hm^2，最高达 3 000kg/hm^2，2017 年，继续扩大示范种植。贺兰县科技局 2017 年立项资助 2 个企业在常信乡张亮村、立岗镇清水村试种藜麦 30hm^2，最高产量达到 3 000kg/hm^{2}以上。

二、中国藜麦生产布局

藜麦引入中国的时间较晚，种植地域尚不广泛，目前主要分布于中国北方各省（区），南方地区如贵州等也有种植。

任贵兴等（2015 年）介绍，20 世纪 80 年代末在西藏地区进行了藜麦试种研究，直到 2008 年，藜麦才在山西省呈规模化种植。2013 年，山西省静乐县藜麦种植面积达 667hm^2，2015 年，山西省藜麦种植面积达 1 500hm^2。目前，全国种植面积靠前的省份有甘肃、青海、山西、河北、贵州等。2020 年，甘肃省藜麦种植面积达到 9 700hm^2，青海省约为 1 700hm^2，山西省 10 000hm^2，全国藜麦种植面积从 2015 年的 3 333hm^{2}增长到目前的 20 000hm^2。

甘肃藜麦主要产区分布在海拔 1 170~2 960m 的陇东旱作区、河西灌溉区、陇中干旱半干旱区及二阴地区等生态区域。研究团队通过在主产区不同生态区域进行藜麦适应性研究发现，藜麦对海拔敏感，低海拔地区藜麦结实率低，导致藜麦产量下降，随着海拔的升高，藜麦产量呈上升趋势，初步确定甘肃省藜麦优质产区为海拔 1 800～2 400m 的冷凉地区（如民乐县、高台县、永昌县、永靖县等）。目前，陇藜系列品种已在庆阳市宁县、正宁县、合水县，平凉市静宁县，敦煌市，张掖市甘州区、山丹县、民乐县、高台县，天水市秦安县，兰州市永登县、榆中县，白银市平川区、会宁县、景泰县，定西市安定区、通渭县，临夏州永靖县、康乐县，合作市等地区推广种植。截至 2020 年，全省藜麦种植累计面积近 30 万亩（1 亩≈667m^2。全书同），已基本形成规模化种植。

近年来，青海省委省政府高度重视藜麦产业，发展省农业农村部门将其定位为高原特色优势产业和脱贫攻坚的新兴产业予以扶持，有力推动了藜麦产业的快速发展。自 2013 年青海省民和县引进美国藜麦品种开展试种评价以来，2014—2019 年，青海省藜麦种植面积逐年扩大，由 2014 年的 2 000 余亩扩大到 2019 年的 35 000 余亩，建立加工线 10 余条，形成了由青海省农林科学院、中国科学院西北高原生物研究所、三江沃土生态农业科技开发有限公司、青海瑞丰博众种植开发有限公司、西宁昆盛农业科技开发有限公司等共同参与建立的产学研生产体系，在藜麦安全性评价、细胞学鉴定、形态学观察、逆境胁迫、育种栽培、产品研发等方面均有不同程度的研究。

青海西部地区在地域环境上与藜麦原产地十分相似，藜麦是一种适应性很强的作物，具有耐寒、耐旱、耐瘠薄、耐盐碱、喜冷凉和高海拔的特点，不同地域环境对藜麦的生长会产生不同的影响，或直接影响到藜麦的质量。侯岳等（2019 年）介绍格尔木市地处青藏高原柴达木盆地南缘，地貌复杂，地形南高北低，由西向东倾斜，属典型高原大陆性气候，全年干旱少雨，年平均降水量45.1mm，年平均气温 5.8℃，空气相对湿度 32%，日照时数全年平均为3 083.5h。昆仑山麓之雪水，汲青藏高原日月之精华，使其具有绿色天然产品之优势，经济效益是其他粮油作物经济效益的 4～5 倍，劳动强度相对降低。自然灾害条件因素影响减少，投资风险随之降低。目前，格尔木地区种植面积已达266.7～400hm^2，初步形成产业规模，随着栽培技术的提高，其产量和品质逐步提高。

刘珍珍等（2017）介绍，柴达木盆地属于典型的干旱性荒漠气候，独特的气候、地理、土壤条件，几乎复制了安第斯高地的藜麦生长、种植环境，特别是柴达木盆地干旱少雨，非常符合藜麦生长条件。试种情况表明，藜麦具有耐寒、耐旱、耐盐碱的生物学特性，海拔 2 700～3 200m 的海西柴达木盆地灌区是黎麦最佳适宜种植区，2012 年引种并在德令哈试种成功；2014 年种植藜麦 147hm^2，平均产量 218kg/亩；2015 年全州种植藜麦 465hm²，平均产量 216kg/亩；2016 年全州种植藜麦 1 093hm²，平均产量 247.5kg/亩。

斯南白宗等（2019）介绍云南省迪庆藜麦生产主要集中在海拔 2 600m 以上区域，以虎跳峡镇、小中甸镇、建塘镇、格咱乡、三坝乡等乡镇为主，都以订单农业方式生产。

韩丽红等（2019）介绍近年来藜麦在山西省的发展进程迅速，2010 年，山西省开始大规模种植藜麦，主要分布在静乐、繁峙、保德、平鲁、和顺等县，是全国规模种植藜麦最早的省份。2017 年，全省藜麦种植面积达到 5 300hm²，总产 10 000t；2018 年，全省藜麦种植面积达到 6 700hm²，总产 13 000t；2019 年，全省藜麦种植面积达到 10 000hm²，总产约 16 000t。

蒋云等（2019）介绍四川藜麦主要分布在川西北高原及攀西地区、川西南山地和盆地内。其中，川西北高原及攀西地区，主要包括甘孜州（泸定县除外），阿坝州（红原县除外），凉山州的木里、盐源、美姑、会东的部分地区和雅安市宝兴县部分地区，属高原季风气候或温带—寒温带—亚寒带季风气候的区域均适宜栽培藜麦，即夏季温和，冬春寒冷，干湿季明显，雨热同季，日照充足，年均降水量通常为 600~800mm，绝对无霜期大于 110d。通常情况下，该区域中适宜种植青稞的地区均适合种植藜麦。目前，该区域内阿坝州马尔康市（海拔 2 600m）、甘孜州康定市（海拔 2 500m）小规模试种取得了成功，其产量性状突出，病虫害较少，但不抗倒伏，需要进一步完善栽培技术。川西南山地，属于亚热带高原、季风、干热河谷气候，立体差异明显。高山及亚高山地区冬季干寒，夏秋湿润凉爽，日照充足，和青藏高原东缘—横断山脉部分气候类似，但降雨更多，藜麦适宜在一年一熟区域种植，目前，在攀枝花市盐边县格萨拉乡（海拔 2 600m）小规模春播藜麦取得了成功，但早熟藜麦品种（生育期 3~4 个月）成熟期恰逢雨季，易引起穗发芽，产量较晚熟品种低；中山及中低山地区，日照充足，冬干暖夏润凉，日温差大而年温差小，干、雨季节分明而四季不分明，通常实行一年两熟或两年三熟制，该区域适宜多种作物生长，可根据当地种植习惯发展藜麦种植，例如，烟草收获后种植一季秋播藜麦，在凉山州越西县、攀枝花市仁和区平地镇（海拔 1 800m）小规模试种取得了成功。攀西干热河谷区可在雨季来临后进行播种，以避开旱季的高温天气。盆地内属亚热带湿润季风气候，冬暖夏热，无霜期长，雨热光同季，但日照较少，湿度较大，旱涝交错。中国大部分藜麦种质为高原适应型，湿度大时易感病、怕涝，夏季高温易导致雄花不育，这种类型不太适宜在该区域种植，表现为年度间不稳定，目前该区域在郫县、新都、金堂等地试种基本取得了成功，但也有失败的年份，需要筛选或培育耐湿、耐高温和抗病性强的种质，从而适应盆地的气候特点。

第二节 中国藜麦种质资源

一、概述

国以农为本，农以种为先。作为品种的"芯片"，农业种质资源是种业原始创新的基础，是选育新品种的基础材料，包括各种植物栽培种、野生种的繁殖材料以及利用这些繁殖材料人工创制的各种植物的遗传材料。农业种质资源的保护与利用更是保障国家粮食安全和重要农产品有效供给的基础条件。种质资源是培育新品种的原始材料，是改良农作物的基因来源。因此，收集、引进、保护、研究和利用作物种质资源是农作物品种改良所必须，是农业持续发展所必须。

藜麦种质资源的遗传多样性对其遗传改良具有重要作用。育种者只有了解育种材料的遗传变异信息，才能有针对性地选择杂交亲本，以便在后代中获得优良变异，培育出优异品种。一个新品种的育成，离不开优异种质资源的利用，种质资源遗传多样性的研究是育种工作的基础。因此，各国在藜麦育种工作中相互引用种质资源有利于弥补本国种质资源的不足，拓宽品种的遗传基础。

（一）藜麦起源中心及种质资源收集

藜麦起源中心在南美洲安第斯山地区，该地区也是世界八大植物起源中心之一。藜麦自然分布主要分布在哥伦比亚南部（北纬2°）到智利（南纬47°），海拔从安第斯山玻利维亚和秘鲁高原4 000m区域到智利海平面（任贵兴，2020）。考古研究表明，约公元前5000年藜麦已被当地人驯化种植，至今已有5 000~7 000年的种植史，被认为是以玻利维亚和秘鲁安第斯为中心的南美洲特有植物（Cardenas，1944），地理分布虽然较广，但主要局限于安第斯山区。因此，安第斯山高原成为了全球最大的藜麦资源多样性中心（Fuentes，2009）。Fuentes等进一步用SSR分子标记检测了智利藜麦种质资源的遗传多样性，结果表明安第斯山高原是第一大藜麦多样性中心，智利南部海岸（低地）是第二大藜麦多样性中心，阿根廷低地为藜麦第三大种质资源库。Rojas等（2010）报道，人们自20世纪60年代起开始收集藜麦种植资源，截至目前，世界范围内有16 422份藜麦种质资源及其野生近缘种保存于30个国家的59个基因库中，88.3%的藜麦的种质资源保存地主要集中在安第斯山区国家，其中，最大的种质库在玻利维亚（6 721份）和秘鲁（6 302份）。美国农业部保存有3 000余份藜麦资源（高琪，2019；王丽娜等，2020）。具体见表1-1。

表 1-1　安第斯山区国家的种质库及保存的藜麦种质资源数量

	玻利维亚	秘鲁	厄瓜多尔	阿根廷	智利	哥伦比亚
种质资源库（个）	60	80	10	30	50	10
种质资源数量（份）	6 721	6 302	673	492	286	28

数据来源：里戈伯特，厄瓜多尔；任贵兴，2020。

（二）藜麦种质资源分类

安第斯山区是全世界八大植物起源中心之一，藜麦在该地区的野生种或栽培种最为丰富，有些种类分布在赤道附近海拔 2 500~4 000m 的高原，而另外一些分布在智利和玻利维亚的海平面（Ecocrop，2019），根据遗传变异、适应性和形态特征，初步将藜麦划分为 5 种生态类型（Lescamo，1989；Tapia，1990）。

1. 山谷型（Valley type）

生长期长，茎秆分枝多，穗型松散，植株高，有些超过 2.5m，抗霜霉病，分布在海拔 2 500~3 500m 的区域。

2. 高原型（Altiplano type）

生长期短，单秆，高 0.5~1.5m，穗紧凑，分布在海拔高度约 4 000m，耐霜冻，易感霜霉病。

3. 高原盐湖型（Salar type）

耐胁迫、耐盐，能适应干旱气候（年降水量 300mm），单秆，穗紧凑，籽粒直径 2.2mm 以上，表皮粗糙，皂苷含量高，玻利维亚人称其中一些种类为"Real"。

4. 海平面型（Sealevel type）

长日照植物，秆分枝，高 1~1.4m，籽粒乳黄色。耐热、耐雨水。

5. 亚热带型（Subtropical type）

大多数多分枝，高度超过 2.2m。营养生长期植株绿色，开花期为橙色，种子为橘黄色。

尽管原产地一些藜麦研究人员根据藜麦的生态分布对藜麦做了分布型分类，但某一生态型的种类在其他生态区的表型还有待研究确认，尤其从南美洲生态区进入全球种植，有待研究人员进一步深入挖掘资源的可利用性。

（三）中国藜麦种质资源引进

藜麦在中国属于外来物种，20 世纪 80 年代才被引入中国（贡布扎西，1994），由于自然气候条件、政治因素以及社会经济发展等方面的制约因素，中

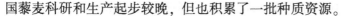

国藜麦科研和生产起步较晚，但也积累了一批种质资源。

根据现有文献报道，除前述提及的西藏农牧学院和西藏农牧科学院进行藜麦的引种与示范种植外，中国农业科学院任贵兴团队也较早地从秘鲁、智利和玻利维亚等国引进200余份不同生态型及适应能力的藜麦种质资源。近年来，东北师范大学藜麦研究团队从智利引进不同光周期特征以及温度耐受、籽粒颜色和抗性等特征的100余份种质。目前，大多种质资源多为学术机构种质交换、商贸流通中收集、本土种植过程中的变异材料和育种家们通过诱变、杂交等手段创制的一些材料。据不完全统计，截至2020年，中国引进、收集、保存的种质资源约有4 000余份，EMS突变体16 000份，引种地多集中于智利、玻利维亚、秘鲁、沙特、美国、南非以及加拿大等国家（任贵兴，2020），分别保存在中国农业科学院作物种质资源中心、上海植物逆境生物学研究中心、山西稼祺藜麦开发有限公司、甘肃省农业科学院、青海省农林科学院、山东师范大学、贵州农业科学院和西北生态环境资源研究院等单位和个人手中。其中，中国农业科学院种质资源中心引进保存藜麦种质资源300余份。中国作物学会藜麦分会收集藜麦种质资源200～400余份。中国科学院上海植物逆境生物学研究中心引进藜麦种质资源1 300～3 000份（张慧，2020）。甘肃省自2010年引进藜麦以来，先后从玻利维亚、智利、秘鲁、美国、南非、吉尔吉斯斯坦、肯尼亚、加拿大、荷兰等9个国家交换、赠送、引入种质资源318份，从国内其他地方搜集、引入300余份，初步构建了甘肃省藜麦种质资源库。山西稼祺藜麦开发有限公司收集藜麦资源3 200多份，EMS突变体library 16 000份（武祥云，2020）。

（四）中国藜麦种质资源利用

通过形态学和农艺学鉴定，玻利维亚收集的95%～100%的藜麦资源已被鉴定和评价，12%的种质资源也已进行了营养价值评价和鉴定。利用相同方式，秘鲁对其收集的所有藜麦种质资源正在进行形态学和农艺学鉴定和评价。在拉莫利纳国立农业大学，有43%的藜麦资源已经进行了营养品质评价。许多研究利用分子标记法进行藜麦种质资源多样性的鉴定，根据Rojas等报道，86%的玻利维亚藜麦种质资源已经进行了分子标记法鉴定。Fuentes等研究表明，智利高原和沿海低地的藜麦资源共享了21.3%的等位基因，同时，高原地区的藜麦资源含有28.6%的特有等位基因，而沿海低地的藜麦资源含有50%的特有等位基因。

自中国引入藜麦以来，研究者围绕引进的种质资源开展了系列资源的特征描述和评估工作，主要集中在生态适应性评价、亲缘关系鉴定、遗传多样性分析、抗逆性鉴定评价及新品种培育等方面。

陆敏佳等（2015）研究报道，为了解藜麦种质资源的多样性，利用SSR引物对所搜集的41个藜麦种质的多态性及其亲缘关系进行了分析。结果表明，54

对 SSR 引物中筛选出的 16 对能明显扩增出稳定的多态性条带的引物，共检测出 139 个等位基因条带，每对引物的等位基因个数为 3~13，平均为 8.7；16 对引物的多态信息含量（PIC）变幅为 0.208~0.432，平均为 0.366。UPGMA 聚类分析显示，41 份材料的遗传相似系数（GS）在 0.374~0.906，平均相似系数为 0.626。阈值（GS）约为 0.665 时，41 份材料可分为 4 大类。其中，614929 与 B. B. *Quinoa* 浙Ⅰ间的遗传相似系数最小，为 0.374，表明来源于不同地区的遗传距离较远，遗传基础较广泛，揭示藜麦品种资源间的亲缘关系为藜麦资源保存和新品种选育提供了理论依据。张体付等（2016）研究报道，藜麦基因组约有 1 800 个非单核苷酸EST-SSR。二核、三核苷酸重复为主要重复类型。藜麦 EST-SSR 重复序列长度与多态性之间不具有显著相关性。藜麦 EST-SSR 在藜科物种间具有良好的通用性，可以用于藜科种质的遗传关系分析等研究。黄杰等（2018）报道，为了解藜麦种质资源在甘肃省陇中旱作区农艺性状和产量的关系，更高效地选育藜麦新品种，以 38 份藜麦种质资源为材料，采用相关性分析、主成分分析和聚类分析方法对影响产量的主要农艺性状进行分析。结果表明，藜麦产量与各个农艺性状的相关程度从高到低依次为冠幅、全生育期、籽粒直径、千粒重、株高，全生育期与其余农艺性状均存在极显著相关性。冠幅、全生育期、籽粒直径、千粒重、株高等 5 个农艺性状可以归为 3 个主成分因子，其累积贡献率为 76.657%，同时在类间距离为 17.5 处，将所有种质资源可分为三大类群，第一类群属于中秆中晚熟品种，其株高及籽粒千粒重介于第二类群和第三类群之间；第二类群属于高秆晚熟品种，该类群品质性状比较突出，主要特性表现为籽粒千粒重大、高蛋白、低脂等特性；第三类群属于低秆早熟品种，该类群生育期 115~116d，主要表现为低秆、早熟、千粒重小等特性。因此，可根据不同用途和生态类型需要，选择不同特性的品种资源。

何燕等（2019）介绍，为探明西藏目前主推藜麦的染色体数目及核型，以西藏农牧学院植物科学学院提供的藜麦品系 W4 为材料，对其进行根尖染色体常规压片法制片，比较采用 8-羟基喹啉、秋水仙素和冰冻方法的预处理时间、1mol/L HCl 酸解时间对藜麦染色体制片的影响，探讨最优的根尖处理方法并进行核型分析。结果显示，用 0.1% 秋水仙素溶液（离体）处理 3h，1mol/L HCl 60℃酸解 13~14min 的总体作用效果最佳；藜麦 W4 的核型公式为 2n = 36 = 32m（2SAT）+4sm，核型不对称系数为 57.87%，核型分类中属 2B 型。

袁加红等（2020）研究报道，为有效利用藜麦种质资源，筛选适合云南东川地区种植的优良藜麦新品种以推动云南藜麦种植产业的发展。以 111 份藜麦种质资源为供试材料，利用变异分析、相关性分析、主成分分析和聚类分析的方法对 10 个农艺性状进行比较分析和综合评价。结果表明，111 份藜麦的主要农艺性状的变异系数在 7.09%~86.75%，变异系数最大的是主枝穗长，最小的是产量，平均变异系数为 27.13%，体现了丰富的遗传多样性；相关性分析表明产量与单株粒质量呈极显著正相关（$r=0.823$，$P<0.01$），产量与千粒质量呈极显著正相关（$r=0.423$，$P<0.01$）；通过主成分分析，将 10 个农艺性状综合为 5 个主成分因子，累计贡献率为 88.2%，并逐一分析了每个主成分与农艺性状之间的关系；通过聚类分析，在 D_2 为 2.38 时将供试材料聚为 8 个类群，其中，第 I 类群种质数量最多，资源丰富。这个类型的籽粒颜色为白色、黑色和红色，植株较为粗壮，但该类型的农艺性状差异不明显，证明遗传稳定，因此可根据育种目标筛选相应的特异种质；第 II 类群主要特征是株高最矮，但是该类型的产量相对于其他类型也不低，该类型种质资源是选育矮化抗倒伏性状的优良种质资源；第 III 类型的株高较高，叶片宽大，作为青饲料将有良好的潜力，第 IV 类型籽粒饱满，农艺性状良好，因此可以作为选育商业食品优良品种；第 V 类型的产量相对于其他几个类型较高，穗型为紧凑型，是作为藜麦选育优良品种的优质资源；第 VI 类包含 17 份藜麦种质资源，其主要特征是产量高，而且该类型的藜麦株高适中，在一定程度上具有抗倒伏的优良性状，因此，该类型的藜麦种质适合农业种植推广；第 VII 类群主要农艺性状是株高最高，植株粗壮，叶片大，单株小穗数最多，通过田间观察，该类群植株的抗病抗虫性较强，可以考虑作为青饲料推广的选育品种，该类型的藜麦穗型为散头型。此外，该类群中的 BLVY-32 和 BLVY-25 种质具有短日照的特性，这将作为研究藜麦的杂交育种和光敏不育调控元件的重要材料及冬季反季节种植的种质资源；第 VIII 类群的产量最低，其他农艺性状相对于其他类群的农艺性状都较差，而且不具抗病性，因此该类群不适合农业生产的推广种植，不过它们的籽粒都为亮黄色，该类型具有丰富的皂苷，可以考虑作为化妆品和杀虫剂等工业用品的生产品种。综合分析了不同类群农艺性状的特性，为后期藜麦特异品种筛选和配置杂交组合提供理论依据。从 111 份藜麦种质资源中筛选出 22 份高秆、矮秆、粗茎、多穗、大籽粒和高产等特性的特异种质，为今后云南东川及周边地区种植推广及育种提供藜麦种质资源。

逢鹏等（2020）报道，为明确藜麦种质主要农艺性状的遗传变异，2016 年从中国农业科学院提供的 200 份藜麦种质中，根据株型、抗倒伏性、穗型等性状，选择出表现较好的 50 份藜麦种质作为供试材料，对其 10 个农艺性状进行了差异性、多样性、聚类、相关性和主成分分析。结果表明，供试的藜麦种质变异系数由高到低依次为产量（42.67%）、穗粒重（40.18%）、穗重（38.27%）、分枝数（34.13%）、千粒重（29.59%）、穗长（21.88%）和籽粒直径（9.47%），遗传多样性指数平均为 1.48。供试藜麦种质划分为 4 大类，第 II 类种质群的平均产量、千粒重、主穗穗重和穗粒重均为最高，可作为高产型藜麦育种的亲本。主成分分析的前 3 个主成分对变异累计贡献率达 84.38%，其中，第一主成分为产量构成因子，第二主成分为籽粒构成因子，第三主成分为分枝数因子。籽粒直径与千粒重呈极显著正相关（$P<0.01$）；穗粒重、穗重与产量呈极显著正相关（$P<0.01$）；穗长、分枝数与千粒重呈显著负相关（$P<0.05$）。表明 50 份藜麦种质各性状变异丰富，具有广泛的多样性；筛选到紫藜、D3-1-1、42、F3-1、SC2、J2-1-1、J3-2、A2-2、L4-1-2、F4-1-1、C3-1-2-3、A4-3、H1-2 优异高产种质 13 份，可作为高产型藜麦育种材料或亲本。

孙梦涵等（2020）为研究藜麦种质资源的遗传多样性，分析国内种质资源遗传背景，利用 66 个简单重复序列（SSR）标记对 163 份藜麦种质和 3 份台湾红藜种质进行分子标记，分析了该种质群体的多态性和亲缘关系。数据显示，66 对 SSR 标记在 166 份种质材料中检测到 327 个等位位点，平均每个标记 5.031 个等位位点，平均观测杂合度和期望杂合度分别为 0.387 和 0.588，平均多态性信息含量为 0.524。用类平均法将 166 份材料聚为 3 个组群，其中，I 组仅包括 3 份台湾红藜，II 组包括以来源于美国国家种质库和智利种质为主的 103 份种质材料，III 组包括以来源于玻利维亚和秘鲁种质为主的 60 份种质材料。通过群体结构分析和主成分分析将藜麦群体划分为两个亚群，亚群之间有基因交流。结果表明，玻利维亚和秘鲁种质与美国和智利种质的遗传信息存在明显区分，来自青海和云南的藜麦种质在亲缘关系上更接近安第斯高原型，来自河北、山西的藜麦种质更接近智利低海拔型。台湾红藜为我国台湾地区本土种质。主成分分析也验证了这一结论，分组结果符合各品种所适应的地理区域特征，验证了亚群结构与地理生态区相关，揭示了国内主要栽培品种引种的来源地。

李想等（2020）为研究藜麦农艺性状与产量关系，以 143 份藜麦种质资源为试验材料，对影响产量的主要农艺性状作相关性分析、主成分分析和聚类分析。结果表明，藜麦种质资源类型丰富多样；藜麦单株产量与农艺性状相关程度依次为冠幅、主穗直径、株高、主花序长、有效穗数、粒径、千粒重、种皮颜色、粒色、秆色、主穗紧凑程度、籽粒形状、生育期和穗色；主成分分析前 6 个主成分累计贡献率达 65.195%，第一主成分主要与株型有关，第二主成分与籽粒等级、色泽有关，第三主成分与主花序类型有关，第四主成分与藜麦产量有关，第五主成分与植株颜色有关，第六主成分与籽粒色泽有关；聚类分析在类间距离为 12 时，可分为 6 大类群，第 I 类包含数量最多，其有效穗数、单株产量、千粒重、粒径相对较低，株高最矮，冠幅、主穗直径最小，主花序最短，无法在生产上直接利用，可作为特异种质使用；第 II 类资源生育期、有效穗数、株高、主花序长、单株产量、千粒重、粒径处于中间水平，冠幅相对较小，在实际生产中可作为靠群体增产的藜麦品种（系）种植；第Ⅲ类晚熟、千粒重最小、籽粒最小，籽粒达不到藜麦生产加工标准，可作为资源保留。第Ⅳ类成熟相对较早，株高中等，冠幅、籽粒较大，产量适中；第Ⅴ类有效穗数最多、千粒重最重；第Ⅵ类是籽粒大、冠幅大、单株产量高资源。Ⅴ、Ⅵ类群熟期一致、株高中等、籽粒较大，具有较大利用价值，是目前高原藜麦杂交育种的优质亲本材料。其中，第Ⅰ、Ⅲ类适合作为藜麦资源应用，第Ⅱ、Ⅳ、Ⅴ、Ⅵ类可根据育种目标选配。

王倩朝等（2020）研究，为揭示藜麦主要营养及抗氧化成分含量并评价藜麦种质资源品质状况，筛选出的89个藜麦高代品系为材料进行主要营养及抗氧化成分含量的测定，并进行相关性分析、主成分分析和聚类分析。结果表明，89个藜麦品系主要营养及抗氧化成分含量的平均变异系数为36.83%，不同藜麦品系之间存在较大的遗传特性差异，各指标变异系数均高于20%。其中，维生素E的变异系数高达49.78%，遗传变异最大，表明其变异范围更广；可溶性蛋白的变异系数最小（20.09%），相对变幅较小。相关性分析表明，主要营养成分中总氨基酸与可溶性蛋白呈极显著负相关（$P<0.01$），总淀粉和可溶性糖呈极显著正相关（$P<0.01$），抗氧化成分中抗坏血酸和类黄酮呈极显著正相关（$P<0.01$）。主成分分析显示前5个主成分（可溶性蛋白、类黄酮、总氨基酸、可溶性糖和总淀粉含量）的累计贡献率高达88.36%。聚类分析将89个藜麦品系聚为5类，其中，类群Ⅰ的类黄酮含量最高、抗坏血酸和维生素E含量最低；类群Ⅱ的可溶性蛋白和总淀粉含量最高、类黄酮含量最低；类群Ⅲ的总氨基酸和维生素E含量最高、可溶性糖含量最低；类群Ⅳ的可溶性糖和抗坏血酸含量最高、总淀粉含量最低；类群Ⅴ的总氨基酸含量最低，进一步说明供试品系表现出多样的遗传特性。同时，筛选出的滇藜-2、滇藜-12、滇藜-14和滇藜-111等4个具有较高综合利用价值的高代品系。研究认为，可根据聚类分析所划分的类群结合其颜色和来源地选择一些目标品系来构建藜麦种质资源库，在摸清其遗传多样性规律的基础上进行品系资源的评价与筛选，为将来藜麦主要营养、抗氧化成分遗传特性分析评价及新品种选育提供理论参考和材料基础。

杨瑞萍等（2018）对藜麦资源进行抗旱性评价并研究渗透调节剂对藜麦幼苗抗旱性的影响，以黑藜、白藜、红藜、蒙藜为试验材料，研究干旱胁迫对不同藜麦幼苗形态及生理指标的影响，从而综合评价不同藜麦资源的抗旱性。结果表明，随着干旱胁迫时间的延长，藜麦叶片的相对含水量逐渐降低，藜麦幼苗生长受到抑制，生物量积累逐渐减少，而叶绿素含量则呈现先上升后降低的趋势。渗透调节剂处理过藜麦种子的幼苗抗旱性变化不同，5%蔗糖处理的幼苗抗旱能力较水处理显著高22.22%，而1%磷酸处理的幼苗抗旱能力显著低于水处理，表明5%蔗糖处理可以提高藜麦幼苗抗旱性，而1%磷酸对藜麦抗旱性影响不显著。

隶属函数法评价结果显示，4 种藜麦资源的表现为红藜＞白藜＞蒙藜＞黑藜。综上，在干旱半干旱地区种植藜麦，应优选抗旱性强的红藜和白藜，5％蔗糖可以作为提高藜麦抗旱性的渗透调节剂。研究结果为我国北方干旱半干旱地区的藜麦产业发展提供理论基础。

王志恒（2020）报道，为评价藜麦种子萌发期的抗逆性，以 13 个藜麦品种（系）为材料，采用 -0.36MPa 的 PEG-6000 模拟干旱胁迫，300mmol 的 NaCl 模拟盐胁迫，40mmol 的混合碱（NaHCO$_3$ 和 Na$_2$CO$_3$ 物质的量比为 9∶1）模拟碱胁迫处理，以蒸馏水处理为对照，结合主成分分析、热图分析及聚类分析综合评价藜麦种子萌发期的抗旱性、耐盐性和耐碱性。结果表明，3 种逆境胁迫对 13 种藜麦种子的发芽率影响不大，但对出苗后幼苗的生长具有抑制作用，在抗旱性综合评价指标中，鲜质量和发芽势可作为藜麦萌发期抗旱性的主要鉴定指标；陇藜 3 号、钻石 1 号和嫁祺 2 号为高抗旱品种，南非 1 号、陇藜 4 号、HTH-y605 和 HTH-01 为干旱敏感品种。在耐盐性鉴定中，根长、发芽率和干重可作为藜麦萌发期耐盐性的主要鉴定指标，HTH-y605 和 HTH-01 为高耐盐品种，陇藜 3 号为盐极度敏感品种。在耐碱性鉴定中，根长、发芽率和鲜重可作为藜麦萌发期耐碱性的主要鉴定指标，陇藜 4 号、HTH-y605 和 HTH-01 为高耐碱品种，陇藜 1 号和陇藜 3 号为碱极度敏感品种。种子萌发阶段，不同藜麦品系的耐盐性与耐碱性呈极显著正相关，而抗旱性与耐盐碱性呈显著负相关。藜麦萌发期的抗旱性、耐盐性与耐碱性综合评价只是其抗逆性研究的一个方面，仅能说明藜麦萌发期对外界胁迫的响应情况。因此，在今后的研究中尚需要进一步对藜麦在全生育期进行鉴定，准确地评价藜麦品种的抗逆性，形成完整的抗逆性评价体系。

刘文瑜等（2020）研究报道，为明确盐胁迫对藜麦种质材料种子萌发的影响，以 40 份来自不同省份的耐盐性藜麦种质为材料，采用不同浓度 NaCl 溶液处理，并利用相关性分析和隶属函数相结合的方法，筛选耐盐性较强的材料。研究表明，与对照相比，随盐浓度升高，40 份藜麦种质发芽率、发芽势、胚轴长、胚根长和鲜重均呈先升高后降低的趋势；通过对各指标进行相关性分析，发现鲜重与发芽势呈极显著（$P<0.01$）正相关；对 40 份藜麦种质进行隶属函数、聚类分析和综合评价后，将供试材料分为 3 大类，即强耐盐、中度耐盐和敏盐材料，筛选出强耐盐材料 4 份，分别为 JSSL-2、HJL34-1、HJL-33-2 和白藜；敏盐材料 4 份，分别为 HZL-1-3、HZLM 5-3、HZLM11-2 和 MLL-3。本研究结果可为藜麦耐盐新品种的选育提供理论依据。

王艳青等（2018）对中国农业科学院引自美国国家种质库（引种编号为QA001-QA135）的 135 份藜麦种质资源的 15 个农艺性状进行了数量性状和质量性状的遗传多样性、主成分分析、聚类分析以及特异种质筛选。结果表明，该批藜麦种质具有丰富的遗传多样性，其中，变异系数从大到小的7个数量性状依次为产量（57.8%）、单株粒重（57.4%）、茎粗（27.6%）、千粒重（22.5%）、株高（21.9%）、主花序长（19.4%）和生育期（13.9%）；遗传多样性指数从大到小的8个质量性状依次为主花序色（1.44）、籽粒色（1.43）、茎色（1.38）、籽粒形状（0.88）、幼苗心叶叶色（0.79）、主花序形状（0.78）、籽粒光泽（0.63）和子叶颜色（0.08）；藜麦产量与千粒重、单株粒重呈极显著正相关，与生育期呈极显著负相关；主成分分析的前5个主成分累计贡献率达到66.537%，第一主成分主要与株型、花序型和生育期有关，第二主成分主要与植株和花序颜色有关，第三主成分主要与产量有关，第四主成分主要与籽粒大小、形状有关，第五主成分主要与籽粒颜色有关；聚类分析在遗传距离为7.5时将135份藜麦种质划分为6类，其中，第Ⅱ类群产量最高；31份特异种质具有早熟、矮秆、粗秆、大粒、长花序、结实率好和产量高等特性。

武小平等（2020）为筛选适宜静乐及周边地区种植的藜麦新品系，以藜麦新品种（系）LM4-X3、LM4-X8、灰藜-1、陇藜1号、静乐藜麦为试验材料，通过对参试藜麦新品种（系）的主要农艺性状比较分析和综合评价。结果表明，5个参试藜麦品种（系）中陇藜1号的株高与LM4-X3、LM4-X8差异达到极显著，LM-X3株高最矮，为1.87m，显著低于其他品系；品系有效分支数品系间差异较大，其中，陇藜1号（22.8个）、静乐藜麦（23.9个）和LM4-X8（21.9个）的有效分支数显著高于LM4-X3（14.8个）和灰藜-1（17.1个）；灰藜-1主穗长最大，为39.6cm，除与LM4-X3、LM4-X8差异不显著外，与静乐藜麦和陇藜1号差异极显著；千粒重LM4-X3最高，为2.83 g，显著高于静乐藜麦和灰藜-1；LM4-X3折合产量最高，为2 352.29kg/hm^2，较静乐藜麦（对照）增产11.43%，除与灰藜-1差异不显著外，与静乐藜麦（对照）和陇藜1号、LM4-X3差异极显著，可为当地宜栽品系。

袁飞敏等（2018）研究藜麦形态和花器结构，为藜麦栽培、优良品种筛选提供依据。通过采用田间实地观测、实验室取样解剖等手段，对藜麦植株形态和花器相关结构进行观测，记录和测试相关的结构特征指标。结果显示，藜麦为野生驯化种或原始农家种，株高、穗色、叶片等形态各异，花序有圆锥花序、穗状花序，但以穗状花序为主。花朵为完全花，由花柄、花托、花被、雄蕊和雌蕊5部分组成，花器中花被数目的变异范围为5~8枚；柱头数目的变异范围为2~4枚；雄蕊数呈4~8枚分布。藜麦花器结构上的差异对开展藜麦品种资源评价、新品种杂交选育、丰产栽培等具有积极的意义。

宋娇（2018）对西宁、西藏和自选的114份藜麦材料进行了表型形态学和分子学标记，结果显示，大部分材料在两种聚类中零乱分布在聚类树上，找不到相对应的组群，在表型性状上看不出它们具有的共性。若是按材料来源地分类会发现海西的 47 份材料在表型聚类中分布于 5 个类群中，Ⅰ类群和Ⅱ类群各占46.8%，Ⅲ类群、Ⅳ类群和Ⅵ类群各占 1 份，在分子标记聚类图中分布于 4 个类群中，其中，第Ⅰ类群占 85.1%，说明 47 份海西材料的表型性状和遗传信息均差异较大。33 份西藏材料在表型聚类中，分布于 3 个类群，Ⅰ类群和Ⅱ类群分别占 57.6%和 39.4%，在分子聚类图中 100%分布于第Ⅰ类群中，说明西藏材料表型性状的多样性高，但遗传信息相似性也较高。西宁系选材料的 25 份材料，无论在形态学标记还是 SSR 分子标记分类中都均匀分布于 5 个类群中，说明西宁系选材料的表型多样性和遗传信息多样性均较丰富。9 份西宁材料在表型聚类图中分布于 3 个组群中，分子聚类图中分布于一个组群，说明表型较丰富，遗传信息丰富度低。总体来说，114 份藜麦种质资源的表型多样性和遗传信息多样性的丰富度较高。

李佶恺等（2019）在哈尔滨地区的生态及生产条件下研究 8 个藜麦材料在大田种植条件下的农艺性状、品质性状及抗倒伏表现。结果表明，8 个参试材料均可在该生态区正常成熟，生育期范围为 112～121d，株高范围为 133.2～173.07cm，分枝数为 18.1～23.1 个，有效分枝率为 64.34%～72.87%，产量最高可达 2 965.88kg/hm^2；蛋白质含量为 13.74%～14.5%，淀粉含量为 42.15%～60.11%，脂肪含量为 4.26%～6.74%，灰分含量为 3.94%～6.46%；倒伏率为9%～13.67%。综合产量性状和品质性状，材料 LM-3 的表现最优，适合在哈尔滨地区推广应用。

时丕彪等（2019）利用生物信息学方法对藜麦 GRF 基因进行全基因组鉴定，并对其理化性质、基因结构、保守结构域、系统发育关系及组织表达进行分析。结果表明，藜麦中共有 18 个 GRF 转录因子，蛋白长度 77～621aa，分子量8.81～67.38kDa，等电点 5.23～9.37；每个成员含有 1～4 个内含子及 2～5 个外显子，这些 GRF 蛋白都具有由 31～35 个氨基酸组成的 QLQ 保守结构域或由 25～43 个氨基酸组成的 WRC 保守结构域。系统进化分析表明，藜麦与拟南芥的 GRF转录因子亲缘关系比水稻更近。表达图谱显示，藜麦 GRF 基因具有明显的组织表达特异性，总体在种子中的表达量较高，其次是在花序和根中，在其他组织中的表达量相对较低。

陈志婧等（2020）以陇藜 1 号、香格里拉白藜、香格里拉红藜、香格里拉黑藜、太旗白藜、太旗红藜、太旗黑藜为材料，对不同品种藜麦的营养成分、氨基酸和矿质元素进行含量测定和分析比较。结果表明，7 个不同品种藜麦的营养成分存在差异，其中，太旗黑藜蛋白质含量高达 16.52g/100g，脂肪含量为3.38g/100g，总膳食纤维含量 11.07g/100g，高蛋白质、低脂肪、高总膳食纤维特性尤为突出，更适合有减肥需求或素食群体。藜麦富含氨基酸，主要以谷氨酸、精氨酸和天冬氨酸为主，酪氨酸、组氨酸和蛋氨酸则含量较低，其中，陇藜1号和香格里拉红藜主要氨基酸（谷氨酸、精氨酸和天冬氨酸）均高于其他品种，且其必需氨基酸（EAA）含量也明显较高。对必需氨基酸进行评分的结果表明，太旗白藜和香格里拉红藜必需氨基酸含量评分最优，更适合婴幼儿群体。另外，藜麦含有丰富的矿质元素，7个品种藜麦中K、Ca、Cu、Mg的含量都高于小麦、水稻和小米，尤其是香格里拉黑藜K含量高达12 037mg/kg，而Na含量在检出限以下，具有高钾低钠的良好营养特性，更适合中老年群体，为开发特定群体的藜麦功能食品的品种选择提供了依据。

胡一波等（2017）利用60个SSR标记对6个藜麦居群的176份材料进行遗传多样性研究和亲缘关系分析。结果表明，176份藜麦材料具有丰富的遗传多样性，其中，南美洲北部藜麦居群的遗传多样性最高，我国山西居群次之，我国台湾地区最低。在6个藜麦居群的主成分分析和聚类分析中，河北藜麦居群、山西居群和甘肃群体材料亲缘关系较近，而我国台湾藜麦与南美洲北部藜麦居群亲缘关系较近。由于之前从南美地区进行大量的藜麦引种种植，在当地形成改良品种，山西和甘肃居群藜麦材料的分布较散，部分材料与南美洲藜麦群体具有很近的亲缘关系。

吴文强等（2021）采用CTAB法提取96份材料的基因组DNA，再利用筛选出的18对多态性SSR标记对藜麦基因组相应的位点进行扩增，扩增产物用PAGE检测。结果表明，18对多态性的SSR引物，共检测出192个等位基因条带，每对多态性SSR引物的等位基因数为3~21个，平均等位基因数为10.7个。96份藜麦材料遗传相似系数范围为0.599~0.98，平均值为0.7895。UPGMA聚类分析显示，在距离为0.752处可将96份藜麦材料分为5类。本研究中，藜麦种质农艺性状方面存在着丰富的变异类型，选用的藜麦SSR标记在供试材料中具有较好的多态性，通过聚类分析可将材料按选系类型、来源地区、农艺性状等划分为不同的类群或亚类群。

张东亮等（2021）自2017年开始研究藜麦高质量参考基因组，运用生物信息学的方法，对藜麦 *Cq KEA* 基因家族成员进行鉴定，对其理化性质、基因结构、染色体定位和系统发育关系进行分析，并根据RNA-seq数据对 *Cq KEA* 基因组织特异性表达及非生物胁迫条件下的表达模式进行探究，结果显示，*Cq KEA* 基因家族包含10个成员，通过系统发育分析将其分为3组，同组基因具有相似的基因结构、蛋白motif和功能；部分基因的表达存在显著的组织特异性，并且干旱、高温和盐胁迫也会对部分基因的表达产生影响，为研究藜麦耐逆机理和分子育种提供了基因资源。

根据以上文献报道，中国当前对藜麦种质资源的研究主要集中在两方面：一是基础性研究，通过农艺性状、品质性状和分子标记鉴定对引进的藜麦资源进行亲缘关系鉴定和生物学性状观察；通过对种质资源进行抗逆性实验、抗病虫性鉴定以及营养成分分析，筛选出一些优良品种作为优良亲本；通过分析及研究藜麦各部分器官成分，对藜麦含有的特殊功能物质的提取。二是对藜麦种质资源进行应用性研究，从国内外资源材料中，进行筛选实验，筛选出适合各个地区种植的藜麦资源，以供生产上使用，同时通过科学理论方法去提高藜麦的产量和品质。

我国已有很多单位或个人引入了一批种质资源，但对大部分收集、引入的种质资源遗传背景和遗传信息不详，加之藜麦本身又有较高的异交率（0.5%~17%），在遗传改良和定向选择中生成了很多衍生系，导致目前利用的藜麦资源分类不清，命名混乱，在相互串换交流利用过程中发生资源重复等问题，"同物不同名，同名不同物"现象普遍存在，使得优良的品种（系）资源无法发挥优势。因此，一方面，要进一步加大对优异藜麦种质资源的引进，解决藜麦遗传资源狭窄的问题，另一方面，要对现有的种质资源的真实性进行区分并对种质进行整理，对遗传信息进行有效、正确、全面的分析和利用，明确其遗传背景及遗传信息，对藜麦杂交亲本的组合选择、资源适应性选择鉴定和新品种选育和藜麦种质资源的收集、分类、鉴定和保存具有重要的理论指导意义。

（五）中国藜麦品种更新换代

优良品种是农业科技的核心载体，育种上的每次突破都推动了农业生产跨越式发展。中华人民共和国成立以来，农作物品种已经历8~9次更新换代，目前，农作物良种覆盖率已达96%，品种对农业增产贡献率超过43%。优良品种的更新换代为保障国家粮食安全，促进农业增效和农民增收作出了突出贡献。当前，中国农业农村发展进入了新的历史阶段，农业供给侧结构性改革和全面实现乡村振兴对保障粮食安全和重要农产品供给、推进结构调整、推进绿色发展等提出了新要求，也对农作物品种提出了新要求，种业是农业供给侧结构性改革、发展现代农业的先导产业，加快新一轮农作物品种更新换代意义重大。

藜麦是近年来引入中国种植的外来物种，从2008年引进的商品种规模化种植到育成的第一个国内具有自主知识产权的藜麦新品种陇藜1号历时7年，在此期间，中国种植的藜麦品种主要包括国外引进商业品种、引进栽培驯化后育种材料。随着国内藜麦种植规模的扩大，亟须一批具有自主知识产权的本土化品种，保障产业的稳步发展，同时，种植户迫切需要高产、抗逆，广适的藜麦品种，满足种植藜麦产出较高的经济效益。因此，陇藜1号、青藜1号、蒙藜1号等品种应运而生，并广泛地进行了推广种植。

藜麦消费市场迫切需要一批绿色生态、优质安全、特色专用、高产高效的新品种进行更新换代,从而满足市场对粒大色白、特色专用的藜麦需求。结合产业发展需要和藜麦生物学特性,陇藜4号、条藜2号、青藜4号、燕藜2号等一批新品种应市场需求而应运而生。

根据农业部2017年颁布的《非主要农作物品种登记办法》《非主要农作物登记目录》和《中华人民共和国种子法》等法律法规,藜麦属于非主要农作物,且未列入农业农村部非主要农作物登记目录,因此,目前,藜麦新品种的认定登记还需要进一步政策的出台和颁布,但可以从第三方机构进行评价。至2020年年底,经官方审(鉴)定、登记、评价的藜麦品种分别为陇藜1号、陇藜2号、陇藜3号、陇藜4号,条藜1号、条藜2号、条藜3号、蒙藜1号,中藜1号,冀藜1号、冀藜2号、冀藜3号、冀藜4号、燕藜1号、燕藜2号、青藜1号、青藜2号、青藜3号、青藜4号、青白藜1号、尼鲁,其他文献、会议或媒体报道的有稼祺1号、惠丰1号、柴达木红-1、柴达木黑-1、钻石1号等。

(六) 中国藜麦代表性品种选育

藜麦引入中国的时间短,对藜麦的杂交方法、育种方法的研究仍处于探索阶段,尚未在国家层面开展藜麦新品种的审(鉴)定,仅是不同的省份根据省情开展了田间鉴定或田间鉴评工作。目前,利用系统育种及栽培驯化相结合的方法,通过优良单株筛选,甘肃省农业科学研究院选育出首个藜麦新品种陇藜1号。继而西藏、青海、吉林、内蒙古、北京、河北等较早开展选育工作的省(市)也已初步选育出适合本省(市)生态环境,包括用于籽粒生产的青藜1号、尼鲁、蒙藜1号和作为饲用的中藜1号、冀藜1号、贡扎系列等共22个藜麦新品(系)种。但为了满足不同的生产需要和适应不同生境,仍迫切需要加强中国藜麦种质创新与优质品种的筛选与培育工作。

中国藜麦育种目前尚未形成统一的记载标准,因此,在介绍藜麦育成品种前,结合国际通用标准和参考文献,参照其他作物,将藜麦熟期类型进行初步划分(表1-2)。

表1-2 藜麦品种熟期类型的划分 (杨发荣等,2021)

熟期类型	生育天数 (d)	熟期类型	生育天数 (d)
早熟型	<100	中晚熟型	141~160
中早熟型	100~120	晚熟型	161~180
中熟型	121~140	超晚熟型	>181

1. 陇藜1号

选育单位 甘肃省农业科学院畜草与绿色农业研究所。

选育人员　杨发荣、黄杰、李敏权、魏玉明等。

育种手段和方法　系统选育。

熟期类型　生育期 120~140d，属中晚熟型（120~140d）。

特征和特性　该品种株高 181.2~223.6cm，二岐聚伞花序，主梢和侧枝都结籽，自花授粉。显序期顶端叶芽呈紫色，成熟期茎秆红色，植株呈扫帚状。种子为圆形药片状，直径 1.5~2.2mm，千粒重 2.4~3.46g。抗倒伏，倒伏（折）率 2%。粗蛋白含量 17.15%~18.78%，粗脂肪 5.65%~5.93%，赖氨酸 0.55%~0.69%，全磷 0.45%~0.68%。抗病性好，在自然发病条件下，陇藜 1 号的叶斑病病情指数为 7.6，霜霉病病情指数为 8.4。

适宜种植地区　西北地区海拔 1 600~2 600m，无霜期大于 130d 的区域种植推广。

2. 陇藜 2 号

选育单位　甘肃省农业科学院畜草与绿色农业研究所。

选育人员　杨发荣、黄杰、魏玉明等。

育种手段和方法　系统选育。

熟期类型　生育期 150~160d，属晚熟型（120~140d）。

特征和特性　该品种可粮饲兼用，抗倒伏和抗逆性好，生产潜力大，生物量大、饲草品质好。适种海拔范围 1 100~3 000m，鲜草生物量为 63 375kg/hm²，株高 198~243.5cm，二岐聚伞花序。显穗期顶端叶芽呈绿色，植株呈扫帚状，主梢和侧枝都结籽，自花授粉。种子为圆形药片状，直径 1.6~2.4mm，千粒重 2.94~3.32g，粗蛋白含量 16.51%，脂肪 5.2%，粗灰分 3.42%，赖氨酸 7%，全磷 0.56%。抗倒伏，平均倒伏（折）率小于 3%。抗病性好，在自然发病条件下，陇藜 2 号叶斑病病情指数为 5.2，霜霉病病情指数为 10.1，对照品种 JLLM 叶斑病病情指数为 20.6，霜霉病病情指数为 26.2，陇藜 2 号对叶斑病和霜霉病表现为抗病。

适宜种植地区　西北地区海拔 1 200~2 400m，无霜期大于 140d 的区域种植推广。

3. 陇藜 3 号

选育单位　甘肃省农业科学院畜草与绿色农业研究所。

选育人员　杨发荣、黄杰、魏玉明等。

育种手段和方法　系统选育。

熟期类型　生育期 90~110d，属早熟型（100~120d）。

特征和特性　株高 90.4~142.7cm，二歧聚伞花序，主梢和侧枝都结籽，自花授粉。植株呈扫帚状，成熟期茎秆及穗呈金黄色。种子棕黄色，圆形药片状，直径1.4~2.1mm，千粒重2.26~2.72g，粗蛋白含量16.69%，粗脂肪6.02%，粗灰分0.33%，赖氨酸0.64%，全磷0.66%。抗倒伏，平均倒伏（折）率小于3%，抗病性好，在自然发病条件下陇藜3号叶斑病病情指数为8.8，霜霉病病情指数为8.2，对照品种JLLM叶斑病病情指数为20.6，霜霉病病情指数为26.2，陇藜3号在田间对叶斑病及霜霉病表现为抗病。

适宜种植地区 适宜性强，海拔范围1 100~3 000m，无霜期大于90d的区域种植推广。

4. 陇藜4号

选育单位 甘肃省农业科学院畜草与绿色农业研究所。

选育人员 杨发荣、黄杰、魏玉明等。

育种手段和方法 系统选育。

熟期类型 生育期108~121d，属中熟型品种。

特征和特性 该品种真叶为嫩绿色，下部叶片呈菱形，边缘为齿状，上部叶片呈矛尖型。株高121~156cm。三角锥形花序，穗密度紧实，主穗与分支都结籽，主穗长38~47cm。常异花授粉，成熟后穗部转为黄白色，叶秆绿色。种子为圆形药片状，籽实大，直径为2.05~2.63mm，籽粒种皮为奶白色，千粒重3.9~4.6g。耐密植，平均单株产量27.98~42.34g，粗蛋白含量14.84%~17.16%，粗脂肪含量5.26%~5.67%，赖氨酸含量0.43%~0.61%，磷含量199~556.96mg/100g。

适宜种植地区 西北地区海拔1 500~2 600m，无霜期大于120d的区域种植推广。

5. 条藜2号

选育单位 甘肃条山集团农林科学研究所。

选育人员 沈宝云、李志龙等。

育种手段和方法 系统选育。

熟期类型 生育期110~115d，属中早熟型（100~120d）。

特征和特性 该品种属早熟品种，株高90.4~142.7cm。无限花序，主梢和侧枝都结籽，自花授粉。植株呈扫帚状，成熟期茎秆及穗呈金黄色。种子棕黄色，圆形药片状，直径1.4~2.1mm，千粒重2.26~2.72g，粗蛋白含量16.69%，粗脂肪6.02%，粗灰分0.33%，赖氨酸0.64%，全磷0.66%。抗倒伏，平均倒伏（折）率小于3%，抗病性好，在自然发病条件下陇藜3号叶斑病病情指数为8.8，霜霉病病情指数为8.2，对照品种JLLM叶斑病病情指数为20.6，霜霉病病情指数为 26.2。陇藜 3 号在田间对叶斑病及霜霉病表现为抗病。

适宜种植地区 甘肃省天祝、山丹、景泰等海拔 1 600m 以上地区及同类型的生态区域种植。

6. 青藜 1 号

选育单位 青海乌兰三江沃土生态农业科技有限公司。

选育人员 黄朝斌、武祥云等。

育种手段和方法 系统选育。

熟期类型 生育期 130~150d, 属中晚熟型。

特征和特性 该品种穗大、粒多，品质优良，性能稳定。属植株呈扫帚状，株高 1.7m 左右，茎秆坚韧。根系较发达，叶片形似鸭掌，二岐聚伞花序，常异花授粉，主梢和侧枝都结籽，结实性好，籽粒白色，千粒重 3.3~3.7g, 蛋白质 14.8g/100g, 粗纤维 2.73%, 能量 1 561 kJ/100g, 谷氨酸 2.02%, 赖氨酸 1.06%, 17 种氨基酸总量 11.07%。

适宜种植地区 适宜柴达木盆地灌区种植，在全国同类地区试种均表现良好。

7. 冀藜 1 号

选育单位 河北省张家口市农业科学院、河北省农林科学院张家口分院。

选育人员 周海涛、秦培友、张斌、李天亮、张新军、胡一波、杨晓红、王玉祥、尉文彬、张明远、杨修仕、白静、张威毅。

育种手段和方法 系统选育。

熟期类型 生育期 98~106d, 属早熟型。

特征和特性 该品种幼穗浅紫色，穗型紧凑，属中熟品种。株高 193cm (165~205cm), 小穗数 42 个 (35~65 个), 穗粒重 75g (50~125g), 籽粒进入成熟期后穗子变为暗红色，脱皮后的藜麦米呈浅黄色，扁圆柱形，千粒重 2.85g (2.72~3.15g), 中等抗倒伏。

适宜种植地区 适宜在海拔 1 000~1 800m 河北坝上地区种植，相同类型地区均可种植。

8. 燕藜 1 号

选育单位 河北省农林科学院谷子研究所。

选育人员 魏志敏、李顺国、吕玮、崔纪菡、郭明、刘猛、夏雪艳、郭珠、和剑函、裴美燕、高贤良、张庆军。

育种手段和方法 采用 Co-60 辐射诱变结合定向选择的方法选育。

熟期类型 生育期 113~116d, 属中早熟型。

特征和特性　该品种株高 167.4cm，单株穗重 112.7g，单株粒重 75.9g。穗型为紧穗型，穗长 61.6cm，千粒重 3.19g。籽粒灰白色，片状。其植株整齐，根系发达，茎秆粗壮、坚韧，抗倒伏，抗旱能力强，灌浆速度快。破损率低于8%，穗上发芽率低于 5%，穗码成熟一致，一级抗倒伏，适合机械化收获。淀粉含量 52.4%，蛋白质含量 16.5%，粗脂肪含量 7.8%，主要氨基酸含量 12.95g/100g，钙元素为 876mg/kg，铁元素为 58.9mg/kg，锰元素为 25.4mg/kg。

适宜种植地区　适宜在海拔 1 000～1 800m，河北坝上地区种植。在全国同类地区均可种植。

二、藜麦育种手段和方法

藜麦具有突出的营养价值，并对非生物胁迫有很强的耐受性，是一种具有巨大潜力的作物类型。为了发展藜麦育种计划，需要一种可靠的育种方法来增加遗传变异。

目前，藜麦育种大多借鉴其他作物育种方法，采用选择法、参与式植物育种、国外资源引种、杂交育种法、标记辅助选择育种、回交与诱变、种间或属间杂交等方法和手段。一些文献报道在藜麦育种过程中采用传统方法和分子辅助育种相结合的方法，例如，NazgolEmrani（2020）报道，尽管藜麦花结构复杂，自花授粉率高，但依然能够杂交成功，通过手工去雄、温水去雄和不去雄 3 种不同的杂交方法进行藜麦杂交育种，其中，手工去雄是最有效的杂交方法，其次是温水去雄和不去雄。此外，他们开发了 1 种基于形态特征和分子标记的两阶段选择策略，用于杂交植物的选择，从不同来源、不同亲缘关系的藜麦材料间杂交获得了 30 个分离群体，再利用已建立的育种方法，例如系谱法或单种子遗传法，在连续世代中选择和研究杂交后代的改良后代。同时，对 F_2 群体及其后代可用于QTL 定位和重要农艺性状候选基因的鉴定，进而进行藜麦育种。

中国藜麦育种主要采用引种、系统选育、人工诱变和参与式育种等方法进行育种。尽管在杂交和突变体筛选方面开展了一些工作，但仍存在技术方面的瓶颈，例如人工去雄效率低等问题。

三、中国藜麦品种名录（表1-3）

表1-3　主要藜麦品种名录

品种名称	引种或选育时间（年）	选育单位
陇藜 1 号	2015	甘肃省农业科学院畜草与绿色农业研究所

（续表）

品种名称	引种或选育时间（年）	选育单位
陇藜2号	2016	甘肃省农业科学院畜草与绿色农业研究所
陇藜3号	2016	甘肃省农业科学院畜草与绿色农业研究所
陇藜4号	2016	甘肃省农业科学院畜草与绿色农业研究所
条藜1号	2016	甘肃条山农林科学研究所
条藜2号	2016	甘肃条山农林科学研究所
条藜3号	2016	甘肃条山农林科学研究所
青藜1号	2016	青海乌兰三江沃土生态农业科技有限公司
蒙藜1号	2015	中国农业科学院作物科学研究所 内蒙古农业大学农学院 内蒙古益稷生物科技有限公司
中藜1号	2018	中国农业科学院作物科学研究所
冀藜1号	2017	张家口市农业科学院 河北省农林科学院张家口分院
冀藜2号	2017	张家口市农业科学院 河北省农林科学院张家口分院
冀藜3号	2020	张家口市农业科学院 沽源县北麦生态农业有限公司 惠林张家口农业科技有限公司
冀藜4号	2020	张家口市农业科学院 张家口京绿洲农业科技有限公司 惠林张家口农业科技有限公司
燕藜1号	2020	河北省农林科学院谷子研究所
燕藜2号	2020	河北省农林科学院谷子研究所
青藜2号	2016	青海省农林科学院 海西州种子管理站
青藜3号	2017	海西海藜农业科技有限公司
青白藜1号	2018	青海省农林科学院 海西州种子管理站
柴达木红-1	2018	海西海藜农业科技有限公司
柴达木黑-1	2018	海西海藜农业科技有限公司
鲁尼	2015	吉林博大东方藜麦发展有限公司

本章参考文献

何燕，邓永辉，李梦寒，等，2019. 藜麦品系的染色体数目及核型分析 [J]. 西南大学学报（自然科学版），41（1）：27-31.

黄杰，刘文瑜，吕玮，等，2018. 38 份藜麦种质资源农艺性状与产量的关系分析 [J]. 甘肃农业科技（12）：72-75.

黄青云，徐凤侠，黄一锦，等，2018. 藜麦营养学、生态学及种质资源学研究进展 [J]. 亚热带植物科学，47（3）：292-298.

李娜娜，丁汉凤，郝俊杰，等，2017. 藜麦在中国的适应性种植及发展展望 [J]. 中国农学通报，33（10）：31-36.

刘玉贵，2014. 藜麦与灰灰菜的亲缘关系探究 [J]. 农业开发与装备（11）：62.

陆敏佳，蒋玉蓉，陆国权，等，2015. 利用 SSR 标记分析藜麦品种的遗传多样性 [J]. 核农学报，29（2）：260-269.

吕树鸣，莫庆忠，邹盘龙，等，2018. 5 个藜麦品种（系）在六盘水地区的适应性 [J]. 贵州农业科学，46（7）：15-17.

任永峰，王志敏，赵沛义，等，2016. 内蒙古阴山北麓区藜麦生态适应性研究 [J]. 作物杂志（2）：79-82.

沈宝云，李志龙，郭谋子，等，2017. 中早熟藜麦品种条藜 1 号的选育 [J]. 中国种业（10）：71-72.

王新国，2016. 杂粮新宠——藜麦及其栽培技术 [J]. 科学种养（4）：15-17.

魏志敏，宋世佳，赵宁，等，2018. 冀中南地区 5 个藜麦品种的引种试验 [J]. 河北农业科学，22（5）：1-3，7.

奚玉银，周海涛，白静，2017. 藜麦新品种介绍 [J]. 现代农业科技（5）：107-108.

肖玉春，张广伦，2014. 藜麦及其资源开发利用 [J]. 中国野生植物资源，33（2）：62-66.

杨发荣，2015. 藜麦新品种陇藜 1 号的选育及应用前景 [J]. 甘肃农业科技（12）：1-4.

袁飞敏，权有娟，刘德梅，等，2018. 藜麦植株形态及花器结构的初步观察 [J]. 甘肃农业大学学报，53（4）：49-53.

翟西均，2016. 藜麦品种区域试验记载项目与标准 [J]. 中国种业（5）：

25-26.

张体付，戚维聪，顾敏峰，等，2016. 藜麦 EST-SSR 的开发及通用性分析
　　[J]. 作物学报，42（4）：492-500.

张晓玲，袁加红，何丽，等，2018. 云南省高海拔低温干旱山区藜麦种植技
　　术探讨 [J]. 安徽农业科学，46（30）：45-46，50.

周建峰，2016. 格尔木地区不同藜麦品种（系）的种植表现 [J]. 中国农业
　　信息（5）：136-137.

第二章 藜麦生长发育

第一节 生育进程

一、生育期

作物生育期一般指播种、出苗到成熟的天数。作物从播种到收获的整个生长发育所需时间为作物的大田生育期，作物生育期的准确计算方法应当是从籽实出苗到作物成熟的天数，因为从播种到出苗、从成熟到收获都可能持续相当长的时间，这段时间不能计算在作物的生育期内（董钻等，2000）。在适期播种条件下，根据不同品种的生育期长短，可有早熟、中熟、晚熟类型之分。早熟品种生育期一般90~115d。中熟品种生育期一般115~140d。晚熟品种生育期一般140~160d。

作物生育期的长短主要由其遗传性和所处的环境条件决定，与品种、播种期和温度有关。早熟品种生育期短，晚熟品种就长；播种期早的生育期长，播种迟的就短；温度高的生育期短，温度低的就长（孟彦等，2018）。早熟品种生长发育快，主茎节数少，叶片少，成熟早，生育期较短；晚熟品种生长发育缓慢，主茎节数多，叶片多，成熟迟，生育期较长。中熟品种在各种性状上均介于二者之间。在相同环境条件下，各品种的生育期相当稳定，但在不同条件下，同一品种的生育期会发生变化，例如短日照作物从南方向北方引种时，由于纬度增高，温度较低，日长较长，其生育期延长；相反，从北方向南方引种，由于纬度低，日长较短，温度较高，生育期缩短。

作物需要达到一定的温度才能开始生长发育；同时，作物也需要有一定的温度总量，才能完成其生命周期，通常把作物整个生育期或某一发育阶段内高于一定温度的昼夜温度总和称为某作物或作物某发育阶段的积温。积温可分为有效积温和活动积温两种。作物不同发育时期中有效生长的温度下限叫生物学最低温度，在某一发育时期中或全生育期中高于生物学最低温度的温度叫活动温度，活动温度与生物学最低温度之差叫有效温度。例如，冬小麦幼苗期的生物学最低温度为3℃，而某天的平均温度为8.5℃，因8.5℃高于3℃，所以这一天的8.5℃

就是活动温度，5.5℃就是这一天的有效温度。活动积温是作物全生长期内或某一发育时期内活动温度的总和。有效积温是作物全生长期或某一发育时期内有效温度的总和。不同作物（品种）在整个生育期内要求有不同的积温总量。小麦、马铃薯（早熟）等需要热量较少，大约需要有效积温（≥10℃）为1 000~1 600℃；春播禾谷类作物、向日葵等要求热量略多些，需要有效积温（≥10℃）1 500~2 100℃；玉米、棉花等要求热量更多些，需2 000~4 000℃；藜麦的有效积温（≥5℃）为2 300℃左右，一般是起源和栽培于高纬度、低温地区的作物需要积温总量少，起源和栽培于低纬度、高温地区的作物需要积温的总量多。

对于作物生产来说，积温具有重要的意义。第一，可以根据积温来制定农业气候区划，合理安排作物。一个地区的栽培制度和复种指数，在很大程度上取决于当地的热量资源，而积温是表示热量资源既简单又有效的方法，比年平均温度等温度指标更可靠。例如，黑龙江省是世界上同纬度最冷的地区，但又是种植水稻纬度最北的地区，因其属大陆性气候，在作物生长季节内热量比较丰富。如果事先了解某作物品种所需要的积温，就可以根据当地气温情况确定安全播种期，根据植株的长势和气温预报资料，估计作物的生育速度和各生育时期到来的时间。从更宏观的角度来说，还可以根据作物所需要的积温和当地长期气温预报资料，对当年作物产量进行预测，确定是属于丰产年、平产年还是歉产年。

任永峰等（2018）介绍由于藜麦在生长后期籽粒灌浆形成过程中伴随着植株叶面积、干物质的继续增加，其生殖生长和营养生长在中后期并存，其研究藜麦营养生长阶段为播种后至显穗期，其生殖生长阶段为开花至成熟收获，营养生长期明显长于生殖生长期。早播营养生长期90~97d，生殖生长期48~57d；常规播种营养生长期82~89d，生殖生长期41~48d；晚播营养生长期79~80d，生殖生长期35~38d。不同播种时间对播种至苗期和灌浆至成熟期2个生育阶段影响最大。播种至苗期生育阶段和灌浆至成熟期生育阶段长于常规和晚播，且早播较常规在播种至苗期和灌浆至成熟期两阶段分别增加3~5d和9d，较晚播两阶段分别增加8~9d和14~16d。另外，早播较常规播种和晚播增加了营养生长和生殖生长持续时间，早播较常规播种两阶段增加7d和9~11d，较晚播两阶段增加13~15d和16~17d。

2014年，甘肃省农业科学院畜草与绿色农业研究所对引选的JLLM、JQLM、HQLM、JNLM、ZJKLM、HSLM、ZNLM、YJLM等8个藜麦品种在定西旱作区、永靖县半干旱区、康乐县高寒阴湿区以及河西灌溉区等生态区进行品种比较试验（黄杰等，2015），结果表明，8个品种在各生态区域都可结实且能成熟，其中，早熟品种生育期125d，中晚熟品种135d，晚熟品种150d，株高为153~229cm，最高产量达 5 175kg/hm²。目前，甘肃省内除甘肃省农业科学院畜草与绿色农业研究所拥有的 8 个藜麦品种外，还有庆阳市正宁县、合水县，张掖市甘州区，条山农场等地引进的藜麦品种。其中，正宁县及合水县从西藏引进种植的 2 个藜麦品种属早熟品种，生育期 110~115d，千粒重 2.4g，籽粒小，且均为黄色，张掖市甘州区从香港引进种植的 2 个藜麦品种属中晚熟品种，生育期 140~160d，千粒重 3.5g，籽粒均为灰白色；条山农场从玻利维亚引进了灰白色籽粒和黑色籽粒 2 个藜麦品种，其中，灰白色籽粒品种生育期 145d，属中晚熟品种，黑色籽粒品种生育期 175d，属晚熟品种，尽管生育期较长，但在景泰地区仍能成熟。

任永峰等（2018）对播期与生育时期持续时间和各生育时期积温进行相关分析，除显穗至开花期外，播期与生育时期持续时间相关性表现为极显著负相关，即延迟播种，缩短了藜麦各生育时期持续时间，其中，播期推迟对显穗至开花期无显著影响；播期与灌浆至成熟期积温相关表现为极显著负相关，与开花至灌浆期呈显著性负相关，与苗期至分枝期呈显著正相关，与显穗至开花期呈极显著正相关，与全生育期积温呈极显著负相关，即延迟播种，促使全生育期总积温减少，分枝期至开花期积温增加，灌浆至成熟期积温减少。对不同播期藜麦各生育时期积温进行分析，2 年结果均表明晚播处理 S10 生育期积温最小，平均为 1 862.2℃，开花期至灌浆期积温平均为 129.7℃，灌浆期至成熟期积温平均为 308.8℃，生育期总积温和开花期至成熟期积温不足严重影响了植株籽粒正常成熟，而 S1 至 S9 播期处理藜麦生育期大于 113d，生育期内积温大于 1 862.2℃，开花期至灌浆期积温大于 129.7℃，灌浆期至成熟期积温大于 308.8℃，能够正常成熟并获得籽粒产量。播期灌浆期较晚，灌浆至成熟过程中遇低温，使得植株生长受抑制，源库受损，灌浆停滞，籽粒不能正常成熟。

沈菊等（2020）在大田播种青藜 1 号，发芽期间，土壤温度出现-2℃左右的低温，持续时间小于 5h，且负积温占有效积温不超过 15%时，不会对种子的发芽造成伤害；当最低温度低于-10℃，且低于 0℃的持续时长在 14h 左右时，藜麦幼苗会进入休眠期，此时的负积温约占有效积温的 1/5，最低温度低至-14℃左右，0℃以下低温持续达 15h，负积温约占有效积温的 40%或以上时，达到试验田藜麦的致死温度，藜麦幼苗进入枯萎期。

二、生育时期

在作物的一生中，受遗传因素和环境因素的影响，外部的形态特征和内部的生理特性都会发生一系列变化，根据这些变化，特别是形态特征上的显著变化，可将作物的整个生育期划分为若干个生育时期。

作物的生育时期是指某一形态特征出现变化后持续的一段时间，并以该时期至下一时期始期的天数计。值得说明的是，目前对于各种作物生育时期的划分尚未完全统一，有的划分粗些，有的划分细些。

生产上根据藜麦不同阶段的生育特点，为了便于栽培管理，可把藜麦的一生划分为6个时期，分别为苗期、分枝期、显穗期、开花期、灌浆期、成熟期。

1. 苗期

全田50%植株子叶开始出土到分枝出现的时期，一般需要20d左右，苗期子叶与根系同时生长，主茎4片叶时，子叶仍为细长型，主茎6片叶时，叶腋处有小叶发生，苗期根系比地上部分生长快，地下部与地上部长度比约为2∶1。

2. 分枝期

全田50%植株开始分枝，一般需要25d左右，主茎10片叶时，顶端叶片尚未展开，侧枝叶片开始生长，主茎12片叶时，节间开始伸长，叶片数增加，待侧枝6片叶时，侧枝叶腋处有小叶发生，然后节间开始快速伸长，株高茎粗明显增加。

3. 显穗期

全田50%植株现穗，一般需要18d左右，顶穗由近穗部叶片包被，随后顶穗开始显穗，顶穗逐渐露出，穗型为圆锥形，此时期株高仍在快速增加，地上部与根系长度比约为1∶3，顶穗发生后6d左右侧枝穗开始发生，茎色和穗色分离更加明显。

4. 开花期

全田50%植株顶穗开花，一般需要15d左右，开始顶穗中上部小穗有雄蕊形成，顶穗花序由上而下逐渐开放，花粉可见，随后顶穗以下穗轴开始伸长，顶穗完成50%开花，侧枝穗小穗由下至上相继开花，同时穗下伴有小叶发生。

5. 灌浆期

全田50%植株开始灌浆，一般需要35d左右，首先顶穗开始灌浆，顶穗和侧枝穗下的小穗继续开花，几天后顶穗灌浆加快，同时，侧枝穗开始灌浆，顶穗灌浆结束后侧枝穗灌浆加快，顶穗干鲜重比约为1∶3。

6. 成熟期

一般需要10d左右，包括乳熟期、蜡熟期、完熟期。乳熟期，种皮为绿色，灌浆速率缓慢，籽粒内含物为乳状。蜡熟期，灌浆已完成，籽粒开始变硬，叶片、茎秆和穗仍为转色期颜色，下部叶片开始变黄。完熟期，叶片枯黄并脱落，籽粒坚硬饱满，颖壳展开，籽粒外露可见。

任永峰等（2018）介绍不同生育时期具体特征如下。

种子萌发期主要为播种至子叶出土前，历时 8~9d。播种后遇 10℃ 左右温度时根系先发生，遇 20℃ 左右温度时子叶优先生长，遇 15℃ 左右温度时胚根和子叶同时生长。

苗期历时 22~24d，该时期地下部与地上部长度比约为 2∶1。由于苗期植株幼小，抗旱能力较弱，对于干旱少雨地区应注意及时补水。

分枝期历时 23~27d，主要标准为主茎生长、侧枝发生和生长，侧枝叶腋处开始有小叶发生，节间明显伸长，植株主茎叶和侧枝叶叶面积增加速率加快，茎色和叶色开始发生变化。

显穗期历时 16~22d。此时期株高仍在快速增加，地上部与根系长度比约为 1∶3，顶穗发生后 6d 左右侧枝穗开始发生，穗型为圆锥状，茎色和穗色分离更加明显。

开花期历时 14~17d，以顶穗开花为主，侧枝穗继续发生并相继开花；由于叶片遮阴及部分破损导致中下部叶片光合作用比例减弱，此时期侧枝穗的发生基本完成，是决定藜麦小穗数和穗粒数的关键时期。

灌浆期历时最长，约为全生育期的 1/4，是藜麦产量形成关键时期，对水、肥要求较高，此时期穗开始转色及成型，株高不再增加，穗重、粒重增加较快，后期下部主茎叶片部分开始黄化脱落，穗的养分积累主要依靠中上部叶片，其中，近穗部叶片和穗光合的光合反应也发挥了重要作用。

成熟期历时 10~12d，分为乳熟期、蜡熟期和完熟期 3 个时期，若遇连续降雨，藜麦穗发芽现象严重，应及时收获。

三、生育阶段

从营养生长和生殖生长的角度，在藜麦生育期中，人为地合并一些时期，可以成为一些生育阶段。在藜麦的生长发育过程中，结合其生育特点，划分为以下 3 个生育阶段。

1. 苗期阶段

藜麦苗期阶段是指出苗至分枝的一段时间，是生根、分化茎叶为主的营养生长阶段。本阶段的生育特点是根系发育比较快，至分枝已基本形成了强大的根系，但地上部茎叶生长比较缓慢。为此，田间管理的中心任务，就是促进根系发育，培育壮苗，达到苗早、苗足、苗齐、苗壮的"四苗"要求，为藜麦丰产打好基础。

2. 穗期阶段

藜麦穗期阶段是指分枝至显穗的一段时间。这个阶段的生育特点是营养生长和生殖生长同时并进，就是分枝增加、叶片增大、茎节伸长等营养器官旺盛生长，穗等生殖器官强烈分化与形成。这是藜麦一生中生长发育最旺盛的阶段，也是田间管理最关键的阶段。为此，这一阶段田间管理的中心任务，就是促叶、壮秆、穗多、穗大。具体地说，就是促进中上部叶片增大，茎秆粗壮敦实，以达到穗多、穗大的丰产长相。

3. 花粒期阶段

藜麦花粒期阶段是指开花至成熟的一段时间。这个阶段的生育特点是营养体基本停止增长，而进入以生殖生长为中心，也就是经过开花、受精进入籽粒产量形成为中心的阶段。为此，这一阶段田间管理的中心任务，就是保护叶片不损伤、不早衰，争取粒多、粒重，达到丰产。

四、藜麦生育时期与生育阶段的对应关系（图2-1）

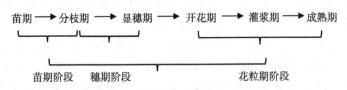

图2-1　藜麦生育时期与生育阶段的对应关系（邓妍，2021）

五、环境条件对藜麦生长发育的影响

（一）温度的影响

1. 三基点温度

作物在生长过程中，对温度的要求有最低点、最适点和最高点之分，称为温度三基点。在最适点温度范围内，作物生长发育得最好，当温度处于最低点或达到最高点时，作物尚能忍受，但生命力降低，如果温度在最低点以下或最高点以上，则作物开始受到伤害，甚至死亡。

不同生育时期作物所要求的三基点温度也不相同。总体来说，种子萌发的温度三基点常低于营养器官生长的温度三基点，后者又低于生殖器官发育的温度三基点。作物在开花期对温度最为敏感。

藜麦适宜生长在气候冷凉的地区，藜麦生育期间的最低温度为2℃，最适温度为22℃，最高温度为35℃。藜麦出苗最低温度为5℃，最适温度为20℃，最高温度为30℃。廖映秀等（2020）试验研究结果表明，藜麦种子在5~30℃均能发芽，但温度过低或过高会影响种子的萌发，在较低温度条件下种子的发芽率、发芽势、发芽指数和活力指数都较低，随着温度的不断升高，各项指标不断增大，到一定温度后，又随温度的增加而降低，该研究结果表明，温度的高低对出苗率和成苗率影响较大，5~10℃时出苗率不足 1/3，而且出苗后生长基本停止，当温度升高到 15℃ 时，出苗率可以达到 50% 以上，成苗率达到最高值的45.22%。各处理中，25℃时种子出苗率最高，但成苗率和幼苗干重却低于 20℃处理，说明 20℃ 更有利于幼苗生长和干物质的积累，幼苗生长得更健壮，据此认为 20~25℃ 是藜麦种子萌发及幼苗生长的适宜温度。

2. 藜麦对环境温度的适应性

研究表明，藜麦耐寒、耐霜冻，种子的萌发、幼苗的生长都需要适宜的温度条件，低温会使植物的光合速率下降，影响植物体内养分的运输，从而对植物的生理代谢造成破坏；高温则会降低植物光合速率，进而影响植物体内营养物质的合成与积累，从而抑制植物生长。藜麦适合生长在夏季气候冷凉，降水较少，阳光充足，昼夜温差较大，土壤肥沃的高海拔地区。藜麦种植适宜温度在 15~24℃，一般 5 月播种，8 月开花，10 月左右收获。藜麦开花授粉，要在凉爽的环境下，气温高于 32℃，可造成花粉失活，授粉率低，只开花不结果。降水量较大的地区，容易造成穗上芽，营养价值降低。

温度敏感性高的藜麦品种来源于寒冷和干旱地区，而来源于温暖和潮湿地区的品种温度敏感性较低，这也部分解释了为何高原地区的品种受全球变暖的影响更大。高原地区的品种对生育后期的干旱和冻害较为敏感，当光照时间减少时预示着不利环境即将来临，籽粒灌浆速度就会变快（杨发荣，2020）。

藜麦适宜生长的温度为 15~25℃，但也可以在 10℃ 环境下生长，极端高温会导致花败育。除干旱外，冻害也是在阿尔蒂普拉诺高原地区影响作物生长的主要限制因子，冻害导致减产是因为细胞被破坏，甚至植株死亡。藜麦是少数能忍受一定程度冻害的作物，并且还取决于冻害持续时间、品种、冻害发生时的生育期、相对湿度和土壤微环境（例如山坡比峡谷受冻害的风险低）。研究不同冻害持续时间和强度对不同藜麦品种不同生育期的影响，发现藜麦在花芽形成期对冻害最为敏感，在营养生长阶段不太敏感。开花期低温持续 4h 会导致籽粒减少 66%，营养生长时期的藜麦在 -8℃ 低温持续 2~4h 也会明显受害。

藜麦在冻害下的主要存活机制是其含有过冷液体避免了结冰，温度低于凝固点但仍不凝固或结晶的液体被称为过冷液体。藜麦植株体内含有高浓度的可溶性糖，可能会降低凝固和平均致死温度。

藜麦原产于安第斯山脉高海拔地区，经常受到低温霜冻的影响，但藜麦在生长过程中表现出较强的低温适应的能力。当温度降至 2℃ 时，藜麦种子萌发延迟，但是并没有阻抑萌发的现象发生（Bois，2006）。大部分藜麦品种从出苗到四叶期抗冻能力下降明显（张崇玺，1994；1997）。当地面温度为3℃左右时，各品种的生长均明显变缓，当地面温度降至0℃时均停止生长，当地面温度降至-5℃后表现出霜冻现象。藜麦叶片宽度随着其环境温度从基准温度（约6℃）上升到最适温度（20~22.5℃）而增加；在营养生长时期，藜麦生长不会受到-5℃低温的明显影响，能够抵抗-14℃甚至-16℃的低温。开花期藜麦受到霜冻影响会对植株产生明显伤害，但在较早时期则几乎没有影响，而且干冻相对高湿下的霜冻对藜麦的伤害更大。藜麦抗冻性的主要机制与细胞壁耐受冰晶形成和抑制细胞脱水的能力有关，免除不可逆损伤，从而减小伤害；高可溶性糖含量可能使藜麦细胞冰点降低（Jacobsen，2005；2007）。可溶性糖含量提高，意味着耐霜能力增强，冷冻温度和平均致死温度降低。在藜麦育种材料中，可溶性糖如蔗糖、果聚糖和脱水蛋白含量可作为抗冻性强的生理指标，除了它们的渗透调节作用，相容性溶质如糖也有渗透保护功能。由于相容性溶质特定的亲水性结构，能够替换蛋白质类（蛋白质复合物或膜）表面的水分子，从而保持蛋白质的生物功能。大多数相容性溶质在清除羟基自由基方面也有重要作用，能防止氧化损伤幼苗，在许多非生物胁迫中有这种现象。物候期是决定藜麦冻害程度的重要因素，抵抗不同物候阶段的最低温度通常被定义为不同品种对特定农业生态区的适应性。虽然藜麦表现出较强的低温适应性，但是藜麦种子萌发最适温度为25℃，最适生长温度为22℃（Sigstad，1999）。

雷玉红等（2019）介绍藜麦生育期及最佳播种期。试验于4月21日开始分期播种，每隔5d设1个播期，5月上中旬开始出苗，6月中下旬进入了生殖生长期，开始分枝、显花蕾，9月下旬全部成熟。全生育期天数为143~155d。藜麦播种时土壤墒情一定要好，若土壤稍干，出苗状况就不太好。藜麦从播种到分枝具有较为固定的生长周期，表现出对外界气象条件变化的不敏感性，也具有比较好的耐寒性；从播种到成熟，一般需要148d，其中，开花到成熟需要72d，占整个周期48.6%。分析得出，4月中下旬播种为最佳时期，最晚为5月初，太晚则影响产量。

姜庆国等（2018）介绍，藜麦原产于南美洲地区，适合在温度较低有上冻的地方进行生长，因此其具有非常强的适应低温能力。在高海拔、干旱、冷凉地区，一般作物难以生长并积累足够的生物量，但藜麦不仅能很好地生长，还能形成大量的生物量积累。因此，藜麦可以在这些地区作为牧草进行栽培，收获全株用于饲喂牲畜。在新疆维吾尔自治区、青海省乃至西藏自治区等地，冬季的温度相对较低，而藜麦对于低温适应性较强，因此，可以作为饲料作物进行种植，有助于确保牲畜拥有充足的饲料储备。

（二）光照的影响

1. 光周期的影响

藜麦属于短日照植物。

自然界一天中白昼和黑夜的相对长度，称为光周期（Photoperiod）。昼与夜的长度因地球的纬度及季节的变化而不同。Garner 和 Allard 于 1920 年在非常简陋的试验条件下发现了烟草和大豆开花受昼夜长度所控制，这一现象被称作光周期反应。Haonner 和 Bonner 在研究野生植物苍耳时发现，只要暗期超过 9h，不管光期多长，它就开花；反之，只要暗期少于 9h，它就不开花。很明显，对于花原基诱发起重要作用的不是日照长度，而是黑暗长度。这方面的一个重要证据是，在黑暗期加一短暂的闪光便足以影响植物开花。

短日植物（Short-day Plant，SDP）要求每天日照长度小于一定时数才能开花。如果适当延长暗期，缩短光期，则可提前开花；相反，如果延长光期，缩短暗期，就会延迟开花或不开花。温带地区秋季日照逐渐缩短时开花的植物多属此类。藜麦也可以忍受较强的辐射强度，从海平面的照射到高纬度的强照射藜麦都可忍受。藜麦属于短日照植物，根据不同品种对光周期敏感程度不同，可以将藜麦品种分为短日钝感型和短日敏感型。光周期对种子繁殖各个阶段的影响都很大，某一发育阶段的水分胁迫会影响后续生育期的持续时间，同样某一发育阶段的光照持续时间也会影响后续生长期，这被称为延迟反应。平均入射辐射会影响藜麦叶片间距，而且入射辐射越高，叶片间距越大。但是，光周期敏感和叶片间距大的品种对辐射不敏感。

刘敏国等（2017）认为光周期变化可能也参与诱导藜麦开花，但其作用并不明确。例如，厄瓜多尔的藜麦品种至少需要 15d 的短日照（10h）才能诱导开花，而玻利维亚的品种能够在宽泛光周期下开花，但无法在持续光照下开花。有人认为，藜麦开花是由其营养状况和基因型共同决定的，与日照长度无关。因此，光周期对藜麦生殖生长的每个阶段都有明显影响，但通常是间接的。即便如此，短日照相比于长日照更有利于藜麦花序的出现和开花。

藜麦种子形成受到光照影响，可能通过调节光合作用来影响干物质积累。藜麦干物质生产大致与日照长度呈正相关关系，最大干物质生产出现在持续光照下，而最小干物质生产则出现在短日照下。藜麦灌浆期的光周期敏感性在其适应安第斯环境中起着重要的作用，当光周期缩短时，种子灌浆加速，促使种子早熟，从而避开恶劣的气候。也有研究表明，在夏季温度适宜情况下，光周期并不影响籽实产量（Risi，1991）。

2. 光照强度的影响

光照强度对作物生长及形态建成有重要的作用。因为光是作物进行光合作用的能量来源，光合作用合成的有机物质是作物进行生长的物质基础。细胞的增大和分化、作物体积的增长、重量的增加都与光照强度有密切的关系。光还能促进组织和器官的分化，制约器官的生长发育速度，植物体各器官和组织保持发育上的正常比例，也与一定的光照强度有关。例如，作物种植过密，株内行间光照就不足，由于植株顶端的趋光性，茎秆的节间会过分拉长，不但影响分歧或分枝，而且影响群体内绿色器官的光合作用，导致茎秆细弱而倒伏，造成减产。

（1）光照强度与作物发育　光照强度也影响作物的发育。作物花芽的分化和形成受光照强度的制约。通常作物群体过大，有机营养的同化量少，花芽的形成也减少，已经形成的花芽也由于体内养分供应不足而发育不良或早期死亡。在开花期，如果光照减弱也会引起结实不良或果实停止发育，甚至落果。例如，棉花在开花、结铃期如遇长期阴雨天气，光照不足，影响碳水化合物的制造与积累，就会造成较多的落花落铃。

（2）光照强度与光合作用　光是光合作用中能量的来源。虽在正常条件下，自然光强超过光合的需要，但在丰产栽培条件下，常常由于群体偏大而影响通风透光。中下部叶片常因光照不足而影响光合作用，并削弱个体的健壮生育，这时光成为最主要的限制因子，如果不能合理解决这一主要矛盾，产量就上不去，但是光太强也不一定有利，因为光合对光强的要求也有一定的限度，接近或超过高限就会造成极大的浪费，可能还有其他不良影响，如光抑制。所以，生产上必须进行合理调节，才能提高光能利用率而获得高产。作物对光照强度的要求通常用"光补偿点"和"光饱和点"表示。夜晚，光强为 0，作物只有呼吸消耗，没有光合积累，光合速率为负值。随着光照强度的增强，CO_2 的吸收逐渐增加，在一定的光照强度下，实际光合速率和呼吸速率达到平衡，表观光合速率等于 0，此时的光照强度即为光补偿点。随着光照强度的进一步增强，光合速率也逐渐上升，当达到一定值之后，光合速率不再受光照强度的影响而趋于稳定，此时的光照强度叫作光饱和点。光补偿点和光饱和点分别代表光合对光强度要求的低限与高限，也分别代表光合对于弱光和强光的利用能力，可作为作物需光特性的两个重要指标。根据这些指标可以衡量作物的需光量。

藜麦的整个生育期都离不开光照，它是非常喜光的。光照对藜麦的生长会有很大的影响，充足的光照可促进藜麦的发育，增强籽粒的饱满，减少籽粒空壳、干瘪的数量，所以在种植中要保证藜麦有足够的阳光供其生长，应该将其种植在地势较高且开阔的地方以有利于促进藜麦的光照吸收，进行光合作用，增加植株内营养积累，提高产量。

姜庆国等（2018）介绍，藜麦在光照、温度等方面具有较强的适应性，种子受光照影响非常明显，会通过调节光合作用方式来影响物质积累。藜麦物质生产与光照存在正相关关系，最大物质生产出现在持续光照条件下，而最小物质生产则也出现在缺乏光照的情况下。充足光照可以使种子更快发芽，也可以使果实更加饱满。在西藏、甘肃、青海、新疆等地，自然环境非常恶劣，但是光照非常充足，有利于藜麦种子的生长和发芽，促进茎叶生长，形成大量的生物量积累，能够用于喂养牲畜，成为动物饲料的主要来源。

（三）温光综合作用的影响

同一作物不同品种其生育期长短不同，同一作物品种在不同季节、不同纬度、不同海拔地区种植，其生长期的长短也不同，有的甚至影响正常开花和结实，其主要原因是作物品种的温光反应特性不同。所谓作物的温光反应特性，是指作物必须经历一定的温度和光周期诱导后，才能从营养生长转为生殖生长，进行花芽分化或幼穗分化，进而才能开花结实。作物对温度和光周期诱导反应的特性，称为作物的温光反应特性。具体说来，是由于作物品种的感温性和感光性不同所致。又由于作物的感温和感光是在作物经过一定的营养生长后才有反应的，这一营养生长时期称为基本营养生长期，作物的这一特性也称为基本营养生长性。

光照和温度是植物生存和生长所必需的环境条件，是影响种子萌发的重要因素，适宜的光照和温度可以提高种子的发芽率，光照和温度还通过光合作用可以直接影响植物的形态和生理指标进而影响作物的品质和产量，不同温度和光照条件对幼苗生长的影响程度不同。研究发现，温度对藜麦幼苗含水量有显著影响，光照时间对幼苗的鲜重影响较大，而温度、光照时间和上述两因素相互作用时藜麦幼苗的干物质量最高。

曲波等（2018）以藜麦为材料，采用水培方法，设置2种光照时间（8h和12h）和2种温度（10℃和25℃）对藜麦幼苗进行交叉处理，研究不同温度和光照对藜麦幼苗的发芽率、鲜质量、干质量、含水量、株高和根长、根系活力和叶绿素含量的影响，结果表明，25℃下光照8h时，幼苗整株鲜质量、干质量和株高最大，但与其他处理差异不显著；10℃下光照12h时，幼苗叶绿素含量和根系活力最高。可见，低温并延长光照时间有利藜麦后期生长，并且藜麦适于高寒地区种植。

Christiansen等（2010）研究表明，影响南美藜麦引种到北欧导致晚熟的主要原因是光照时长，其对光周期和温度强烈敏感，Bois等（2006）对安第斯山高原区藜麦生长过程中进行控温，研究其发芽及生长情况，结果表明，当温度降低至2℃，延缓了发芽，种子萌发的基础温度为-1.9℃~0.2℃，叶片发生的基础温度接近 1~6℃时叶片宽度开始增加，至 20~22.5℃ 为最佳，在低温-5℃~6℃条件下叶片冻伤死亡（Bertero et al.,2000），因此，藜麦在一定低温条件下能够发芽，但植株生长速度快慢与气温高低密切相关。开花期是决定藜麦产量形成的主要时期（Curti et al., 2014），Jacobsen 等（2005）研究结果表明，藜麦花芽分化期对低温最为敏感，在开花期遇低温 2h，藜麦减产近 66%，所以应在生产中注重该时期的抗寒措施，其对巴西使用冬季覆盖作物来增加藜麦的抗寒性和越冬能力进行了相关研究（Spehar et al.,1993）。

（四）纬度和海拔的影响

随着海拔的升高，气象条件也会发生变化，空气变得寒冷和干燥，对植物生长也会造成相应影响，其中涉及其他直接或间接因素，海拔高度在所有植物的生长过程中都扮演一个重要角色。

作物的生长与生产过程需要足够的热量、雨水以及养分，如果供应不足，会引起生理生态过程发生变化，改变作物体内有机物质的合成过程，影响其生长发育及生产力。显然，纬度与海拔并不能直接影响作物的生理生长以及生产过程，而是通过改变光、热、水、肥等气候条件而间接影响。纬度主要影响地区的光照和温度。例如，新疆部分地区，由于高纬度与海拔以及海陆分布等原因，白天光照强温度高，利于作物进行光合作用，促进有机物（糖分）的合成，而夜晚气温低，植物呼吸作用弱，消耗有机物比较少，有利于糖分等有机物的积累，所以该地区水果以及其他农产品品质较其他地区优良。南方的作物不能在北方正常栽种，主要是由于北方地区纬度较高，温度较低，年积温达不到作物发育、开花以及结果等生理过程的要求。海拔作为重要的地形因子主要对温度影响较大。一般来讲，温度伴随着海拔升高而降低，海拔每上升 100m，温度约降低 0.6℃，而且日温差也逐渐增大，从而对植物生长过程产生影响（潘红丽等，2009）。同时，海拔高度还会影响降雨和土壤水分的变化，高海拔区降雨频度和总量较低海拔区大，但由于温度较低，其潜在蒸散下降，气压降低，导致部分作物气孔关闭加剧，大大限制了植物的光合作用和生长速度。另有研究表明，随着海拔不断升高，昼夜温差增大，植物体内光合色素如叶绿素等含量和比例随之增高，有利于加强吸收光能，部分作物也可能增加自身光合作用效率（祁建等，2007）。不同的纬度区域其主要的影响机制并不相同，如在北半球高纬度地区降水量一般超过植被的水分蒸发量，植被生长对水分需求不敏感，所以这时热量往往构成该地区作物生长的主要限制因子，而在中低纬度地区，作物生长与温度和水分需求关系较为复杂，一般该地区温度较高，此时温度并不是作物生长的限制性因素，相对而言，此时降水往往是直接控制作物生长的主要因子（齐晔，1999）。

不同地区纬度的变化会引起地区光照时间和温度差异，从而同一作物品种在不同地区栽植时生理发育、特定生长周期、作物产量和内含物成分等均会出现差异，主要表现出随纬度升高作物发育延迟以及有机物积累尤其是糖分含量的增加，而地区海拔高度的升高，会引起局部温度、水分以及气压等小气候环境的变化，作物生长过程也会出现变化，如随海拔上升作物秸秆高度发生变异，生长渐慢，果实的品质发生较大变化，尤其以内含物中淀粉、脂类、蛋白质等含量变异为主。刘文瑜等（2018）选择甘肃省不同海拔地区，以国内首个藜麦品种陇藜1号为材料，测定不同海拔对藜麦苗期叶片生理指标的影响。结果表明，随海拔的升高，藜麦叶片的叶绿素、可溶性蛋白和脯氨酸含量先升高后下降；MDA含量和 O^{2-} 产生速率升高后下降再升高，在海拔最高（2130m）处达到最大值；SOD、POD、CAT和APX活性先升高后下降。说明随海拔的升高，藜麦叶片通过积累渗透调节物质和提高抗氧化酶活性，以清除多余的活性氧物质，维持细胞渗透势平衡，缓解环境变化对其生长造成的伤害。

胡一波等（2017）研究表明，地理坐标范围是北纬18.6°～43.8°，东经108.7°～125.4°，109～1 450m范围内，藜麦籽粒淀粉含量与经纬度呈极显著负相关（$P<0.01$，$r=0.44$），但与海拔呈极显著正相关（$r=0.43$），这与禾本科作物的变化规律一致（Stehmann et al.，1976）。蛋白质含量与纬度和海拔呈负相关（$P<0.05$，$r=0.22$；$P<0.01$，$r=0.7$），脂肪的含量与海拔呈极显著正相关（$r=0.76$），而与经度呈显著负相关（$r=0.21$）。灰分与经纬度和海拔之间均呈极显著负相关，其相关系数分别为0.25、0.27和0.28。在与功能成分相关性方面，总皂苷含量与经纬度和海拔之间均呈极显著正相关，其相关系数分别为0.32、0.58和0.57。

徐天才等（2017）研究了不同海拔种植的藜麦籽中营养成分与海拔之间的关系，为滇西北的藜麦规范化栽培和产品原料来源提供科学依据。选取4个不同海拔高度进行大田试验，测定不同海拔对藜麦籽中的蛋白质、灰分、氨基酸、微量元素等营养成分含量的影响。结果表明，随海拔升高，藜麦的总糖、灰分、锰、钾、天门冬氨酸、谷氨酸、缬氨酸、异亮氨酸、酪氨酸、精氨酸和氨基酸总量是随着海拔的增高而增高。因此，可以认为，试验区海拔在2 000～3 400m时，较高的海拔更有利于藜麦的生长藜麦含有人体最全面完全营养成分，但是藜麦中的总糖、灰分、锰、钾、天门冬氨酸、谷氨酸、缬氨酸、异亮氨酸、酪氨酸、精氨酸和氨基酸总量随着海拔的升高而升高，粗纤维、棕榈酸、α-亚麻酸、铜含量是随海拔增加而下降，有些与海拔的变化不明显。因此，藜麦种植过程中应加强对海拔、土壤、肥料的选择，同时，藜麦产品开发要将2种或2种以上的食物混合食用，使其中所含的必需营养成分相互补充，达到较好的比例，从而提高营养价值。

何斌等（2019）为研究不同品种藜麦幼苗对海拔梯度变化的生理响应机制以4个藜麦品种——陇藜1号、陇藜2号、陇藜3号及陇藜4号为材料，选取甘南州临潭县3个不同海拔（2 380m、2 580m、2 780m）分布区为试验地。结果表明，随海拔升高，藜麦叶片叶绿素、可溶性蛋白以及抗坏血酸过氧化物酶（APX）含量逐渐降低，海拔2 780m最低；超氧化物歧化酶（SOD）、过氧化氢酶（CAT）和过氧化物酶（POD）逐渐升高，在海拔2 780m达到最大值；超氧阴离子产生速率呈现先升高后降低的趋势。不同藜麦品种幼苗生物量随着海拔的升高逐渐降低。说明高海拔下太阳辐射强度增大、温度降低，导致藜麦幼苗植株抗氧化酶活性升高以清除多余活性氧（ROS）自由基，使得植株能够适应高海拔环境而正常生长，但生物量较低海拔降低。因此，不同品种藜麦在低海拔地区受到的胁迫较低，虽然在高海拔区域胁迫加剧，但藜麦幼苗可以正常生长并进行干物质的积累。

环秀菊等（2020）为了解海拔、播期对藜麦品质指标合成和积累的影响，以陇藜1号为材料于2017年6月10日、9月10日、11月10日在云南省芒市市区（海拔916m）和河心农场（海拔1 800m）分3期进行播种，收获后分别测定藜麦主要品质性状。在低海拔地区，温度越高，类黄酮、可溶性蛋白质、维生素E含量相对较低，表明高温条件下不利于合成和积累，总氨基酸、抗坏血酸、直链淀粉、矿质元素铁含量则相反，在20~25℃的温度条件下积累较多，而可溶性糖、支链淀粉、矿质元素镁、锌和钙含量变化幅度不大，表明这5种品质指标的生物合成及积累对温度变化不敏感。在高海拔地区，大部分指标的生物合成和积累受播期的影响不大。高海拔地区最适宜藜麦生长，低海拔高温环境不利于藜麦生长发育。研究结果可为选择适宜的播期和种植海拔来改善藜麦营养品质提供理论依据。

韦良贞等（2020）为研究高海拔繁育对藜麦幼苗耐盐性的影响，以高海拔繁育前、后藜麦为材料，用不同浓度NaCl处理藜麦幼苗，测定处理第1、2、3周藜麦幼苗株高、生物量、氮平衡指数、叶绿素含量、类黄酮及花青素含量，探究NaCl对藜麦幼苗生长发育及次生代谢物质的影响，从而对高海拔繁育前、后藜麦耐盐性进行综合性评价。结果表明，随着NaCl浓度的升高，繁育前藜麦株高在盐处理第1周呈先升后降趋势，第2~3周呈下降趋势；繁育后藜麦在盐处理第1~2周呈先升后降趋势，第3周呈下降趋势。相同处理时间下，随着NaCl浓度的升高，繁育前、后藜麦的地上部鲜质量及干质量均受到抑制，根鲜质量及干质量先增加后下降。同一浓度处理下，氮平衡指数随着处理时间的增加而下降。适量盐处理下，随着处理时间的增加，繁育前、后藜麦植株中叶绿素、类黄酮及花青素积累增加。多个指标综合评价表明，高海拔繁育后藜麦的耐盐性较繁

育前得到了一定的提高。

（五）栽培措施的影响

作物栽培制度是一个地区或生产单位的作物构成、配置、熟制和种植方式的总称，内容包括作物布局、轮作（连作）、间作、套作、复种等。

合理的栽培制度应该是体现当地自然条件、社会经济条件和生产条件的农作物种植的优化方案。合理的栽培制度应当有利于充分利用自然资源和社会经济资源；有利于保护资源，培肥地力，维护农田生态平衡；有利于协调种植业内部各种作物之间的关系，达到各种作物全面持续增产；同时，还应当满足国家、地方和农户的农产品需求，提高劳动生产率和经济效益，增加农民收入。

藜麦起源于环境恶劣的高原地区，属于高秆作物，因此在传统的农业生产中，藜麦通常与其他作物轮作，其前茬作物多为土豆，后茬作物通常为饲用作物如大麦或燕麦等，在相对平坦的河谷地区，藜麦还经常与马铃薯、大麦，尤其是豆类间作套种，不但可以降低当地不利环境条件带来的风险，豆类特有的根瘤菌还可以固定空气中游离的氮元素来供应植株的营养需要（袁晓丽，2017）。

藜麦种植密度过小，会导致植株分枝过多而不能及时成熟，也为杂草生长提供了空间，单株产量低下；种植密度过大又会造成植株弱小，抗倒伏能力差。因此，合理的藜麦种植密度是获得藜麦稳产高产的重要保证，种植密度因生长习性、气候条件、播种时间、土壤肥力、藜麦品种等因素而异。郝小芳（2017）研究表明，不同地区的藜麦种植密度不同，美国地区为 10 000~15 000 万/hm²，而南美洲地区种植密度在 80 000~200 000/hm²。在我国不同地区的藜麦引种适应性种植试验中，魏玉明等（2016）在甘肃省肥力较高的地块试验得到藜麦种植密度在 650 000~9 750 000 株/hm²。成明锁等在河南地区试验本着"肥地宜稀，薄地宜稠"的疏苗原则得到种植密度，肥地 340 500~900 000 株/hm²，薄地 90 000~150 000 株/hm²。高兰（2017）研究我国高原地区藜麦种植技术得出，播种密度因品种和播种方式等条件不同而不等，湿润、冷凉地区以撒播方式种植密度为 6 750 000 株/hm² 左右为宜，干旱半干旱地区种植密度975 000 株/hm² 左右为宜，在灌溉区种植密度 120 000 株/hm² 左右为宜。

藜麦是一种极耐干旱的作物，对水分需求量较少，但灌溉对籽实产量有显著影响。苗期过多灌溉会造成幼苗萎蔫，甚至枯萎，在茎秆生长后期过多灌溉会导致植株高大，易倒伏，而且不会提高产量。藜麦对水分需求低，因此藜麦可以在世界的很多地方种植，尤其是干旱不能灌溉而依赖季节性降水的地区。但也有研究表明在适当的生长时期，例如，抽穗开花期的种子发育期少量浇水可以使藜麦产量大幅度上升。

土壤的选择也是非常重要的，虽然藜麦能够在各种土壤上正常生长，但是产量是肯定会受到一些影响。藜麦虽然生长速度快，生长能力比较强，对土壤的要求不是很大，比较耐瘠薄，但是对肥料仍然非常敏感，施氮能提高藜麦叶片叶绿素含量，提高植株高度、水分利用效率和氮肥利用效率，科学合理的施肥能有效提高作物的产量，但藜麦的产量并不一定随着氮肥的施用量上升而上升，有时反而会下降，施氮肥过量会使藜麦出现徒长现象，抗倒伏性差，造成减产。庞春花等（2017）研究表明，适宜的施磷量能够提高藜麦根系活力，促进根系生长，提高根系与土壤的接触面积，增强根系抗氧化能力，从而提高藜麦抗旱能力。在选择种植土壤的时候还是要尽量选择肥沃，保水保肥性强，松软深厚的地块，并且该地块要有良好的排灌性，藜麦可以忍受较广泛的土壤酸碱度，土壤 pH 值 5~9 较适合藜麦的生长。

胡一波等（2017）介绍，目前国内外已有一些关于不同栽培措施对藜麦产量和品质的影响，Pulvento 等（2012）对藜麦进行干旱和盐胁迫处理发现，这两种胁迫没有造成藜麦产量显著降低，高水平的盐胁迫反而会提高藜麦的千粒重和籽粒中纤维和皂苷的含量。Hirich 等（2014）在摩洛哥南部进行的藜麦播期试验发现，11 月至 12 月初在当地播种藜麦时种子产量和干物质积累最高，因为不同的播种期会导致藜麦生育期中温度、降水和光照条件等非生物因素的差异，而且还能避免霜霉病和杂草等生物因素的影响，从而影响藜麦的产量。黄杰等（2015）在甘肃高寒阴湿区进行栽培试验，研究不同播期对藜麦品质、产量及农艺性状的影响，研究发现藜麦千粒重会随播期的推迟而递减，对单株的产量也有一定的影响，不同播期对藜麦籽粒蛋白质、脂肪和灰分含量没有显著影响，但会显著影响藜麦籽粒中赖氨酸的含量。结果表明，播种密度对藜麦单株产量有明显影响，对藜麦籽粒千粒重影响不大。相同行距下，随着株距的增大单株产量显著增加，但随着行距增大，单株产量却呈逐渐减少趋势。播种密度对淀粉、蛋白质和脂肪 3 种主要营养成分的含量变化有明显的影响，但是对总多酚、总黄酮和总皂苷 3 种功能成分影响较小。

任永峰等（2018）介绍喷施化控剂是藜麦群体调控的有效措施。与正常田间栽培的藜麦对照（CK）相比，喷施多效唑和矮壮素能够有效降低植株株高，提高植株叶片叶绿素含量；喷施矮壮素和打顶措施能增加藜麦单株叶面积，分别较 CK 高 18.2% 和 9.7%，缩节胺处理抑制植株叶面积的增长，较 CK 处理降低 12.1%，化控处理能够明显提高叶片光合速率和水分利用效率，其中，喷施矮壮素效果最佳，打顶能显著促进一级分枝数的增加，但侧枝折断率较高，喷施矮壮素显著降低一级分枝数和侧枝折断率，喷施化控剂能促进植株茎秆增粗，且金得乐和缩节胺处理茎秆增粗效果优于其他处理，化控处理显著增加单株籽粒重和产量，以矮壮素处理下产量最高，较对照高 114.7%；喷施矮壮素、多效唑和打顶措施能显著提高藜麦千粒重。因此，喷施矮壮素能够控制株高，降低侧枝折断率，提高叶片光合性能和产量，可作为藜麦高产栽培适宜的化控抗倒措施应用。

潘佳楠等（2018）研究表明，增加种植密度对藜麦千粒重和 SPAD 值无明显影响，而株高、单株叶面积、群体叶面积指数及群体干物质积累量随着密度增大均呈先升高后降低的趋势，均以 180 000 株/hm² 密度处理表现最高；主茎粗、分枝数、穗干重、茎干重、单位茎长干重、力学特征、纤维素及木质素含量随着密度增大均呈下降趋势，密度增加至180 000 株/hm² 前各密度处理间差异不显著，超过此密度处理，各指标均显著降低，180 000 株/hm² 是鉴定藜麦茎秆抗倒伏性能的适宜临界密度。适当增加种植密度，群体叶面积指数和光合特性指标下降相对缓慢，保证了个体器官光合性能与群体物质生产能力，构建内蒙古阴山丘陵区藜麦抗倒高产群体的适宜种植密度为 153 300~171 500 株/hm²。

第二节　藜麦生育过程中有机物的生物合成

一、碳水化合物（糖类）的合成——光合作用

（一）光合作用的反应过程

光合作用是最基本的生理过程，包括光反应和暗反应。光反应是水的光解，释放氧气（O_2）。暗反应是 CO_2 的固定和还原，经过一系列的酶促反应，形成碳水化合物（糖类）。藜麦属于 C_3 植物。其暗反应通过卡尔文循环来完成。反应部位在叶肉细胞。

光合作用通常用下列公式表示：

$$6CO_2 + 6H_2O \ \text{光/绿色植物} \rightarrow C_6H_{12}O_4 + 6O_2$$

光合作用的意义在于把无机物转变为有机物；把光能转化为化学能，贮存在合成的有机化合物中；调解空气中的 CO_2 和 O_2 含量。光合作用是藜麦植株生产的物质基础和能量基础，也是产量形成的物质基础和能量基础。

1. 光反应

光合作用可分为两个反应—光反应和暗反应（图 2-2）。光反应是必须在光下才能进行的，由光所引起的光化学反应；暗反应是在暗处或光处都能进行的，由若干酶所催化的化学反应。光反应是在类囊体膜（光合膜）上进行的，而暗反应是在叶绿体的基质中进行的。光反应是叶绿素等色素吸收光能，将光能转化为化学能，形成 ATP 和 NADPH 的过程。

光反应又称为光系统电子传递反应（Photosythenic Electron－transfer

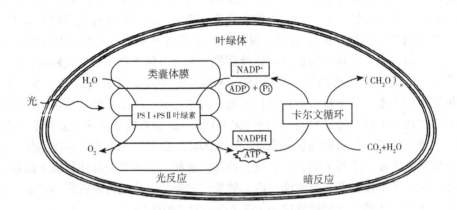

图 2-2　叶绿体中光合作用的光反应和暗反应（Taiz，2006）

注：在类囊体膜中，光通过 PSII 和 PSI 引进 ATP 和 NADPH 合成，在基质中，ATP 和 NADPH 在循环中通过卡尔文循环进行一系列酶促反应，还原 CO_2 为糖类（丙糖磷酸）。

reaction）。在反应过程中，来自太阳的光能使绿色生物的叶绿素产生高能电子从而将光能转变成电能。然后电子通过在叶绿体类囊体膜中的电子传递链间的移动传递，并将 H^+ 质子从叶绿体基质传递到类囊体腔，建立电化学质子梯度，用于 ATP 的合成。光反应的最后一步是高能电子被 $NADP^+$ 接受，使其被还原成 NADPH。光反应的场所是类囊体。准确地说光反应是通过叶绿素等光合色素分子吸收光能，并将光能转化为化学能，形成 ATP 和 NADPH 的过程。光反应包括原初反应（光能的吸收、传递和转换过程）、电子传递和光合磷酸化（电能转化为活跃的化学能过程）两个主要步骤。

原初反应是指光合作用中从叶绿素分子受光激发到引起第一个光化学反应为止的过程，包括色素分子对光能的吸收、传递和转换的过程。两个光系统（PSI 和 PSII）均参加原初反应。当波长范围为 400~700nm 的可见光照射到绿色植物时，聚光色素系统的色素分子吸收光量子后，变成激发态。由于类囊体片层上的色素分子排列得很紧密（10~50 nm），光量子在色素分子之间以诱导共振方式进行传递，传递速度很快，一个寿命为 5×10^{-9} s 的红光量子，在类囊体中可把能量传给几百个叶绿素 a 分子。能量可以在相同色素分子之间传递，也可以在不同色素分子之间传递。能量传递效率很高，类胡萝卜素所吸收的光能传给叶绿素 a 的效率高达 90%，叶绿素 b 所吸收的光能传给叶绿素 a 的效率接近 100%。这样，聚光色素就像透镜把光束集中到焦点一样，把大量的光能吸收、聚集，并迅速传递到反应中心色素分子。反应中心（Reaction Centre）是将光能转变为化学能的膜蛋白复合体，包括参与能量转换的特殊叶绿素 a 对（special-pair chlorophyll a)、脱镁叶绿素（镁被氢取代的叶绿素）和酶等电子受体分子。当特殊叶绿素 a 对吸收由聚光色素传来的光能后，就被激发成激发态，交出一个电子给位于类囊体膜外侧的原初电子受体，使其带负电，转给另外一个色素分子（如脱镁叶绿素），再转给基质表面的非色素分子（如醌）等受体，而反应中心的特殊叶绿素 a 对则带正电，就产生一个不可逆的跨膜的电荷分离（charge separation）。这种叶绿素吸收光能后十分迅速地产生氧化还原的化学变化，称为光化学反应，它是光合作用的核心环节，能将光能直接转变为化学能。光化学反应实质上是由光引起的氧化还原反应，具体变化如下：当特殊叶绿素 a 对（P）被光激发后成为激发态 P^*，放出电子给原初电子受体（A）。叶绿素 a 被氧化成带正电荷（P^+）的氧化态，而受体被还原成带负电荷的还原态（A^-）。氧化态的叶绿素（P^+）在失去电子后又可从原初电子供体（D）得到电子而恢复原来的还原态。这样不断地氧化还原，原初电子受体将高能电子释放进入电子传递链，直至最终电子受体 $NADP^+$。同样，氧化态的电子供体（D^+）也要向前面的供体夺取电子，依次直到最终的电子供体水。

2. 暗反应

光合作用是绿色植物最基本的生理活动。其全过程包括光反应和暗反应。光反应是水的光解；暗反应是 CO_2 的固定和循环，在一系列酶的参与下，完成循环过程，生成碳水化合物。

（1）暗反应的生理生化途径　藜麦是 C_3 植物。暗反应的初始产物是 C_3 化合物。反应过程为卡尔文循环，在一系列酶的作用下，形成最终产物。卡尔文循环包括核酮糖-1,5-二磷酸（ribulose-1,5-bisphosphate，RuBP）的羧化、C_3 产物的还原和 RuBP 的再生 3 个阶段，共 14 步反应，所有反应在叶绿体基质中完成（图 2-3、图 2-4）。RuBP 的羧化，进入叶绿体的 CO_2，与其受体 RuBP 结合后经水解生成 3-磷酸甘油酸（3-PGA），这是光合作用碳同化的第一步骤，CO_2 被固定，实现了无机物向有机物的转化。

反应分两步进行。第一步为羧化反应（即 RuBP 接受 1 分子 CO_2，其分子上部羧基化，形成不稳定的中间化合物；第二步为水解反应，即该中间化合物水解形成 2 分子 3C 化合物。

催化羧化反应的酶是核酮糖-1,5-二磷酸羧化酶/加氧酶（ribulose-1,5-bisphosphate carboxylase/oxygenase，Rubisco）该酶含量丰富，约占叶片可溶性总蛋白的 40%，在叶绿体基质中，Rubisco 活性位点浓度高达 4mmol/L，约为它催化的底物 CO_2 浓度的 500 倍以上。Rubisco 既能催化 RuBP 与 CO_2 的羧化反应，又能催化 RuBP 与 O_2 的加氧反应。它催化的羧化反应是光合作用中最基本的碳还原反应。

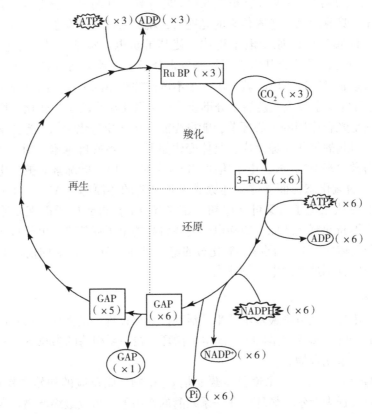

图 2-3　卡尔文循环中 3 个阶段示意图（武维华，2003）

C_3 产物的还原，在羧化反应中形成的 PGA 仅为有机酸，在叶绿体基质中，利用光合光反应生成的 ATP 与 NADPH 将 3-PGA 进一步还原为磷酸丙糖。

3-磷酸甘油酸激酶催化 3-PGA 的磷酸化反应形成 1,3-二磷酸甘油酸，再由 NADP-甘油醛-3-磷酸脱氢酶催化形成甘油醛-3-磷酸（GAP）。GAP 是光合碳同化的重要产物。至此，3-PGA 被还原为糖，光合作用光反应中形成的同化力 ATP 与 NADPH 携带的能量转贮于碳水化合物中。

RuBP 的再生，叶绿体中需保持 RuBP 不断再生去接受 CO_2，卡尔文循环才得以继续运转。经羧化反应和还原反应形成的甘油醛-3 磷酸经过 3C、4C、5C、6C、7C 糖的一系列反应转化，形成核酮糖-5-磷酸（Ru5P），最后由核酮糖-5-磷酸激酶催化，消耗 ATP，再形成 RuBP。

再生过程自 GAP 始，最终形成 RuBP，再生过程的总反应可表示为：

$$5GAP + 3ATP + 2H_2O \rightarrow 3RuBP + 3ADP + 2Pi + 3H^+$$

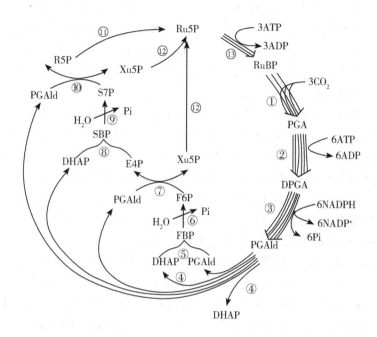

每一线条代表每 1mol 代谢物的转变：①是羧化阶段；②和③是还原阶段；其余反应是更新阶段，DHAP，二羟丙酮磷酸；FBP，果糖-1，6-二硫酸；F6P，果糖-6-磷酸，E4P，赤藓糖-4-磷酸；Xu5P，木酮糖-5-磷酸；SBP，景天庚酮糖-1，7-二磷酸；S7P，景天庚酮糖-7-磷酸；R5P，核糖-5-磷酸，Ru5P，核酮糖-5-磷酸，循环中的酶如下：①Rubisco，②甘油酸-3-磷酸激酶，③甘油醛-3-磷酸脱氢酶，④丙糖磷酸异构酶，⑤果糖二磷酸醛缩酶，⑥果糖-1，6-二磷酸酶，⑦转酮酶，⑧果糖二磷酸醛缩酶，⑨景天庚酮糖-1，7-二磷酸酶，⑩转酮酶，⑪核糖磷酸异构酶，⑫核酮糖-5-磷酸差向异构酶，⑬核酮糖-5-磷酸激酶

图 2-4　卡尔文循环（自 Bowyer 和 Leegood，1997）

卡尔文循环的总反应式可表示为：

$$3\ CO_2 + 5H_2O + 9ATP + 6NADPH \rightarrow GAP + 9ADP + 8Pi + 6NADP^- + 3H^+$$

在卡尔文循环中，每同化 3 分子 CO_2，消耗 9 分子 ATP 与 6 分子 NADPH，形成 1 分子磷酸丙糖，以很高的能量转化效率（80%以上）将光反应中的活跃化学能转换为稳定的化学能，暂时贮存在磷酸丙糖中。

（2）完成暗反应的酶系统　C_3 途径的化学过程大致可分为三个阶段：即羧化阶段、还原阶段和再生阶段。在这一过程中的酶主要有羧化阶段的核酮糖二磷酸羧化酶（Rubpcase）和还原阶段 β-磷酸甘油酸激酶。叶肉细胞含有大量磷酸丙酮酸双激酶和磷式丙酮酸羧化酶，而含 1，5-二磷酸核酮糖羧化酶和乙醇酸氧化酶则较少。磷酸丙酮酸双激酶可以催化丙酮酸和三磷酸腺苷形成磷酸烯醇式丙酮酸，磷酸烯醇式丙酮酸羧化酶是卡尔文循环中最关键的酶，也是产生磷酸乙醇酸的酶，乙醇酸氧化酶是光呼吸的一种关键酶。高等植物的光合细胞中都有过氧化物体，其中，C_3 植物叶肉细胞含过氧化物体较多，过氧化物体位于叶绿体附近，它含有乙醇酸氧化酶和过氧化氢酶，能把由叶绿体运来的乙醇酸分解；乙醇酸氧化酶的活性高，光呼吸较强。

卡尔文循环受光调节，光影响酶活性对卡尔文循环的调节有两种情况：

①过铁氧还蛋白—硫氧还蛋白系统，卡尔文循环中被光调节的酶有下列 5 种，Rubisco、甘油醛-3-磷酸脱氢酶、果糖-1,6-二磷酸酶、景天庚酮糖-1,7-二磷酸酶和核酮糖-5-磷酸激酶。除了 Rubisco 外，其他 4 种酶都含 1 个或多个二硫基（-S-S-），光通过铁氧还蛋白-硫氧还蛋白（Fd-Td）系统控制这 4 种酶活性。在暗中，它们的二硫基呈氧化状态（-S-S-），使酶不活化或亚活化。在光下，-S-S-基还原成巯基（-SH，HS-），酶就活化。

②光增加 Rubisco 活性，Rubisco 的活性反映了 PSⅡ的光化学效率，最终限制 CO_2 的固定。在光照下，质子跨过类囊体膜进入内腔，pH 就降为 5.0，而基质的 pH 是 8，适合于 Rubisco 的活性。Rubisco 活性还需要 CO_2，CO_2 不只是作为 Rubisco 的底物，而且是它的活化剂。CO_2 首先与酪氨酸残基的 $-NH_2$ 缓慢反应，形成氨基甲酸衍生物，再与由类囊体派出的 Mg^{2+} 迅速结合，但此复合物仍无活性。后研究表明，在含有 Rubisco、RuBP 和 CO_2 的混合物中加入一种蛋白质，Rubisco 的活性就完全表现出来，这种蛋白质就称为 Rubisco 活化酶，它具有促进 Rubisco 依赖光活化作用。

（二）光合作用的酶系统

1. 碳素同化的关键酶

C_3 途径的化学过程大致可分为 3 个阶段：即羧化阶段、还原阶段和再生阶段。在这一过程中的酶主要有羧化阶段的核酮糖二磷酸羧化酶（RuBPCase）、加氧酶和还原阶段 β-磷酸甘油酸激酶。C_4 途径的主要酶有磷酸烯醇式丙酮酸羧化酶（PEPCase）、NADP-苹果酸脱氢酶和丙酮酸磷酸脱氢酶。

磷酸烯醇式丙酮酸羧化酶（PEPCase）和核酮糖二磷酸羧化酶（RuBPCase）是 C_4 植物光合作用过程中最重要的两个酶，RuBPCase 的活性反映了 PSⅡ的光化学效率，最终限制 CO_2 的固定。PEPCase 在 C_4 植物的光合过程起 CO_2 "泵"的作用。磷酸烯醇式丙酮酸羧化酶（PEPCase）和核酮糖二磷酸羧化酶（RuBPCase）对 CO_2 的亲和力相差很大，前者是后者的 60 倍，在 CO_2 浓度低时更显著。磷酸烯醇式丙酮酸羧化酶（PEPCase）在各个生育期受光周期调控。

叶肉细胞与维管束鞘中的酶系统也有差别。叶肉细胞含有大量磷酸丙酮酸双激酶和磷酸丙酮酸羧化酶，而含1,5-二磷酸核酮糖羧化酶和乙醇酸氧化酶则较少；维管束鞘细胞所含的酶则与此相反。磷酸丙酮酸双激酶可以催化丙酮酸和三磷酸腺苷形成磷酸烯醇式丙酮酸，磷酸烯醇式丙酮酸羧化酶是卡尔文循环中最关键的酶，也是产生磷酸乙醇酸的酶，乙醇酸氧化酶是光呼吸的一种关键酶。

2. 糖代谢的关键酶

在叶片蔗糖合成过程中，碳酸蔗糖合成酶是关键性调节酶，磷酸蔗糖合成酶活性比 C 固定酶活性更能反映籽粒对同化物的需求程度。

蔗糖合成酶和蔗糖酶为蔗糖代谢的主要酶，前者能促进运到籽粒等库器官的蔗糖的分解，后者则主要是促进蔗糖的合成。在玉米籽粒中，蔗糖合成酶活性与淀粉积累呈正相关，而与蔗糖酶活性相关不显著，蔗糖合成酶活性对于籽粒接受蔗糖输入起重要作用。

（三）藜麦的光饱和点和补偿点

植物的光合作用，在一定的光照强度范围内，随着光照强度的增大，光合作用强度也增大，吸收的 CO_2 多于放出的 CO_2，光合产物增加。当光照强度增加到一定程度，光合作用强度不再增加，这时的光照强度称为光饱和点。在光饱和点以下，随着光照强度的减弱，光合作用强度下吸收的 CO_2 也减少，当光照强度减弱到一定程度时，植物吸收的 CO_2 量等于呼吸放出的 CO_2 量，这时的光照强度称为光补偿点。

不同作物的光饱和点和光补偿点不同。旺姆等（2006）对南美藜叶片光合特性研究表明，南美藜叶片光饱和点为 1 901~2 383 $\mu mol/m^2 \cdot s$，光补偿点为 29~39 $\mu mol\ CO_2/m^2 \cdot s$。不同温度、不同施肥水平对南美藜光饱和点、光补偿点没有明显影响，南美藜叶片的光合日变化呈单峰曲线，不同生育期南美藜光合日变化有一定差异，灌浆初期与后期的最大净光合速率（P_{max}）不同，南美藜叶片净光合速率 P_{max} 一般为 13.6~27.2 $\mu mol/m^2 \cdot s$。

（四）藜麦光合作用的影响因素

光合作用是植物叶片利用 CO_2 和 H_2O 合成有机物的过程，是生物量积累的过程。影响藜麦光合作用的因素，既有自然因素，也有人为因素。

1. 自然因素的影响

温、光、水、气等都是影响藜麦光合作用的自然因素。

（1）温度的影响 光合作用的暗反应是由酶催化的化学反应，其反应速率受温度影响，温度是影响光合速率的重要因素。在强光、高 CO_2 浓度下，温度对光合速率的影响比在低 CO_2 浓度下的影响更大，因为高 CO_2 浓度有利于暗反应的进行。昼夜温差对光合净同化率也有很大的影响。白天温度较高,日光充足,有利于光合作用进行;夜间温度较低,可降低呼吸消耗。因此,在一定温度范围内,昼夜温差大,有利于光合产物的积累。低温、干旱并发对光合效率和光合作用速率的负效应加大,光化效率降幅增大 2.5 倍,光合作用速率增大 15% 左右,光化效率与光合作用速率两者呈显著正相关。

(2)水分的影响 水分是光合作用的重要原料,水分亏缺程度的加剧会使光合作用受到明显抑制。但是,用于光合作用的水只占蒸腾失水的 1%,因此缺水影响光合作用主要是间接原因。轻度缺水会导致气孔导度下降,导致进入叶内的 CO_2 减少;光合产物输出变慢,光合产物在叶片中积累,对光合作用产生反馈抑制作用;光合机构受损,光合面积减少,作物群体的光合速率降低。水分过多也会影响光合作用,土壤水分过多,通气状况不良,根系活力下降,间接影响光合作用。

藜麦在水分亏缺下胞间 CO_2 浓度(Ci)明显升高,净光合速率(Pn)、气孔导度(Gs)显著降低,但 Gs 能保持相对稳定,且气孔关闭迅速,促使蒸腾速率(Tr)显著降低,在水分亏缺时仍能保持较好的叶水势和最大光合作用,进而维持较高的叶片 WUE,叶片 WUE 随水分亏缺程度的加大显著升高。姚有华等(2019)研究表明,随着亏缺灌溉程度的加大,藜麦植株的 Pn、Tr、Gs 均显著降低,Ci 显著升高,且叶片 WUE 随水分亏缺程度的加大显著升高,这与前人在小麦、棉花和葡萄等作物上的研究结果相似,表明藜麦 Pn 下降并非主要由气孔因素引起,可能更多地受非气孔因素限制所致,气孔限制通过叶片气孔保卫细胞的运动调节来实现,而非气孔限制是由叶片组织细胞的生化变化造成,会对作物叶片光合机构造成不可避免的伤害,因此推测藜麦在亏缺灌溉下的 Pn 下降是因为水分亏缺导致藜麦叶肉细胞光合活性下降所致。岳凯等(2019)利用不同浓度 PEG 溶液模拟干旱胁迫,发现随着干旱胁迫增强,藜麦幼苗的 Pn、Tr、Gs 降低,Ci 先降后升,叶绿素(Chl)先升后降,Chl 含量变化与 Pn 有正相关性。

水分胁迫影响植物体的碳水化合物代谢。姚有华等(2019)研究发现,亏缺灌溉降低了藜麦籽粒的蛋白质质量分数、氨基酸总量和氨基酸各组分质量分数,显著降低藜麦的总分枝数、有效分枝数和主穗面积。相对充分灌溉和重度亏缺灌溉处理,轻度亏缺灌溉可显著提升藜麦的主穗粒质量、单穗粒质量、千粒质量和产量。亏缺灌溉负面影响藜麦植株的光合特性,但有助于提高叶片 WUE。

中度和重度干旱胁迫下,植物细胞失水,叶绿体遭到破坏,光合作用降低,叶绿素合成受到抑制,光合产物减少,从而抑制幼苗生长,地上部分生物量下降。刘文瑜等(2019)采用盆栽人工控水法研究干旱胁迫对藜麦幼苗生长和叶绿素荧光特性的影响,结果表明,藜麦幼苗叶片叶绿素 a、叶绿素 b、总叶绿素及叶绿素 a/b 随着干旱胁迫程度的加剧而呈现先升高后降低的趋势。

（3）光照的影响 光照强度对植物光合作用有显著影响。光照是光合作用的能量来源，是影响光合 C 循环中的光调节酶活性的重要因素，也是形成叶绿素的必要条件。强光下生长的叶片光饱和点和最大光合速率均比弱光下高，同时具有较大的光合潜力活性。

2. 栽培措施的影响

藜麦光合作用会受到营养元素的影响。程维舜等（2020）通过营养液培养法，分别进行锌缺乏和锌过量 2 个处理研究藜麦幼苗生长和光合特性指标，结果表明，在缺锌和锌过量胁迫 8d 后，锌缺乏和过量都会抑制藜麦幼苗地上部生长，降低植株光合作用速率，从而减少干物质积累；锌过量还会显著抑制幼苗根系生长，减少色素含量和 PSⅡ的最大光化学效率。

二、蛋白质的生物合成

藜麦属于蛋白质碱性食品，蛋白质质量分数高达 16%~22%（牛肉为 20%），与牛奶和肉类基本相同，含有全部种类的氨基酸，其比例符合人体生长需要且易被吸收，尤其含有一般谷物缺乏的赖氨酸、蛋氨酸、苏氨酸和色氨酸。同时，藜麦籽粒中既不含谷物中常见的谷蛋白等过敏原，也不含麸质，适合孕妇、婴幼儿等特殊人群。其蛋白质的生物合成主要通过氮代谢途径，在细胞质中的核糖体上完成。

（一）氮素的吸收和同化

N 是植物生长发育必需的营养元素之一，在植物生长发育过程中发挥着重要作用，同时也是决定植物产量和品质的关键因素。王斌等（2020）采用田间小区试验，设 3 个灌溉定额和 5 个施氮水平，研究了不同水氮处理对藜麦干物质累积量、氮素吸收累积量、产量、收获指数、土壤氮素表观盈亏量、氮肥农学效率、氮肥利用率和水分利用率等的影响。结果表明，与不施氮肥相比，在 37.5~150kg/hm²范围内提高氮肥施用量可以显著增加藜麦干物质累积量、氮素吸收累积量和产量，增幅分别为 59.4%~229%、42.9%~277% 和 288%~1214%；随着灌溉量的提高，藜麦生育期干物质积累量也相应提高，增幅为 9.2%~39.7%，氮素累积量增幅为 25.5%~56.7%，产量增幅为 20.2%~24.9%；水氮互作对藜麦干物质累积量和藜麦籽粒氮素积累量有显著影响。

N 为植物结构组分元素，主要构成蛋白质、核酸、叶绿素、酶和次级代谢物的组成成分，常以硝态 N、铵态 N 和酰胺态 N 被植物吸收。旱田作物以吸收硝酸盐为主，植物吸收硝态 N 为主动吸收，受载体作用的控制，要有 H 泵、ATP

酶参与。

1. 硝态氮的吸收与同化

高等植物不能利用空气中的氮气，仅能吸收化合态的氮。植物可以吸收氨基酸、天冬酰胺和尿素等有机氮化物，但是植物的氮源主要是无机氮化物，而无机氮化物中又以铵盐和硝酸盐为主，它们广泛存在于土壤中。植物从土壤中吸收铵盐后，即可直接利用它去合成氨基酸。如果吸收硝酸盐，则必须经过代谢还原（Metabolic Reduction）才能利用，因为蛋白质的氮呈高度还原状态，而硝酸盐的氮却是呈高度氧化状态。植物吸收的硝态 N 以硝酸根或在根系中同化为氨基酸再向上运输。植物吸收的硝酸盐在根或叶细胞中利用光合作用提供的能量或利用糖酵解和三羧酸循环过程提供的能量还原为亚硝态 N，继而还原为氨，这一过程称为硝酸盐还原作用，在植株体内参与各种代谢物质的生成。

一般认为，硝酸盐还原是按下列几个步骤进行的，每个步骤增加两个电子。第一步骤是硝酸盐还原为亚硝酸盐，中间两个步骤（次亚硝酸和羟氨）仍未肯定，最后还原成氨。

硝酸盐还原成亚硝酸盐的过程是由细胞质中的硝酸还原酶（Nitrate Reductase）催化的，主要存在于高等植物的根和叶子中。硝酸还原酶的亚基数目视植物种类而异，相对分子质量约为（$200 \sim 500$）$\times 10^3$，也因植物种类而异。每个单体由 FAD、$Cytb_{557}$ 和钼辅因子等组成，它们在酶促反应中起着电子传递体的作用。在还原过程中，电子从 NAD（P）H 传至 FAD，再经 Cytb 传至 MoCo，然后将硝酸盐还原为亚硝酸盐。

硝酸还原酶整个酶促反应可表示为：

$$NO_3^- + NAD（P）H + H^+ + 2e^- \rightarrow NO_2^- + NAD（P）^+ + H_2O$$

硝酸还原酶是一种诱导酶（或适应酶）。所谓诱导酶（或适应酶），是指植物本来不含某种酶，但在特定外来物质的诱导下，可以生成这种酶，这种现象就是酶的诱导形成（或适应形成），所形成的酶便叫作诱导酶（Induced Enzyme）或适应酶（Adaptive Enzyme）。前人实验证明，水稻幼苗如果培养在硝酸盐溶液中，体内即生成硝酸还原酶；如把幼苗转放在不含硝酸盐的溶液中，硝酸还原酶又逐渐消失，这是高等植物内存在诱导酶的首例报道。亚硝酸盐还原成铵的过程，是由叶绿体或根中的亚硝酸还原酶（Nitrite Reductase）催化的，其酶促过程如下式：

$$NO_2^- + 6Fd_{red} + 8H^+ + 6e^- \rightarrow NH_4^+ + 6Fd_{ox} + 2H_2O$$

从叶绿体和根的质体中分离出亚硝酸还原酶，含有 2 个辅基，一个是铁—硫簇（Fe_4S_4），另一个是特异化血红素。它们与亚硝酸盐结合，直接还原亚硝酸盐为铵。

2. 铵态氮的吸收与同化

根系吸收的 N 通过蒸腾作用由木质部输送到地上部器官。植物吸收的铵态 N 绝大部分在根系中同化为氨基酸，并以氨基酸、酰胺形式向上运输。

当植物吸收铵盐的铵后，或者当植物所吸收的硝酸盐还原成氨后，氨立即被同化。游离氨（NH_3）的量稍微多一点，即毒害植物，因为氨可能抑制呼吸过程中的电子传递系统，尤其是 NADH。氨的同化包括谷氨酰胺合成酶、谷氨酸合成酶和谷氨酸脱氢酶等途径。

（1）谷氨酰胺合成酶途径　在谷氨酰胺合成酶（Glutamine Synthetase，GS）作用下，以 Mg^{2+}、Mn^{2+} 或 Co^{2+} 为辅因子，铵与谷氨酸结合，形成谷氨酰胺。这个过程是在细胞质、根部细胞的质体和叶片细胞的叶绿体中进行。

（2）谷氨酸合酶途径　谷氨酸合酶（Glutamate Synthase）又称谷氨酰胺-α-酮戊二酸转氨酶（Glutamine α-ketoglutarate Aminotransferase，GOGAT），有 NADH-GOCAT 和 Fd-GOGAT 两种类型，分别以 $NAD+H^+$ 和还原态的 Fd 为电子供体，催化谷氨酰胺与 α-酮戊二酸结合，形成 2 分子谷氨酸，此酶存在于根部细胞的质体、叶片细胞的叶绿体及正在发育的叶片中的维管束。

（3）谷氨酸脱氨酶途径　铵也可以和 α-酮戊二酸结合，在谷氨酸脱氢酶（Glutamate Dehydrogenase，GDH）作用下，以 $NAD（P）H+H^+$ 为氢供给体，还原为谷氨酸。但是，GDH 对 NH_3 的亲和力很低，只有在体内 NH_3 浓度较高时才起作用。GDH 存在于线粒体和叶绿体中。

（4）氨基交换作用　植物体内通过氨同化途径形成的谷氨酸和谷氢酸胺可以在细胞质、叶绿体、线粒体、乙醛酸体和过氧化物酶体中通过氨基交换作用（Transamination）形成其他氨基酸或酰胺。例如，谷氨酸与草酰乙酸结合，在天冬氨酸转氨酶（Aspartate Aminotransferase，Asp-AT）催化下，形成天冬氨酸；又如，谷氨酰胺与天冬氨酸结合，在天冬酸胺合成酶（Asparagine Synthetase，AS）作用下，合成天冬酰胺和谷氨酸。

叶片氮的同化过程见图 2-5。

（二）氨基酸的生物合成

氨基酸的生物合成是一种把氨转化为有机化合物的过程。植物从土壤中吸收的硝酸盐首先要被还原为亚硝酸盐，这一过程是在细胞质中由 NR（硝酸还原酶催化进行的，NR 是植物氮同化的限速酶，是植物氮同化的关键步骤。亚硝酸盐进一步在亚硝酸还原酶的作用下转变为铵，该过程是在亚硝酸还原酶（NiR）的作用下在叶绿体和前质体中进行的，亚硝酸还原酶是由 2 个亚基铁硫簇（Fe_4S_4）和罗西血红素组成。在亚硝酸盐的还原过程中，来自光合链的 Fd_{ox} 是电

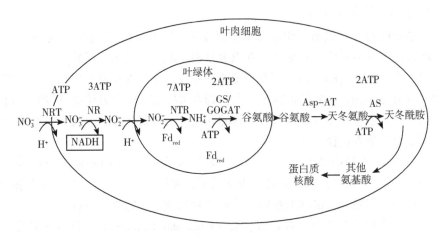

图 2-5 叶片氮的同化过程（潘瑞炽，2004）

子的供体，将 NO_2^- 进一步还原为 NH_4^+。由亚硝酸盐转变而来的 NH_4^+ 立即进入谷氨酸合成酶循环转变为可以被植物直接利用的有机态氮，该过程是在谷氨酰胺合成酶和谷氨酸合成酶两个关键性酶的催化下进行的。首先，NH_4^+ 在谷氨酰胺合成酶的作用下与谷氨酸结合形成谷氨酰胺，该过程是在叶绿体、细胞质或根细胞质体中进行。谷氨酰胺进一步在谷氨酸合酶的作用下与 α-酮戊二酸结合形成谷氨酸。谷氨酸合成酶有 NADH-GOGAT 和 Fd-GOGAT 两种类型，前者主要存在于高等植物的光合细胞中，以 NADH 为电子供体，活性较高；后者在高等植物光合细胞和非光合细胞中均存在，以还原态的 Fd 为电子供体活性较低。除此之外，NH_4^+ 还可以由存在于叶绿体和线粒体中的谷氨酸脱氢酶由 NADH 提供电子还原为谷氨酸。但是，谷氨酸脱氢酶与 NH_4^+ 的亲和度较低，只有当植物细胞中 NH_4^+ 浓度较高时才会发挥作用。谷氨酸是植物体内其他氨基酸和酰胺的合成前体，它在植物中的过氧化物酶体、叶绿体、线粒体、细胞质等部位通过氨基交换作用合成其他氨基酸和酰胺，最终形成植物可以直接利用的氮素化合物。

藜麦属于蛋白质碱性食品，富含人体必需而自身不能合成的 9 种氨基酸。王倩超等（2020）以筛选出的 89 个藜麦高代品系籽粒为材料，研究藜麦氨基酸组分遗传特性，结果表明，17 个藜麦氨基酸指标存在很大的遗传特性差异。

（三）蛋白质的生物合成

蛋白质是基因表达的最终产物，它的生物合成是一个复杂的过程。

1. 翻译的起始

核糖体与 mRNA 结合并与氨基酰-RNA 生成起始复合物。

2. 肽链的延伸

由于核糖体沿 mRNA5′端向 3′端移动，开始了从 N 端向 C 端的多肽合成，这是蛋白质合成过程中速度最快的阶段。

3. 肽链的终止及释放

核糖体从 mRNA 上解离，准备新一轮合成反应。

核糖体是蛋白质合成的场所，mRNA 是蛋白质合成的模板，转运 RNA（transfer RNA，tRNA）是模板与氨基酸之间的接合体。此外，在合成的各个阶段还有许多蛋白质、酶和其他生物大分子参与。例如，在真核生物细胞中有 70 种以上的核糖体蛋白质，20 种以上的氨酰-RNA 合成酶（AA-tRNA synthetase），10 多种起始因子、延伸因子及终止因子，50 种左右 RNA 及各种 rRNA、mRNA 和 100 种以上翻译后加工酶参与蛋白质合成和加工过程。蛋白质合成是一个需能反应，要有各种高能化合物的参与。据统计，在真核生物中有将近 300 种生物大分子与蛋白质的生物合成有关，细胞所用来进行合成代谢总能量的 90% 消耗在蛋白质合成过程中，而参与蛋白质合成的各种组分约占细胞干重的 35% 在真核生物细胞核内合成的 mRNA，只有被运送到细胞质基质才能被翻译生成蛋白质。所谓翻译是指将 mRNA 链上的核苷酸从一个特定的起始位点开始，按每 3 个核苷酸代表一个氨基酸的原则，依次合成一条多肽链的过程。尽管蛋白质合成过程十分复杂，但合成速度却高得惊人，如大肠杆菌只需要 5s 就能合成一条由 100 个氨基酸残基组成的多肽，而且每个细胞中成百上千个蛋白质的合成都是有条不紊地协同进行。

三、脂肪的形成

植物油脂是植物细胞的关键成分，不仅在植物生长、发育和繁衍过程中扮演着重要的角色，而且作为一种可再生的生物能源产品，具有非常广泛的应用。藜麦营养丰富，富含油类成分，脂肪平均含量为 5%~7%，高于玉米脂肪酸含量（3%~4%）。藜麦脂肪酸组成理想，是油脂提取物的潜在资源。藜麦籽粒脂肪酸含量受到品种和种植环境等因素的影响。徐天才等（2017）对不同海拔下藜麦营养成分进行分析表明，藜麦粗脂肪含量随海拔升高而增加。胡一波等（2017）对中国北方种植的 25 份藜麦种质资源进行品质评价，研究表明不同藜麦品种籽粒脂肪酸含量变化范围为 3.51%~6.72%，且与总黄酮含量呈现极显著正相关性。魏玉明等（2018）对不同生育期植株（苗期、初花期、灌浆期和成熟期）进行脂肪酸分析表明，植株全株脂肪酸含量由苗期的 9.53% 下降到成熟期的 3.3%，苗期脂肪酸含量较高；在藜麦成熟期，粗脂肪含量仅存在于叶片和籽粒中，茎秆、根系等组织未检测到粗脂肪，且叶片和籽粒中脂肪酸含量差异不显著。

植物油脂主要以三酰甘油的形式储存在作物种子和果实等器官中，其合成受到环境和基因水平的调控，涉及质体内质网和疣体等多个细胞器。

（一）光合产物的转化

植物脂类代谢途径非常复杂。在种子的发育过程中，蔗糖作为合成脂肪酸的主要碳源，从光合作用的器官（如叶片）转运到种子细胞中，通过植物糖酵解产生大量的三酰甘油合成前体，例如磷酸二羟丙酮、丙酮酸。丙酮酸经过氧化脱羧形成乙酰-CoA，运送到质体中进行脂肪酸的从头合成，合成的脂肪酸再运送到内质网与3-磷酸甘油组装形成三酰甘油，合成的三酰甘油最后运输到油体中进行储存。

（二）脂肪代谢途径

脂肪酸是油脂的主要组成成分，其合成主要在质体中进行。油脂的生物合成大致可分为 3 个阶段：在质体中将脂肪酸的最初底物乙酰辅酶 A （乙酰-CoA）合成为 16~18 碳的脂肪酸；脂肪酸被运输到细胞质的内质网后，碳链延长和脱饱和；脂肪酸与甘油被加工成三酰甘油 （Triacylglycernls，TAG），即贮藏油脂。油脂合成途径较长，而且涉及多种酶。

1. 脂肪酸的合成代谢

脂肪酸合成的前体为乙酰-CoA，它首先在乙酰-CoA 羧化酶的作用下合成丙二酰-CoA。然后脂肪酸合成酶以丙二酰-CoA 为底物进行连续的聚合反应，以每次循环增加 2 个碳的方式合成酰基碳链，进一步合成 16~18 碳的饱和脂肪酸。高等植物中脂肪酸的生物合成发生在质体中，参与脂肪酸合成的酶主要为乙酰辅酶 A 羧化酶 （Acetyl-CoA Carboxylase，ACCase） 和脂肪酸合酶复合体 （Fatty Acidsynthase Complex，FAS）。

植物体内饱和脂肪酸可在去饱和酶的作用下形成不饱和脂肪酸，包括棕榈油酸和油酸等单不饱和脂肪酸及亚油酸和亚麻酸等长链多聚不饱和脂肪酸。脂肪酸去饱和酶 （Fatty Acid Desaturase，FAD） 是不饱和脂肪酸合成途径的关键酶，催化脂肪酸链特定位置上脱氢形成双键。根据其存在状态不同，脂肪酸去饱和酶可分为可溶性蛋白和膜结合蛋白。目前发现只有植物的酰基-ACP 去饱和酶是可溶性去饱和酶；其余都是膜结合蛋白。根据作用底物脂肪酸结合的载体不同，脂肪酸去饱和酶可分为三类，即酰基-CoA 去饱和酶，酰基-ACP 去饱和酶和酰基-脂去饱和酶。

（1）乙酰辅酶 A 羧化酶 （ACC） 乙酰辅酶 A 羧化酶属于生物素包含酶，它在生物体内催化乙酰-CoA 羧化形成丙二酰-CoA，为脂肪酸和许多次生代谢产物的合成提供底物。ACCase 是脂肪酸生物合成的关键酶或限速酶，是碳流进入脂肪酸生物合成的重要调控位点。生物体中 ACCase 有 2 种类型。一种是异质型，也称多亚基或原核型 ACCase，存在于细菌及双子叶植物和非禾本科单子叶植物的质体中。异质型 ACCase 包含 4 个亚基，即生物素羧化酶（Biotin Carboxylase，BC）、生物素羧基载体蛋白（Biotin Carboxyl Carrier Protein，BCCP）以及羧基转移酶（Carboxyl Transferase，CT）的 2 个亚基 α-CT 和 β-CT，其中，前 2 个亚基组成 BC 和 BCCP 域，后 2 个亚基构成 CT 催化域。异质型 ACCase 不稳定，容易解离。另一种 ACCase 称为同质型，亦称多功能或真核型，存在于动物、酵母、藻类及植物的胞质溶胶中，具有一个相对分子量为 220~260 的生物素包含亚基。这类单亚基 ACCase 含有 3 个功能域，在序列上对应于异质型 ACCase 的 BC、BCCP、β-CT 和 α-CT 组分，结构上更为稳定而难以解离。这两种同工型 ACCase 在植物中的定位有 2 个例外，一个是油菜的叶绿体中可能同时包含两种同工型 ACCase，另一个例外是禾本科植物，它们的质体和胞质溶胶中的 ACCase 都属于真核类型。时小东等（2020）比较不同组织中 ACCase 表达量发现，藜麦种子中表达量相对其他组织高，有利于种子中脂肪酸的合成，为种子中油脂合成和积累提供更多底物。

（2）脂肪酸合成酶（FAS） 植物 FAS 为原核形式的多酶复合体（type Ⅱ FAS），由酰基载体蛋白（ACP）、β-酮脂酰-ACP 合酶（KASI、KASⅡ、KASⅢ）、β-酮脂酰-ACP 还原酶（KR）、β-羟脂酰-ACP 脱水酶（HD）、烯脂酰-ACP 还原酶（ER）、脂酰-ACP 硫酯酶（FatA，FatB）等部分构成。FAS 催化连续循环的聚合反应，每次循环增加 2 个碳的酰基碳链，直至合成含有 ACP 的饱和脂肪酸棕榈酸（16∶0-ACP）和硬脂酸（18∶0-ACP），在去饱和酶的作用下形成不饱和脂肪酸，包括棕榈油酸和油酸等单不饱和脂肪酸及亚油酸和亚麻酸等长链多聚不饱和脂肪酸。然后，在酰基-ACP 硫酯酶（acyl-ACP thioesterase，FAT）的催化下，将脂肪酸从 ACP 上释放出来。依据作用的底物不同，可将 FAT 分为 FATA 和 FATB，它们具有碳链长度特异性，并且其活性影响着脂肪酸的组成。

脂肪酸的合成过程见图 2-6。

（3）脂肪酸去饱和酶 饱和脂肪酸由脂酰-ACP 去饱和酶催化去饱和，形成单不饱和或多不饱和脂肪酸。脂酰-ACP 去饱和酶中研究最多的是硬脂酸脱氢酶（Stearoyl-ACP Desaturase，SAD）和脂肪酸脱氢酶（Fatty Acid Desaturase，FAD）。SAD 催化硬脂酸去饱和产生油酸，然后以脂形式存在的油酸被运转到类囊体膜中或进入细胞质中进一步去饱和；若要进一步去饱和形成多不饱和脂肪酸

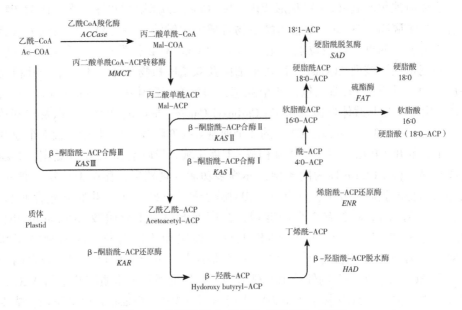

图2-6 脂肪酸的合成过程（蔡曼等，2018）

则需 FAD。Δ9-硬脂酰 ACP 去饱和酶和 Δ12-油酸去饱和酶是脂肪酸去饱和途径的关键酶。Δ9-硬脂酰 ACP 去饱和酶催化 18 碳的硬脂酸转变为油酸。SAD 和 FAD 是决定脂肪酸不同组分含量的 2 个关键酶，可以通过调节它们编码基因的表达来改善油脂品质，研究表明，FAD2 沉默会明显的提高植物油酸的含量，具体为使甘蓝型油菜和芥菜型油菜的油酸质量分数分别升高至 89% 和 75%。在棉花中已成功构建了种子特异性启动子 NAPIN 调控的 ihpRNA 干扰表达载体和针对 GhFAD2-1 基因的人工 miRNA 表达载体。通过抑制 SAD 基因的表达可以提高硬脂酸含量，在棉花相关研究中曾有报道，利用干涉技术来抑制 SAD1 的表达使得棉籽的硬脂酸质量分数从 2% 增加到 40%，油酸质量分数从 15% 提高到 77%。SAD 可以影响 FA 组成，还可以增强植物抗逆性。

2. 三酰甘油合成

植物油主要来源于植物种子中储存的油脂，而三酰甘油（TAG）是植物种子中油脂储存的主要形式。从 ACP 上释放的游离脂肪酸在长链脂酰辅酶 A 合成酶（Long-chain acyl-CoA synthetase，LACS）的作用下形成脂酰-CoA，LACS 位于质体外膜，它催化形成的脂酰 CoA 是三酰甘油合成的底物。将三酰甘油的合成前体脂酰 CoA 和 3-磷酸甘油运输到内质网中进行组装。

植物体内 TAG 的生物合成（或装配）主要是通过 Kennedy 途径（KP）实

现。质体中从头合成的各种脂肪酸在酰基 CoA 合成酶的作用下合成脂酰 CoA，并从质体转运到内质网或胞质当中，之后，通过 Kennedy 途径将游离的脂肪酸和甘油组装成 TAG。Kennedy 途径所需的酶主要有 3 种，分别为甘油-3-磷酸酰基转移酶（GPAT）、溶血磷脂酸酰基转移酶（LPAAT）和二酰甘油酰基转移酶（DGAT）。甘油-3-磷酸酰基转移酶（GPAT）催化酰基辅酶 A 上的脂肪酸连接到 3-磷酸甘油的 sn-1 位点上，是 Kennedy 途径的第一步反应。目前，在植物中共有 3 种类型的 GPAT 被发现。它们分别存在于线粒体、叶绿体和内质网中。叶绿体中的 GPAT，是胞质溶解型，以酰基 ACP 为碳链供体；而线粒体与内质网中的均为膜结合型蛋白，以酰基 CoA 为碳链供体。在拟南芥中发现了 10 个 *GPAT* 基因，分别位于叶绿体（*AtATS*1）、线粒体（*AtGPAT*1-*AtGPAT*3）和内质网（*At-GPAT*4-*AtGPAT*9）。其中，*AtGPAT*9 基因位于内质网上，可能参与了 TAG 的合成；而 *AtGPAT*1-*AtGPAT*8 主要参与了角质和木栓质的合成。溶血磷脂酸酰基转移酶（LPAAT），又名 1-酰基-3-磷酸甘油酰基转移酶，催化酰基从酰基供体连接到溶血性磷脂酸（LPA）的 sn-2 位。从定位结构来看，可以分为质体膜结合型与内质网胞质结合型。在拟南芥中发现了 5 个 *LPAAT* 基因，虽然其基本功能相似，但作用的底物、表达特性以及亚细胞定位等存在极大的差异。

二酰甘油酰基转移酶（DGAT）催化二酰甘油加上脂肪酸酰基生成三酰甘油，是 TAG 生物合成的最后一步反应。目前，根据 DGAT 的结构、细胞或亚细胞定位等的差异将其分为 4 种类型 DGAT1、DGAT2、WS/DGAT 和胞质内 DGAT（CytoDGAT）。DGAT1 属于酰基辅酶 A 胆固醇酰基转移酶家族（acylCoA：choles-terol acyltransferase，ACAT），而 DGAT2 则属于 DGAT2 超家族，DGAT1 和 DGAT2 蛋白主要结合在内质网膜上，是微粒体酶。WS/DGAT 和 CytoDGAT 是近年发现的新类型，目前相关研究较少。

Kennedy 途径是 TAG 合成的最后一个部分，因此成为提高植物含油量研究的重点。对 Kennedy 途径（TAG 的组装过程）进行调控是利用基因工程技术增加油脂型种子油脂含量的首选。甘油-3-磷酸酰基转移酶是该途径中催化第一步反应的酰基转移酶，因此，增加 GPAT 的含量可能增强 Kennedy 途径的代谢。Jain 等将红花 GPAT 与大肠杆菌 *GAPT* 基因分别导入拟南芥中，发现油脂含量有所增加，其中，未去掉叶绿体导肽的红花基因（*SPG-PAT*）将油脂含量提高了 10%~21%，大肠杆菌的 *GAPT* 基因（*plsB*）将油脂含量平均提高 15%。

此外，导入溶血磷脂酸酰基转移酶基因，也是提高油脂合成效率的一种途径。LPAAT 是 TAG 生物合成的一个潜在限速步骤，其活性的提高可减轻合成过程中反馈抑制的作用，过表达 *LPAAT* 基因可以显著提高种子的含油量。在拟南芥和油菜中过表达酵母的 *LPAAT* 基因突变型（*SLC*1-1），在增加 TAG sn-2 位上长链脂肪酸比例和含量的同时，使种子含油量提高了8%~48%。Katavic等发现超表达酵母的*SLC*1-1基因显著提高油菜籽油脂含量3%~5%。

时小东等（2020）基于藜麦基因组和不同组织转录组数据，对藜麦脂肪酸生物合成途径进行分析，挖掘得到相关基因87个，共编码15种酶/蛋白，涉及乙酰CoA羧化酶和β-酮脂酰ACP合成酶等关键酶，其中，编码长链酰基辅酶A合成酶基因和β-酮脂酰ACP还原酶数目最多，通过基因表达模式分析发现，与脂肪酸生物合成相关的基因在种子表达中呈现整体上调模式，可能与种子中油脂形成和积累密切相关。对藜麦乙酰CoA羧化酶亚基编码基因进行分析发现，accD基因在不同组织间无差异，表明在藜麦中accD编码的β-CT亚基可能不是影响乙酰CoA羧化酶发挥作用的限制因子。藜麦KASⅡ含有保守结构域，与其他组织相比，编码基因*QcFb*15、*QcFb*45和*QcFb*75在种子中均存在上调表达，参与藜麦脂肪酸碳链延伸及油脂形成。

四、水分代谢

水分是植物组织结构的主要成分，在植物所需水分中有大约1%用于代谢过程，其余的用于蒸腾，水分胁迫能抑制甚至完全停止一种或几种生理过程。

水对植物的生长发育起着决定性作用。在植物体内，水通常以束缚水和自由水两种状态存在。靠近胶粒并被紧密吸附而不易流动的水分，称为束缚水；距胶粒较远，能自由移动的水分称为自由水。细胞中蛋白质、高分子碳水化合物等能与水分子形成亲水胶体。在这些胶体颗粒周围吸附着许多水分子，已形成很厚的水层。水分子距离胶粒越近，吸附力就越强，反之，吸附力越弱。

自由水参与各种代谢活动，其数量的多少直接影响代谢强度，自由水含量越高，生理代谢越旺盛。束缚水不参与代谢活动，束缚水含量越高，代谢活动越弱，这时的植物以微弱的代谢活动渡过不良的环境条件，如干旱、低温等。束缚水的含量与植物的抗逆性大小密切相关。通常以自由水/束缚水的比值作为衡量植物代谢强弱和抗逆性大小的指标之一。

（一）水的生理作用

水对植物的生理作用主要表现在以下几个方面。

1. 水是植物细胞原生质的主要组成成分

原生质含水量一般在80%以上。水是维持细胞原生质胶体状态及其稳定性的重要条件。细胞的生命旺盛程度与水分含量有直接关系。

2. 水是植物许多代谢过程的反应物质

水直接参与一些生理生化过程，如光合作用、呼吸作用等。缺水直接影响这

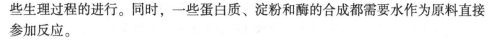

些生理过程的进行。同时，一些蛋白质、淀粉和酶的合成都需要水作为原料直接参加反应。

3. 水是植物生化反应和对物质吸收运输的溶剂

有机物和无机物只有溶解在水中才能被植物吸收和利用。水分多少影响生化代谢的过程，当水分缺乏时，会抑制代谢强度。缺水还会引起原生质的破坏，导致细胞死亡。

4. 水能使植物保持固有姿态

水通过保持细胞的膨压使得植物保持一定姿态，保证生长发育过程的顺利正常进行。枝叶的挺立有利于充分接受光照和交换气体。植物体内的水分缺乏时就会出现叶片卷曲、萎蔫和下垂等现象，都与特定部位的细胞吸水膨胀或失水有关。

5. 植物的细胞分裂及伸长都需要水分

植物生长发育与本身和环境的水分状况关系密切。细胞的分裂和扩大都需要充足的水分，植物的生长就是建立在细胞伸长的基础上。

水除了上述的生理作用之外，还可以通过其理化性质调节植物周围的环境。由于水的比热容、汽化热均较高，可以使得植物的体温在外界环境温度变化较大时，保持较为稳定的状态，在强烈的日光照射下，通过蒸腾失水降低温度，避免高温造成的灼伤。如通过蒸腾增加大气湿度，改善土壤及土壤表面大气的温度等，这些都是水对植物的生理作用。

（二）藜麦体内的水分循环与平衡

根系是藜麦吸水的主要器官，它从土壤中吸收大量水分，以满足生命活动的需要。根系吸水的途径有 3 条，即质外体途径、跨膜途径和共质体途径等。质外体途径是指水分通过细胞壁、细胞间隙等没有细胞质的部分移动，这种移动方式速度快。跨膜途径是指水分从一个细胞移动到另一个细胞，要两次通过质膜，还要通过液泡膜，故称跨膜途径。共质体途径是指水分从一个细胞的细胞质经过胞间连丝，移动到另一个细胞的细胞质，形成一个细胞质的连续体，移动速度较慢。共质体途径和跨膜途径统称为细胞途径。这 3 条途径共同作用，使根部吸收水分。

1. 根系吸水的动力

根系吸水两种动力是根压和蒸腾拉力，后者较为重要。

（1）根压 在正常情况下，因根部细胞生理活动的需要，皮层细胞中的离子会不断通过内皮层细胞进入中柱，于是中柱内细胞的离子浓度升高，渗透势降低，水势也降低，便向皮层吸收水分。这种由于水势梯度引起的水分进入中柱后产生的压力称为根压。根压把根部的水分压到地上部，土壤中的水分便不断补充到根部，形成根系吸水过程，这是由根部形成力量引起的主动吸水。不同植物的根压大小不同，大多数植物根压为 0.05~0.5MPa。

（2）蒸腾拉力　叶片蒸腾时，气孔下腔附近的叶肉细胞因蒸腾失水而水势下降，所以从旁边细胞取得水分。同理，旁边细胞又从另一个细胞取得水分，如此下去便从导管要水，最后根部就从环境吸收水分，这种吸水的能力完全是由蒸腾拉力引起，是由枝叶形成的力量传到根部而引起的被动吸水。

根压和蒸腾拉力在根系吸水过程中所占的比重，因植株蒸腾速率而异。通常蒸腾作用强的植物的吸水主要是由蒸腾拉力引起的，只有春季叶片未展开时，蒸腾速率很低的植株，根压才成为主要吸水动力。

2. 藜麦体内的水分循环与平衡

水通过植株根系吸收土壤中的有效水分来补充，土壤水分因土壤和植株的蒸发和蒸腾作用而逐渐消耗，当水分由田间最大持水量损失到植物生长开始受限制的水量时，这一水量称临界亏欠。临界亏欠值以降水量单位 mm 表示，它相当于恢复到土壤最大持水量所需补充的水分。当土壤水分消耗超过这一临界值时，藜麦叶片气孔就缩小甚至关闭，蒸腾速率随之下降，生理活动不能正常进行，生长受阻而导致减产。

（三）藜麦水分代谢的影响因素

影响藜麦水分代谢的因素主要包括影响根系吸水和影响蒸腾吸水两种类型。既有自然因素，也有人为因素。

1. 根系吸水的影响因素

藜麦植株生长期间对水分的需求是通过根系吸收土壤中的有效水分来补充，土壤有效水分亏缺会引起植株代谢活动、生理活动和形态指标发生改变。因此，土壤水分是影响藜麦水分代谢的因素之一。

土壤通气状况也会影响根系吸水，从而影响水分代谢。土壤通气不良导致根系吸水量减少。作物受涝时表现为缺水现象就是因为土壤空气不足，影响吸水。

土壤温度也是影响根系吸水的原因之一。低温能降低根系的吸水速率，其原因是水分本身的黏性增大，扩散速率降低；细胞质黏性增大，水分不易通过细胞质；呼吸作用减弱，影响吸水；根系生长缓慢，有碍吸水表面积的增加。土壤温度过高对根系吸水也不利。高温加速根的老化过程，使根的木质化部位几乎达到尖端，吸水面积减少，吸收速率也下降。同时，高温使酶钝化，也影响根系主动吸水。

土壤溶液浓度也是影响根系吸水的因素之一。土壤溶液所含盐分的高低，直接影响其水势的大小。根系要从土壤中吸水，根部细胞的水势必须低于土壤溶液的水势。在一般情况下，土壤溶液浓度较低，水势较高，根系吸水；盐碱土则相反，土壤溶液中的盐分浓度高，水势很低，作物吸水困难。施用化学肥料时不宜过量，以免根系吸水困难，产生"烧苗"现象。

2. 蒸腾作用的影响因素

（1）外界条件　蒸腾作用快慢取决于叶内外的蒸汽压差大小，所以凡是影响叶内外蒸汽压差的外界条件，都会影响蒸腾作用。

光照是影响蒸腾作用的最主要外界条件，它不仅可以提高大气的温度，也提高叶温，一般叶温比气温高 2~10℃。大气温度的升高增强水分蒸发速率，叶片温度高于大气温度，使叶内外的蒸汽压差增大，蒸腾速率更快。此外，光照促使气孔开放，减少内部阻力，从而增强蒸腾作用。

空气相对湿度和蒸腾速率有密切的关系。靠近气孔下腔的叶肉细胞的细胞壁表面水分不断转变为水蒸汽，所以气孔下腔的相对湿度高于空气湿度，保证了蒸腾作用顺利进行。但当空气相对湿度增大时，叶内外蒸汽压差就变小，蒸腾变慢。所以大气相对温度直接影响蒸腾速率。

温度对蒸腾速率影响很大。当相对湿度相同时温度越高，蒸汽压越大；当温度相同时相对湿度越大，蒸汽压就越大。叶片气孔下腔的相对湿度总是大于空气的相对湿度，叶片温度一般比气温高一些，厚叶更是显著。因此，当大气温度增高时，气孔下腔蒸汽压的增加大于空气蒸汽压的增加，所以叶内外的蒸汽压差加大，有利于水分从叶内逸出，蒸腾加强。

风对蒸腾的影响比较复杂。微风促进蒸腾，因为风能将气孔外边的水蒸汽吹走，补充一些相对湿度较低的空气，扩散层变薄或消失，外部扩散阻力减小，蒸腾就加快。可是强风反而不如微风，因为强风可能引起气孔关闭，内部阻力加大，蒸腾就会慢一些。

蒸腾作用的昼夜变化是由外界条件决定的。在天气晴朗、气温不太高、水分供应充分时，随太阳的升起，气孔渐渐张大，同时，温度增高，叶内外蒸气压差变大，蒸腾渐快，12—14 时达到高峰，之后随太阳的西落而蒸腾下降，以至接近停止。但在云量变化造成光照变化无常的天气下，蒸腾变化则无规律，受外界条件综合影响，其中以光照为主要影响因素。

（2）内部因素　气孔和气孔下腔都直接影响蒸腾速率。气孔频度（Stomatal Frequency）（每平方厘米叶片的气孔数）和气孔大小直接影响内部阻力。在一定范围内，气孔频度大且气孔大时，蒸腾较强；反之，则蒸腾较弱。气孔下腔容积大的，即暴露在气孔下腔的温润细胞壁面积大，可以不断补充水蒸气，保持较高的相对湿度，蒸腾就快，否则较慢。

叶片内部面积大小也影响蒸腾速率。叶片内部面积（指内部暴露的面积，即细胞间隙的面积）增大，细胞壁的水分变成水蒸汽的面积就增大，细胞间隙充满水蒸汽叶内外蒸汽压差大，有利于蒸腾。

3. 水分胁迫对藜麦生理的影响

随着藜麦在世界各地的广泛种植，人们发现虽然其抗逆性很强，但也会与其他作物一样受到干旱和水涝的影响。藜麦耐旱但不喜旱。田计均等（2020）采用30%质量分数的PEG-6000溶液模拟干旱条件和双套盆法模拟水涝条件，测定幼苗期、现蕾期、花期和灌浆期藜麦的渗透物质含量和生理指标。结果发现，藜麦可以通过提高可溶性糖的含量和POD活性减少水分胁迫的不利影响，同时，干旱对现蕾期和花期藜麦、水涝对现蕾期藜麦具有较大影响，幼苗期和灌浆期藜麦对水分胁迫均表现较强的耐受性。杨利艳等（2020）采用PEG-6000模拟干旱胁迫研究不同干旱程度对藜麦种子萌发及幼苗生长的影响，结果表明，一定程度的干旱胁迫可以促进藜麦种子的萌发。时羽杰等（2020）研究了干旱胁迫和水涝胁迫对藜麦花期的影响，结果表明，藜麦花期在干旱和水涝胁迫下的生理和代谢调节机制十分相似，但对重度干旱胁迫抗性较差，时间过长会严重损害植物细胞。王斌等（2020）为了探讨不同水氮条件对藜麦产量、氮素吸收和水氮利用规律的影响，采用田间小区试验，设3个灌溉定额和5个施氮水平，研究了不同水氮处理对藜麦干物质累积量、氮素吸收累积量、产量、收获指数、土壤氮素表观盈亏量、氮肥农学效率、氮肥利用率和水分利用率等的影响。结果表明，与不施氮肥相比，在 $37.5 \sim 150kg/hm^2$ 范围内提高氮肥施用量可以显著增加藜麦干物质累积量、氮素吸收累积量和产量，增幅分别为 $59.4\% \sim 229\%$、$42.9\% \sim 277\%$、$288\% \sim 1214\%$；随着灌溉量的提高，藜麦生育期干物质积累量也相应提高，增幅为 $9.2\% \sim 39.7\%$，氮素累积量增幅为 $25.5\% \sim 56.7\%$，产量增幅为 $20.2\% \sim 24.9\%$。藜麦最佳水氮管理方案为施氮量为 $112.5kg/hm^2$，灌溉定额为50mm。

本章参考文献

蔡曼，柳延涛，王娟，等，2018. 植物种子油脂合成代谢及其关键酶的研究进展 [J]. 中国粮油学报，33（1）：131-139.

程斌，高旭，曹宁，等，2017. 藜麦的生物学特性及主要栽培技术 [J]. 农技服务，34（13）：47.

程维舜, 黄翔, 陈钢, 等, 2020. 锌缺乏和过量对藜麦幼苗生长及光合作用的影响 [J]. 湖南农业科学 (11): 21-23.

迟晓元, 禹山林, 潘丽娟, 等, 2013. 植物油脂生物合成及代谢调控研究进展 [J]. 中国油料作物学报, 10: 1-8.

董钻, 沈秀瑛, 2000. 作物栽培学总论 [M]. 北京: 中国农业出版社.

高兰, 2017. 加快藜麦栽培技术推广促进高原特色农业升级 [J]. 农业与技术, 37 (3): 111-113.

郝小芳, 2017. 论藜麦的推广前景及发展思路 [J]. 农业工程技术, 37 (5): 11-12.

何斌, 刘文瑜, 王旺田, 等, 2020. 不同品种藜麦苗期对海拔变化的生理响应 [J]. 分子植物育种, 18 (8): 2 702-2 712.

胡一波, 杨修仕, 陆平, 等, 2017. 中国北部藜麦品质性状的多样性和相关性分析 [J], 作物学报, 43 (3): 464-467.

环秀菊, 孔治有, 张慧, 等, 2020. 海拔和播期对藜麦主要品质性状的影响 [J]. 西南农业学报, 33 (2): 258-262.

黄杰, 杨发荣, 2015. 藜麦在甘肃的研发现状及前景 [J]. 甘肃农业科技 (1): 49-52.

姜庆国, 温日宇, 樊丽生, 等, 2018. 西北地区饲草藜麦发展前景探讨 [J]. 南方农业, 12 (35): 28, 30.

雷玉红, 李海凤, 颜亮东, 等, 2019. 格尔木地区藜麦种植的气象条件适应性分析 [J]. 青海科技, 26 (2): 58-64.

李进才, 2016. 藜麦的生物学特性及栽培技术 [J]. 天津农林科技 (3): 23-26.

廖映秀, 戴红燕, 杨蛟, 等, 2020. 温度对陇藜1号种子萌发和幼苗生长的影响 [J]. 安徽农业科学, 48 (19): 30-33.

刘敏国, 杨倩, 杨梅, 等, 2017. 藜麦的饲用潜力及适应性 [J]. 草业科学, 34 (6): 1 264-1 271.

刘文瑜, 李建荣, 黄杰, 等, 2018. 海拔对藜麦苗期生理指标的影响 [J]. 甘肃农业科技 (9): 17-21.

刘文瑜, 杨发荣, 黄杰, 等, 2019. 干旱胁迫对藜麦幼苗生长和叶绿素荧光特性的影响 [J]. 干旱地区农业研究, 37 (4): 171-177.

孟彦, 陈鑫伟, 李新国, 2018. 作物栽培技术 [M]. 北京: 中国农业科学技术出版社.

潘红丽, 李迈和, 蔡小虎, 等, 2009. 海拔梯度上的植物生长与生理生态特性［J］. 生态环境学报, 18 (2)：722-730.

潘瑞炽, 2004. 植物生理学［M］. 北京：高等教育出版社.

庞春花, 张紫薇, 张永清, 2017. 水磷耦合对藜麦根系生长、生物量积累及产量的影响［J］. 中国农业科学, 50 (21)：4 107-4 117.

祁建, 马克明, 张育新, 2007. 辽东栎特性沿海拔梯度的变化及其环境解释［J］. 生态学报 (3)：930-937.

齐晔, 1999. 北半球高纬度地区气候变化对植被的影响途径和机制［J］. 生态学报 (4)：474-477.

曲波, 张谨华, 王鑫, 等, 2018. 温度和光照对藜麦幼苗生长发育的影响［J］. 农业工程 (7)：128-131.

沈菊, 杨起楠, 成明锁, 2020. 高原藜麦幼苗期抗寒性分析［J］. 现代农业科技 (19)：9-11.

时小东, 孙梦涵, 吴琪, 等, 2020. 基于藜麦转录组的脂肪酸生物合成途径解析［J］. 广西植物, 40 (12)：1 721-1 731.

时羽杰, 李兴龙, 唐媛, 等, 2019. 基于 GC-MS 研究不同产地三色藜麦种子的代谢物差异［J］. 河北科技大学学报, 40 (2)：138-144.

时羽杰, 邬晓勇, 唐媛, 等, 2020. 藜麦花期水分胁迫下的代谢组学分析［J］. 河南农业大学学报, 54 (6)：921-929.

田计均, 唐媛, 董雨, 等, 2020. 水分胁迫对不同发育时期藜麦生理的影响［J］. 生物学杂志, 37 (6)：73-76.

王斌, 聂督, 赵圆峰, 等, 2020. 水氮耦合对藜麦产量、氮素吸收和水氮利用的影响［J］. 灌溉排水学报, 39 (9)：87-94.

王晨静, 赵习武, 陆国权, 等, 2014. 藜麦特性及开发利用研究进展［J］. 浙江农林大学学报, 31 (2)：296-301.

王创云, 邓妍, 段彭慧, 等, 2017. 藜麦生物学特性及精简栽培种植技术［J］. 山西农经 (25)：88-89.

王倩朝, 刘永江, 李莉, 等, 2020. 藜麦籽粒氨基酸组分遗传特性分析与评价［J］. 中国粮油学报, 35 (8)：62-68.

旺姆, 卓嘎, 次卓嘎, 2006. 南美藜叶片光合作用特性研究［J］. 西藏科技 (2)：4-6.

韦良贞, 郭晓农, 柴薇薇, 等, 2020. 高海拔繁育对藜麦耐盐性的影响［J］. 大麦与谷类科学, 37 (5)：8-15.

魏玉明, 黄杰, 顾娴, 等, 2016. 甘肃省藜麦产业现状及发展思路［J］. 作物杂志 (1)：12-15.

魏玉明，杨发荣，刘文瑜，等，2018. 藜麦不同生育期营养物质积累与分配规律 [J]. 草业科学，35（7）：1 720-1 727.

武维华，2003. 植物生理学 [M]. 北京：科学出版社.

徐天才，和桂青，李兆光，等，2017. 不同海拔藜麦的营养成分差异性研究 [J]. 中国农学通报，33（17）：129-133.

杨发荣，黄杰，魏玉明，等，2017. 藜麦生物学特性及应用 [J]. 草业科学，34（3）：607-613.

杨发荣，黄杰，魏玉明，等，2020. 藜麦种植与应用探索 [M]. 北京：中国农业科学技术出版社.

杨利艳，杨小兰，朱满喜，等，2020. 干旱胁迫对藜麦种子萌发及幼苗生理特性的影响 [J]，种子，39（9）：36-40.

姚有华，白羿雄，吴昆仑，2019. 亏缺灌溉对藜麦光合特性、营养品质和产量的影响 [J]. 西北农业学报，28（5）：1-10.

岳凯，魏小红，刘文瑜，等，2019. PEG 胁迫下不同品系藜麦抗旱性评价 [J]. 干旱地区农业研究，37（3）：52-59.

张崇玺，旺姆，1994. 南美藜苗期低温冻害试验研究 [J]. 西藏农业科技（4）：49-54.

张崇玺，张小武，1997. 不同低温强度与次数对南美藜墨引 1 号苗期霜冻级别的影响 [J]. 草业科学，14（1）：10-11.

BOIS J C C O, WINKEL T, LHOMME J, et al., 2006. Response of some Andean cultivars of quinoa (*Chenopodium quinoa* Willd.) to temperature: Effects on germination, phenology, growth and freezing. [J]. European Journal of Agronomy, 25（4）：299-308.

BOWYER J B, LEEGOOD R C, 1997. Photosynthesis [C] //Plant Biochemistry. San Diego：Academic Press.

JACOBSEN S, MONTEROS C, CHRISTIANSEN J L, et al., 2005. Plant responses of quinoa (*Chenopodium quinoa* Willd.) to frost at various phenological stages [J]. European Journal of Agronomy, 22（2）：131-139.

JACOBSEN S, MONTEROS C, CORCUERA L J, et al., 2007. Frost resistance mechanisms in quinoa (*Chenopodium quinoa* Willd.) [J]. European Journal of Agronomy, 26（4）：471-475.

RISI J, GALWEY N W, 1991. Genotype × environment interaction in the Andean grain crop quinoa (*Chenopodium quinoa*) in temperate environments. [J]. Plant Breeding, 107（2）：141-147.

SIGSTAD E E, PRADO F E, 1999. A microcalorimetric study of *Chenopodium quinoa Willd*. seed germination. ［J］. Thermochimica Acta, 326 (1)： 159-164.

TAIZ L, ZEIGER E, 2006. Plant physiology ［M］. 4th. USA：Sinauer Associates.

ZHANG C X, ZHANG X W, 1994. Effect of different low temperature in tensities on *Chenopodium quinoa* frost grades in seedling stage. ［J］. Pratacultural Science (4)：49-54.

第三章 藜麦实用栽培技术

第一节 中国北方高原地区藜麦栽培

一、北方高原环境特征和生态条件特点

（一）地势地形

1. 甘肃省黄土高原地势地形

甘肃省黄土高原东连陕西省黄土高原，西达乌鞘岭，位于黄土高原的最西端，是黄土高原的重要构成部分（祝宗武，2013）。包括甘肃省辖区内的白银、兰州、定西、天水、平凉和庆阳等6市，面积约10.5万 km²，占甘肃省土地总面积45.44万 km²的23%，占中国黄土高原区域土地总面积的16.8%。以南北走向的六盘山（陇山）—关山一线为界，可以将甘肃省黄土高原地区划分为两大部分，即陇东黄土高原和陇西黄土高原，陇东高原多为沟壑区，主要包括平凉、庆阳市的13个区（市、县），陇西高原多为丘陵沟壑区，主要包括平凉、定西、天水、白银和兰州市的35个区（市、县）。

陇东黄土高原位于陇山（六盘山）以东泾河流域，包括庆阳市及平凉市六盘山以东各市（县）。地势大致由东、北、西3面向东南部缓慢倾斜。由于流水的长期侵蚀、切割，黄土高原被分割为大小不等的塬、梁、峁、崾岘和纵横深切的沟壑等地形，著名的董志塬就分布在该区。平均海拔1 800~1 200m，地表黄土堆积厚度达100m以上。地形以塬为主，塬、梁、峁与坪、川、沟等多级阶梯状地貌相间并存。较大的黄土塬有董志塬、屯子塬、平泉塬、早胜塬等26个，其中，董志塬最为典型，塬面比较完整平坦，介于蒲河与马莲河之间，南北长80km，东西宽40km，约面积2 200km²。泾河上游，支流较多，地面切割剧烈，多为破碎的峁状丘陵地形；泾河中游（平凉市以东，庆阳市以南），地面分割减少，沟谷下切加深，一般深度为120~180m，最深处达200m，形成较多的梁峁台地。台地普遍有三级，一级高出河床25m，二级高出70~80m，三级高出180~200m，这三级台地尤以平凉市附近比较典型。高空鸟瞰地面，沟谷纵横，

河网密布，呈树枝状由东南向西北伸入塬地。

陇西黄土高原包括兰州市、白银市、定西市、临夏回族自治州、天水及平凉市六盘山以西的静宁、庄浪2县。地理范围为陇山以西，北界宁夏；南联陇南山地，以渭河、漳河、太子山一线为界；西以祁连山东缘为线，包括永靖、永登、景泰西部地区，是中国黄土高原的最西部分，祁连山的余脉，以其石质山岭，犹如突出于"黄土海"上的"岩石岛"，例如老虎山、屈吴山、马啣山、华家岭等，区内地形起伏较大，水土流失尤为严重，是中国黄土高原受流水纵横深切，沟壑遍布的典型地区。境内多黄土丘陵，大部分山梁、丘陵及峁、岭、塬、坪、川、谷、盆地，均被黄土层覆盖，厚度几米至数十米不等，局部地区的黄土覆盖厚度超过200m。华家岭以南、渭水以北的地势向东南倾斜，海拔高度由2 500m逐渐下降至1 200m，大部分山丘高度为300~270m；华家岭以北、祖历河流域的地势南高北低，海拔高度由2 500m缓慢下降至1 600m。各河谷普遍有三级阶地，一级阶地通称川地，二级阶地通称坪或塬，三级阶地通称梁。较大的谷地有临洮、漳县、陇西、天水、甘谷、秦安等。境内水源缺、降雨少，是著名的干旱区，祖历河流域的定西、会宁及靖远南部，是枯水区。黄河以西的永登、皋兰、白银、景泰及黄河西岸的靖远县，处在黄土高原与祁连山地的过渡地带，地势由西北向东南的黄河谷地倾斜。地形多为半山区的黄土梁、峁、沟谷，并有许多平川地，如秦王川、景泰川、旱平川、武家川等；还有不少塬地、坪地和台地。黄河干流经过地区有11个大小不等的河谷盆地，即积石峡—大河家盆地、寺沟峡—莲花城盆地、刘家峡—大川盆地、盐锅陕—达川盆地、八盘峡—兰州盆地、桑园峡—什川盆地、大峡—水川盆地、乌金峡—靖远盆地、红山峡—老龙湾盆地、米家峡—五佛寺盆地、黑山峡—南长滩盆地。上述盆地中，以八盘兰峡—兰州和乌金峡—靖远两盆地最大，面积在200km^{2}以上，黄土覆盖厚，是良好的粮食、水果和蔬菜生产区。

河西走廊位于甘肃省黄河以西，斜卧于祁连山以北，北山以南，东起乌鞘岭，西至甘新交界地，呈东南至西北走向，长1 000km，南北最宽处100km，最窄处仅10余千米，总面积约11.1km^2。地势自东向西，由南而北倾斜，平均海拔1 000~1 500m，也有海拔不足1 000m的盆地。祁连山脚下，有许多扇形沉积层和洪积、沉积倾斜平地。走廊之内有广阔的绿洲沃野。永昌、山丹之间的大黄山，嘉峪关和玉门市之间的黑山、宽滩山，把走廊分为3个自然段：东段为武威、永昌绿洲平原区，中段为张掖、酒泉绿洲平原区，西段为玉门镇、安西、敦煌绿洲平原区。东部以石羊河流域为主，中部以黑河流域为主，西部以疏勒河流域为主。境内气候干燥，日照充足，冬季寒冷，夏季炎热。走廊东部和西部的地形有着明显的差异，张掖以东尚有黄土分布，越往东越厚；张掖以西，沙漠、戈壁面积逐渐增大；疏勒河下游多沼泽地。整个走廊地势平坦，地面完整，丰富的高山冰雪资源和地下水资源，为发展灌溉农业提供了优越的条件，物产丰富，品类齐全，是甘肃省主要商品粮基地。

2. 青藏高原柴达木盆地地势地形

柴达木盆地地处青藏高原北部，处于平均海拔 4 000m 以上的山脉和高原形成的月牙形山谷中，是中国四大盆地之中海拔最高的盆地。盆地内部有许多大小不等的山间盆地，主要有孕斯库勒湖、马海、大柴旦、小柴旦、德令哈、乌兰等次级盆地，有柴达木盆地中部的山峦分割，形成了盆中有盆的特殊地貌景观。盆地西高东低，西宽东窄，从盆地的边缘到内陆中心依次发育高山、丘陵、山前洪积平原、冲洪积平原、冲湖积平原和湖积平原、湖沼等地貌形态。四周高山环绕，南面是昆仑山脉，北面是祁连山脉，西北是阿尔金山脉，东为日月山，属封闭性的巨大山间断陷盆地，盆地平均海拔在 4 000m 以上，最高点位于布喀达坂峰，海拔 6 529m，盆地最低点在达布逊湖南缘，海拔 2 676m。"柴达木"为蒙古语，意为"盐泽"。柴达木盆地为高原型盆地，是被昆仑山、阿尔金山、祁连山等山脉环抱的封闭盆地，介于 35°00′N～39°20′N，90°16′E～99°16′E。盆地略呈三角形，东西长约 800km，南北宽约 300km，面积 257 768km²。

盆地内有盐水湖 5 000 多个，最大的青海湖面积 1 600km²。盆地基底为前寒武纪结晶变质岩系，地势由西北向东南微倾，海拔自 3 000m 渐降至 2 600m 左右。地貌呈同心环状分布，自边缘至中心，洪积砾石扇形地（戈壁）、冲积—洪积粉砂质平原、湖积—冲积粉砂黏土质平原、湖积淤泥盐土平原有规律地依次递变，地势低洼处盐湖与沼泽广布，盆地西北部戈壁带内缘比高，百米以下的垅岗丘陵成群成束，盆地东南沉降剧烈，冲积与湖积平原广阔，主要湖泊如南、北霍鲁逊湖和达布逊湖等都分布于此。柴达木河、素林郭勒河与格尔木河等下游沿岸及湖泊周围分布有大片沼泽。盆地东北部因有一系列变质岩系低山断块隆起，在盆地与祁连山脉间形成次一级小型山间盆地，自西而东有花海子盆地，大、小柴旦盆地，德令哈盆地与乌兰等盆地。

柴达木盆地四周为山地所环绕，在第三纪中期（距今 4 000 万年前）以前是个大湖，后因湖面逐渐收缩、变干，大量盐类、石膏得以积累。柴达木盆地西部，是新构造运动中和缓隆升地区，水系呈向心状，所有河流一出山口就潜没，形成潜流汇入湖盆。湖积平原广布，有大片盐沼泽和盐土。从湖盆向外围延伸，为地势平坦的冲积洪积平原，山麓边缘地带和西部丘陵间广泛发育着微倾斜的山前洪积平原，可宽达 10～20km，主要是由第四纪洪积砾石夹沙层组成。柴达木盆地西北部的第三纪地层主要是疏松的泥岩和砂岩等，构造走向与优势风向一致，在强烈的风蚀作用下，形成同主风向大致平行排列的垅岗状风蚀丘和风蚀劣地，风蚀丘比风蚀劣地高多 10~20m，也有达 40~50m，长度为 10~100m 不等，是中国雅丹地形发育最典型的地区之一。柴达木盆地北部有一系列与祁连山平行的山地，相对高差 500m 左右，山地之间为小型的山间盆地，如大柴旦、小柴旦等，各以一个或几个湖泊为中心，发育有湖滨、湖积平原和冲积、洪积倾斜平原，而在山地，冲沟特别发育，有些山段已被分割成离散的岛状山丘，山坡下有很厚的岩屑堆积。柴达木盆地东南部，是长期的地壳沉降区，地面平坦，水源汇集，湖泊面积较大，沼泽地广布、冲积、洪积平原上多为砾石和砂丘，地表多参差起伏的盐土硬壳。

（二）气候

1. 甘肃黄土高原气候

甘肃黄土高原深居西北内陆，地形条件复杂，气候类型复杂多样，具有北亚热带、暖温带、中温带等多种气候类型。海洋温湿气流不易到达，成雨机会少，大部分地区气候干燥，气温年、日较差大，光照充足，雨热同季，水热条件由东南向西北递减等，属大陆性很强的温带季风气候。冬季寒冷漫长，春夏界线不分明，夏季短促，气温高，秋季降温快。年降水量在 36.6~734.9mm，大致从东南向西北递减，乌鞘岭以西降水明显减少，陇南山区和祁连山东段降水偏多。受季风影响，降水多集中在 6—8 月，占全年降水量的 50%~70%。全省无霜期各地差异较大，黄土高原地带一般在 280d 左右。

（1）温度　甘肃黄土高原区冬季寒冷，夏季湿热，春秋气温多变，年较差和日较差大。年平均气温为 0~16℃，各地海拔不同，气温差别较大，日照充足，日温差大，年平均气温的分布趋势大致自东南向西北，并随着地势增高而逐渐降低，年平均气温高达 14℃ 以上，其余各地为 8~10℃。最冷月（1 月）平均最低气温，以陇南南部为最高，为 0~-6℃，河西走廊-13℃~-18℃，中部-11℃~-16℃；陇东-9℃~-13℃，陇南北部-6℃~-10℃。最热月（7 月）平均最高气温，河西走廊西部的疏勒河中下游安敦盆地最高，达 32℃ 以上，河西走廊东部为 24~31℃，中部为 19~28℃，陇东和陇南北部 26~29℃，陇南南部在 30℃ 以上。由表 3-1 可见，甘肃黄土高原区年均温普遍偏低，除少数地区外，气温均低于甘肃省以东同纬度的平原地区，从而限制了耕作熟制和喜温作物的生长。年均温由东南向西北随纬度增高而递减，随海拔高度升高由河谷向高山递减，但气温年、日较差则由东南向西北递增。在黄河干流灌区及河西绿洲灌区等高产农区，虽然冬季寒冷，年均温较低，但春季气温回升快，夏季气温较高，对夏秋作物生长十分有利。由于日较差大，为农作物充分积累光合产物创造了有利条件（王鹤龄等，2007）。

表 3-1 甘肃黄土高原部分农区气候资源（杨东等，2012）

地区	日照时数 (h/a)	太阳辐射 (10^6 J/m²)	年均温 (℃)	积温 (℃)		降水量 (mm)				蒸发量 (mm)	干燥度
				≥0	≥10	春	夏	秋	冬		
西峰	2 449.0	5 547.3	8.3	3 446.0	2 783.6	111.8	278.3	156.1	15.3	1 530.3	1.60
平凉	2 424.8	5 558.7	8.6	3 508.9	2 862.8	94.4	274.0	134.0	8.8	1 468.8	1.62
武都	1 911.7	5 226.2	14.5	5 338.1	4 584.3	109.2	235.6	123.6	6.2	1740.0	2.25
武威	2 945.3	5 983.6	7.7	3 513.4	2 985.4	26.2	84.1	42.7	5.4	2 021.0	5.85
张掖	3 085.1	6 208.0	7.0	3 388.0	2 896.6	21.0	77.9	25.4	4.7	2 047.9	6.94
临泽	3 051.1	6 144.7	7.6	3 357.0	3 078.4	18.9	67.8	23.2	3.5	2 341.0	8.24
高台	3 088.2	6 200.9	7.6	3 564.1	3 063.6	19.4	62.4	18.2	4.4	1 923.4	9.07
酒泉	3 033.4	6 078.5	7.3	3 461.9	2 954.4	17.4	48.4	14.2	5.3	2 148.8	11.18
敦煌	3 247.1	6 329.9	9.3	4 085.3	3 611.3	5.7	24.1	3.9	3.1	2 490.6	31.14
天水	2 032.1	5 334.5	10.7	4 067.0	3 359.5	111.5	250.7	156.0	12.9	1 290.5	1.57
白银	2 537.1	5 381.4	7.9	3 483.2	2 920.5	31.1	125.9	45.1	2.2	2 004.1	4.35
兰州	2 607.6	5 523.5	9.1	3 816.1	3 242.0	61.9	181.6	79.2	5.1	1 437.7	2.97

积温是热量条件最重要的指标，是衡量作物能否多熟多作的关键因素，是确立不同熟制地域界限的一般指标，根据全国种植制度分区指标，≥0℃积温在 4 000℃以下为一熟区，4 000~4 900℃为一熟两熟过渡区，5 900~6 100℃为两熟三熟过渡区。用≥10℃积温作为指标，3 600℃以下为一熟区，3 600~5 000℃为两熟区，5 000℃以上为三熟甚至四熟区（白永平，2000；许秀娟等，1995）。甘肃黄土高原农区发展复种受到积温条件的限制，大多数高产农区的热量资源一熟有余，两熟不足，因而发展高产高效农业必须采取一系列科学合理的农业措施，例如覆盖栽培、间套复种，以充分利用热量资源。

（2）光照 甘肃黄土高原各地年日照时数在 1 700~3 300h，远高于除新疆以外的其他一熟地区，分布趋势自西北向东南逐渐减少，河西中、西部日照最充足，年日照时数为 3 000~3 300h，河西地区东部日照也较充足，年日照时数达 2 800~3 000h，陇南地区年日照时数在 1 800h 以下，其余各地年日照时数为 1 800~2 800h。丰富的光照资源为高产高效创造了前提条件（王鹤龄等，2007）。

本区年太阳总辐射量 4 800~6 400MJ/m²，平均年太阳辐射量在 5 200MJ/m² 以上，在全国范围内属中上等水平，河西地区比中国同纬度东部地区多 700~

1 000MJ/m^2，河东地区比中国同纬度东部区多 300~900MJ/m^2。年太阳辐射的分布自西北向东南逐渐减弱，河西走廊是甘肃省太阳能最丰富区，年太阳辐射总量分别为 5 800~6 400MJ/m^2，陇南地区较贫乏，年太阳总辐射量仅为 4 800~5 000MJ/m^2，其余地区年太阳总辐射量为 5 000~5 800MJ/m^2。光能资源可划分为 3 个区域：一是资源丰富区，年总辐射量在 5 800~6 400MJ/m^2，太阳能可利用天数在 280~300d，主要分布在河西地区；二是资源较丰富区，年辐射量在 5 000~5 800MJ/m^2，太阳能可利用天数在 160~180d，分布于除河西和陇南南部外的所有地区；三是资源贫乏区，年辐射量低于 5 000MJ/m^2，太阳能可利用天数少于 160d（王鹤龄等，2007）。

（3）降水量　甘肃黄土高原大部分地区为半干旱和干旱气候，年降水量不多，多年平均降水量在 190~600mm，而雨季集中，主要集中在 6—9 月。冬季受盛行西风影响降水极少，出现降水最少月。夏季受偏南及偏东气流的影响则降水较多，降水量集中于下半年的现象比较突出。年降水量具有明显的地区分带特征，降水量分布表现为从高海拔到低海拔、从高纬度向低纬度递增，总的分布趋势由东南向西北递减，地区差异性大，其中，河西走廊降水量少，年降水量在 200mm 以下；陇东南部和陇南东部降水量最多，在 600mm 以上；其余地区年降水量为 200~600mm。资料表明，陇西和陇东土地实得年降水量分别约为 150~450mm 和 250~480mm，与同期降水量比较，前者约减少 16%~28%，后者约减少 12%~24%。

甘肃黄土高原区降水总量普遍偏少，与同纬度以东的平原相比，陇南和天水少 130~170mm，陇西地区少 140~350mm，河西和白银市少 400~560mm，因而水分是高产高效的主要限制因素之一，特别是河西走廊高产农区年降水总量仅 36~200mm，因而没有灌溉就没有农业，属典型的内陆灌区。降水四季分布极不均匀，年降水量小的西部地区降水集中于夏季，年降水量较大的东南地区降水季节分布相对比较均匀。若以 4—9 月为夏半年，以 10 月至翌年 3 月为冬半年，则夏半年降水占全年降水量的 90%，其中，7—9 月占全年降水量的 50% 以上，大部分在 70% 左右。降水分布规律一是由东南向西北强烈递减，平均纬向递减率为 123mm，平均径向递减率为 96mm，二是随海拔的升高降水量增加。

杨东等（2012）对甘肃黄土高原各级降水和极端降水时空分布特征进行分析，从甘肃黄土高原各季度不同量级降水所占各季度的百分比看，春季微雨占春季总降水量的 1.7%，小雨占 28.2%，中雨占 21.9%，大雨占 20.2%，暴雨占 27.9%；夏季各级雨量占夏季总降水量的比分别是微雨为 1%、小雨为 18.4%、中雨为 20.7%、大雨为 29.5%、暴雨为 30.5%；秋季各级雨量占秋季总降水量的比分别是微雨为 1%、小雨为 20.9%、中雨为 26.7%、大雨为 23.4%、暴雨为

27.9%；冬季中微雪占冬季降水总量的 0.8%、小雪占 36.0%、中雪占 19.8%、大雪占 36.1%。可见，0.3～6mm 的小雨所占春季的降水量比重最大；夏季、秋季主要以 24.1～48mm 暴雨为主，冬季主要以 6.1～12mm 雪为主。

2. 青藏高原柴达木盆地气候

柴达木盆地属高原大陆性气候，以干旱为主要特点。年降水量自东南部的 200mm 递减到西北部的 15mm 年均相对湿度为 30%～40%，最小可低于 5%。盆地年均温均在 5℃以下，气温变化剧烈，绝对年温差可达 60℃以上，日温差也常在 30℃左右，夏季夜间可降至 0℃以下。风力强盛，年 8 级以上大风日数可达 25～75d，西部甚至可出现 40m/s 的强风，风力蚀积强烈。柴达木盆地所处地理位置为北纬 35°00′～39°20′，相当于中国暖温带的纬度地带。深居高原大陆腹地，四周高山环抱，西南暖湿气流难以进入，具有寒冷、极度干燥、富日照、太阳辐射强、多大风天气等典型高寒大陆性荒漠气候特征。

（1）温度 柴达木盆地由于地势海拔升高至 2 600m 以上，热量条件明显变低，年平均气温 1.1～5.1℃，最冷月（1 月）平均气温-10℃～15℃，最热月（7 月）平均气温一般为 15～17℃，气温最高的察尔汗亦不超过 19.1℃；≥10℃期间的积温一般为 1 000～1 500℃，察尔汗可达 2 292.5℃。这种热量条件，相当于中国温带（表 3-2），仅可满足一年一熟作物生长的需要。不过，由于热量条件的区段差异及作物品种的不同，不同地理部位发展农业的热量条件和适宜作物品种也是不同的。对柴达木盆地农业气候条件的分析，有利于因地制宜布局该区农业的结构，达到合理安排农业生产的目的（申元村等，1986）。

表 3-2 柴达木盆地不同气象台站气候要素表（申元村等，1986）

台站	海拔（m）	纬度	经度	年平均气温（℃）	1 月平均气温（℃）	7 月平均气温（℃）	≥0℃积温（℃）	≥10℃积温（℃）	年日照时数（h）	年平均降水量（mm）	年平均蒸发量（mm）	光合有效辐射（J）
都兰	3 191	36°13′	98°06′	2.7	-10.6	14.9	2 045.0	1 189.4	3 110.2	179.1	2 088.8	312 766.5
香日德	2 905	36°04′	97°48′	3.9	-10.1	16.0	2 345.0	1 489.9	2 971.2	163.0	2 285.4	
德令哈	2 982	37°22′	97°22′	2.9	-11.0	15.6	2 373.1	1 688.3	3 083.5	118.1	2 242.9	
诺木洪	2 790	36°22′	96°27′	4.4	-10.3	17.2	2 563.0	2 113.0	3 254.2	38.9	2 716.0	317 497.6
格尔木	2 808	36°12′	94°38′	4.2	-10.9	17.6	2 570.0	1 913.0	3 078.3	38.8	2 801.5	314 822.2
大柴旦	3 173	37°51′	95°22′	1.1	-14.3	15.1	1 947.3	1 209.5	3 243.5	82.0	2 186.4	318 946.2
冷湖	2 733	38°50′	93°23′	2.6	-13.1	17.0	2 307.2	1 728.5	3 550.5	17.6	3 297.0	329 572.3
茫崖	3 139	38°21′	90°13′	1.4	-12.4	13.5	1 810.2	911.4	3 310.6	46.1	3 072.0	319 444.5

（续表）

台站	海拔 (m)	纬度	经度	年平均气温 (℃)	1月平均气温 (℃)	7月平均气温 (℃)	≥0℃积温 (℃)	≥10℃积温 (℃)	年日照时数 (h)	年平均降水量 (mm)	年平均蒸发量 (mm)	光合有效辐射 (J)
察尔汗	2 679	36°48′	95°18′	5.1	-10.4	19.1	2 821.4	2 292.5	3 163.0	23.4	3 518.5	
乌图美仁	2 843	36°54′	93°10′	2.3	-12.4	15.7	2 117.5	1 481.3	3 248.2	25.2	2 381.2	318 674.1

就柴达木盆地的温度条件而言，≥0℃期间的活动积温，以80%的保证率计，大约海拔3 100m以下部位，其积温高于1 600℃；海拔3 100～3 250m部位，一般为1 250～1 600℃；海拔高于3 250m，则不足1 250℃。所需这种温度条件的垂直差异，对作物布局影响极大（表3-3）。

表3-3　柴达木盆地农作物所需≥0℃积温（申元村等，1986）

品种	春小麦、藜麦	蚕豆	青稞	豌豆	土豆	小油菜
≥0℃积温	>1 600	>1 600	>1 400	>1 400	>1 400	>1 200

从作物要求与温度垂直分异的相关分析可知，盆地内大约海拔3 100m以下，温度条件可满足藜麦成熟的需要；而海拔3 100～3 250m地带，其生长季积温适于小油菜而不能满足其他作物，是当地大田作物的适生高度范围；而高于3 250m的部位，则基本不宜农业或农业生产很不稳定（申元村等，1986）。

盆地温度日较差大这一特点表现在白天日照长，辐射强，增温快，又因其海拔高使白天温度多处于适宜作物光合作用的温度范围，而夜间有效辐射强，失热快，温度低，呼吸消耗少，因此物质积累多。高寒地区温度变化的这一特点是农业有利的气候资源之一。根据柴达木灌区测定，呼吸消耗相当于光合作用积累量的1/5.5～1/3，积累远多于消耗，利于产量形成。盆地年平均温度0.8（大柴旦）～5.1℃（察尔汗）。作物绝大部分分布于盆地东部香日德、诺木洪、德令哈、都兰等广阔地带，年平均2.7～4.2℃，最热月平均14℃，一些地区热量条件还优于东部农业区的某些县。10年平均0℃以上天数155～181d，期内积温1 905～2 215℃。作物生育后期，白天温度多在20℃以上。年较差24.1～30.4℃，日较差12.8～16.9℃，具有荒漠气候的温差特征。白天温度适宜，光照强，无高温抑制，夜间常不超过10℃，为干物质积累提供了较好的温度条件（表3-4）。

表 3-4　作物生育期内气候条件（申元村等，1986）

月份	光	热			水		
	日照时数（h）	温度（℃）	最高温度（℃）	日较差（℃）	蒸发量（mm）	降水量（mm）	相对湿度（%）
4	201.6~331.4	5.4~9.2	28.5	27.1	208.7~393.0	0~4.4	18~31
5	276.1~344.0	10.1~13.3	29.2	28.8	316.0~488.8	0~37.0	17~41
6	259.6~360.0	13.4~16.2	33.9	24.7	276.7~476.1	0.2~18.8	23~43
7	279.1~339.0	16.2~18.2	33.0	24.4	295.7~454.7	3.4~13.5	30~51
8	255.9~302.8	15.5~17.1	31.6	25.7	266.4~393.1	0~21.3	28~55
9	234.0~316.1	10.7~12.4	28.8	26.1	192.0~333.9	0.1~13.3	26~46

在柴达木盆地，低温、霜冻一直是限制农业生产潜力的主要因素之一，霜冻灾害影响重且频繁，严重影响了作物生长季热量资源的充分利用，春季终霜冻出现愈迟，秋季初霜冻出现愈早，对作物的危害愈严重。

表 3-5 列出了 1961—1999 年不同年代、不同强度霜冻的平均初、终日和无霜冻期。就日最低气温小 0℃ 的初、终霜冻日而言，盆地多年平均初日为 9 月 18 日，终日为 5 月 22 日，无霜冻期为 119d。2℃ 初日、−2℃ 初日较 0℃ 初日分别提前 11d 和推后 11d。2℃ 终日、−2℃ 终日较 0℃ 终日分别推后 16d 和提前 13d（表 3-5）。

表 3-5　不同年代、不同强度霜冻的平均初、终日和无霜冻期（申元村等，1986）

年代	2.0℃			0.0℃			−2.0℃		
	初日（日/月）	终日（日/月）	无霜冻期（d）	初日（日/月）	终日（日/月）	无霜冻期（日）	初日（日/月）	终日（日/月）	无霜冻期（d）
1961—1970	26/8	19/6	69	7/9	30/5	100	19/9	16/5	126
1971—1980	10/9	8/6	95	19/9	21/5	120	29/9	11/5	140
1981—1990	10/9	3/6	99	23/9	18/5	127	2/10	5/5	151
1991—1999	12/9	30/5	104	24/9	17/5	130	1/10	4/5	150
平均	7/9	7/6	91	18/9	22/5	119	29/9	9/5	141

历年各强度初、终霜冻日和无霜期的变化很大，终霜冻日最早 5 月 6 日，最晚 6 月 15 日，相差 40d；初霜冻日最早为 8 月 27 日，最晚为 10 月 6 日，相差 39d；无霜冻期最大相差 77d；初日、终日和无霜冻期前后两年最大相差分别达

23d、15d 和 27d。

表 3-6 为各代表站 0℃初（终）霜冻最早、最晚出现日及相差天数。由表看出，德令哈、格尔木、诺木洪初霜冻日最早出现在 8 月 5—7 日，大柴旦初日最早出现在 8 月 15 日，都兰为 9 月 2 日。而最晚出现日各站较接近，一般出现在 10 月上旬。最早终霜日出现在 4 月 15 日（格尔木），一般在 4 月末。最晚终霜日出现在 7 月 28 日（大柴旦）。0℃初日最早、最晚出现日平均相差 54d，最多达 67d；终日最早、最晚出现日平均相差 60d，最多达 76d（申元村等，1986）。

表 3-6 代表站 0℃初、终霜冻最早、最晚出现日及相差天数（申元村等，1986）

	日期	大柴旦	德令哈	格尔木	诺木洪	都兰
	最早（月/日）	8/15	8/5	8/7	8/6	9/2
初霜日	最晚（月/日）	9/24	10/10	10/13	10/9	10/5
	相差（d）	40	66	67	64	33
	最早（月/日）	5/22	4/25	4/15	4/27	4/27
终霜日	最晚（月/日）	7/28	7/10	6/15	16/11	6/17
	相差（d）	67	76	61	45	51

（2）光照 辐射强、降水少、蒸发大是干旱地区共同特征之一。由于盆地海拔高，空气稀薄（气质约为海平面 70% 多），透明度大，晴天多，日照时间长，因此太阳辐射强度大，总辐射能量多（表 3-7）。

表 3-7 各地辐射总量（汪绍铭，1986）　　　　　　（单位：kJ/cm²）

时间	格尔木	西宁	北京	上海	重庆
全年	696.3	615.5	563.2	473.5	349.2
夏半年	433.8	377.2	357.2	292.3	247.5
冬半年	262.5	238.2	206.0	181.3	101.7

盆地年辐射总量约 690.9~753.6kJ/cm²，不论夏半年（4—9 月）或冬半年（10 月至翌年 3 月）均高于同纬度东部黄土高原、华北平原和山东半岛。按辐射热能多少，把世界各地分为 5 级，则柴达木属于一级地区，每平方米一年接受太阳辐射总量达 6 699~8 370MJ，仅略次于西藏南部局部地区，是中国太阳能最丰富地区，和印度巴基斯坦北部相当，比印度尼西亚雅加达一带还高。直接辐射在

总辐射能中比值超过 60%，年绝对值多于 418.7kJ/cm²，较上海高 167kJ/cm²，比北京多 125.6kJ/cm²（汪绍铭，1986；汪绍铭，1990）。

盆地主要作物生育期间辐射量为 267.9～326.6kJ/cm²，占年辐射量 40%～45%，比北京、昆明高 35%～62%。日平均辐射量 2 240～2 554kJ/cm²。辐射量最大的夏季正是作物的生长期。例如，1977 年 5 月 1 日至 9 月 1 日期间赛什克农场测得辐射为 280.5kJ/cm²，香日德为 288.9kJ/cm²，远高于本省东部农业区的黄河、湟水流域。研究表明，辐射能量、光照长度和产量呈明显正相关，而光合作用产量和生物学产量亦为正相关。盆地太阳辐射光谱中，光合有效成分多，蓝紫光比海平面多 78%，利于光合作用。紫外线比平原地区多 2 倍，利于杀菌和抑制病虫害蔓延，也是盆地病虫害较少的因子之一。红光和红外线比海平面多 15%，有良好的热效应，对土壤、空气和植株的增温有利（汪绍铭，1986；汪绍铭，1990）。

柴达木盆地空气干燥，晴天多阴雨少，日照时间长，年日照时数 3 000h 以上。灌区日照时数平均达 3 136h，据如诺木洪农场资料，日照为 3 117.2～3 571.4h（汪绍铭，1986；汪绍铭，1990）。冷湖达 3 600h，比著名的日光城拉萨 3 000h 还多，是全国最高地区。藜麦属喜光长日照作物，德令哈小麦生育期物候一般是 3 月中旬播种，4 月下旬出苗，7 月中旬抽穗，9 月上旬成熟。在日地运行中正处北半球，太阳高度角大，日照时间长的夏半年，盆地大部地区一般天气条件 6：30—20：30 光照强度都在当地小麦、青稞、藜麦等作物正常光合作用要求的 2 300lx 左右，一天中有近 14 个小时可进行光合作用，又无高温抑制，为物质制造提供了良好的光照条件（表3-8）。

表3-8　各地日照时数（汪绍铭，1986）

时间	冷湖	格尔木	西宁	上海	成都
全年	3 603	3 101	2 793	2 092	1 267
夏半年	1 987	1 667	1 450	1 194	814
冬半年	1 616	1 434	1 343	898	453

（3）降水量　盆地深居内陆高原腹地，远离海洋，其主要水汽来源为印度洋孟加拉湾上空的西南暖湿气流，但经长途远涉，重重山系阻隔，进入高原水汽已经不多，能深入盆地便已更少，加上下沉增温和干燥的戈壁下垫面往往有云无雨或雨滴在下降途中便被蒸发，形成降水极少，除盆地边缘地区外，年降水量一般均不足 100mm，自东南向西北递减，是省雨量最少地区，而且变率大。如冷湖 1959 年 6 月 21 日降水 18.9mm，1957—1980 年的 24 年平均为 17.6mm，许多

地区甚至无明显雨季。雨量少，却大大限制了光、热资源潜力的发挥，无灌溉即无农业，柴达木便属于这种类型（表3-9）。盆地降水已无多大农业意义，种植业则全赖灌溉，在沙漠绿洲的农业上水源充足是夺取高产的根本原因（汪绍铭，1986；汪绍铭，1990）。

表3-9　柴达木盆地降水量（汪绍铭，1986）　　　　　　　（单位：mm）

	1月	2月	3月	4月	5月	6月	7月	8月	9月	10月	11月	12月	全年	年代（年）
诺木洪	0.3	0.4	0.3	0.7	4.4	7.6	9.7	8.3	5.4	1.1	0.4	0.4	38.9	1956—1980
都兰	4.1	6.1	6.9	8.5	19.5	36.8	35.8	29.9	16.2	8.6	3.7	3.0	179.1	1955—1980
格尔木	0.6	0.5	0.9	1.2	4.0	6.5	7.8	7.8	5.2	1.3	0.9	0.3	38.8	1956—1980
德令哈	2.3	2.1	2.1	4.1	16.8	25.8	22.4	23.5	12.3	4.8	0.9	1.1	118.1	1956—1972
察尔汗	0.1	0.1	0	0.4	2.3	6.2	7.7	3.4	2.5	0.6	0.1	0.1	23.4	1960—1980
冷湖	0.5	0.1	0.2	0.2	1.4	4.7	5.3	4.8	0.2	0	0.1	0.1	17.6	1957—1980
大柴旦	2.1	1.7	1.6	1.2	10.7	19.6	19.5	15.8	7.2	1.2	0.8	0.6	82.0	1957—1980
香日德	3.0	5.2	4.7	5.0	20.6	34.0	34.4	26.5	17.6	7.1	3.0	2.0	193.0	1958—1980

（三）土壤

1. 甘肃黄土高原土壤类型

（1）耕地土壤类型　甘肃黄土高原土壤类型较为丰富，共有40多种土壤类型，有黄褐土、灰褐土、黑垆土、灰钙土、黄绵土、棕壤土、高山寒漠土、高山草甸土、高山草原土、棕钙土、黑钙土、灰漠土等。土壤分布大致可按区划分为陇南黄棕壤、棕壤、褐土地区；陇东黄绵土、黑垆土地区；陇中麻土、黄白绵土区；草甸土、草甸草原土地区；河西漠土、灌溉土区和祁连山栗钙土、黑钙土区，共6个地区及19个土坡区。分布特点：水平分布的纬度地带性明显，经度地带性不太明显，由南往北；垂直分布规律显著，甘肃是个多山的省份，山地所处的地理位置、山体的高低大小、山地的坡向坡度，都影响着土壤垂直地带的分布；地域分布规律受各地方土壤的母质、地形、水文、成土年龄等条件的影响，在地带性土壤内部出现非地带性土壤类型，并表现为中域或微域分布，中域分布有枝形、扇形和盆形等；耕种土壤受人为作用的强度不同，在各地有着独特的分布规律（刘春晓等，2018）。

（2）耕地肥力状况　崔增团等（2003）自1996年起，在4种主要耕种土壤上建立了土壤耕层养分长期定位监测点，分析了主要农田土壤耕层肥力演变特征和耕层养分盈亏状况。通过土壤肥力变化现状分析发现，与第二次土壤普查值相比，4种土类耕层有机质、全氮、速效磷均增加（表3-10），增幅最大的是速效磷，碱解氮除黄绵土降低外，其他3种土类均增加，而速效钾各土类均呈下降趋势。土壤耕层有机质不同年际间相比，积累最多的是黄绵土，年平均累积0.098%，灌漠土年平均累积0.023%，黑垆土和灰钙土耕层有机质基本持平；从有机质变化过程看，土壤有机质都有不同程度的增加，但总趋势是呈积累。主要原因是推广秸秆还田、种植绿肥、增加农田有机投入、调整作物布局等，增加了归还于土壤的根茬、秸秆等有机物，促进了土壤有机质的积累。土壤有机质含量的高低与土壤类型有关，除黄绵土年度间有机质变化幅度较大外，其他3种土壤在连续五年的监测中有机质变化趋势为：黑垆土>灌漠土>灰钙土。

表3-10　农田土壤耕层养分对比表（崔增团等，2003）

土类	时间	有机质（%）	全氮（%）	碱解氮（mg/kg）	速效磷（mg/kg）	速效钾（mg/kg）
黑垆土	普查值	1.06	0.081	65.5	5.7	149.5
	监测平均值	1.53	0.108	94.0	26.6	111.8
黄绵土	普查值	0.97	0.084	75.0	6.0	199.0
	监测平均值	1.19	0.086	67.4	15.7	119.6
灌漠土	普查值	1.32	0.069	46.8	6.5	186.0
	监测平均值	1.34	0.077	86.1	22.5	181.7
灰钙土	普查值	0.70	0.055	47.2	6.9	243.0
	监测平均值	0.93	0.070	52.6	10.0	153.8

张树清（2001）对甘肃主要耕种土类及耕地类型氮、磷、钾含量特征进行了分析。在监测的24个土类中，土壤全氮含量仍以草甸沼泽土、黑钙土和黑土为最高，分别为1.92g/kg、1.91g/kg和1.79g/kg，而以盐土、风沙土、灰漠土为最低，分别仅为0.47g/kg、0.65g/kg和0.65g/kg；有11个土类土壤全氮含量在1.0g/kg以上；9种主要耕种土类的全氮含量依次为（表3-11）：栗钙土1.49g/kg，褐土1.37g/kg，灰褐土1.28g/kg，灌漠土0.97g/kg，红黏土0.97g/kg，潮土0.94g/kg，黑垆土0.91g/kg，黄绵土0.76g/kg，灌淤土0.74g/kg。其中，有7个土类的土壤在全国分级标准的四级以下，9种耕种土壤碱解氮平均含量为56.54~97.47mg/kg以上，表明短期内供氮能力适中。各

耕地类型的全氮平均含量依次为：旱沟坝地 1.24g/kg，灌溉水田 1.23g/kg，旱砂地 1.16g/kg，草地 1.16g/kg，旱川地 1g/kg，塬旱地 0.99g/kg，坡旱地 0.97g/kg，水梯田 0.89g/kg，旱梯田 0.87g/kg，其他水浇地 0.85g/kg；碱解氮平均含量在 63.0~124mg/kg，均高于 50mg/kg，说明各种耕地类型短期内供氮能力较好。耕层监测土壤全氮平均含量 0.92g/kg，较第二次土壤普查（1983年）时 0.8g/kg 增加 0.12g/kg，增幅 15%；土壤碱解氮平均含量 67.09mg/kg，若以碱解氮在 50mg/kg 以上为供氮能力中等的标准衡量，耕地在短期内供氮能力适中；从土壤全氮含量与分布特点看，陇南较高 1.34g/kg，大于全省 0.92g/kg 平均值，其他陇东、陇中和河西 3 个区域均小于全省平均值，分别为 0.97g/kg，0.86g/kg，0.88g/kg。

在监测的 24 类土壤中土壤速效磷含量为 4.61（黄棕壤）~18.34（新积土）mg/kg，其中，有 16 个土类的速效磷含量高于 10mg/kg，占 66.7%；耕种土壤前 7 位的土类速效磷含量由高到低的排列顺序为（表 3-11）：潮土 15.47mg/kg，栗钙土 15.15mg/kg，灌漠土 14.03mg/kg，黑垆土 9.97mg/kg，灰褐土 9.93mg/kg，红黏土 9.84mg/kg，褐土 9.01mg/kg；排列在前三位的土类主要分布在河西地区，而最后一位的褐土则主要分布于陇南地区。按耕地类型看，9 种耕地土壤速效磷和全磷含量依次为：灌溉水田 46.93mg/kg、0.67mg/kg，水梯田 14.49mg/kg、0.81mg/kg，其他水浇地 13.34mg/kg、0.7mg/kg，旱地梯田 11.23mg/kg、0.75mg/kg，旱沟坝地 11.07mg/kg、0.78mg/kg，旱川地 10.61mg/kg、0.73mg/kg，山坡旱地 9.86mg/kg、0.72mg/kg，塬旱地 8.49mg/kg、0.69mg/kg，旱砂地 7.79mg/kg、0.76mg/kg。由此可知，旱地土壤速效磷含量普遍低于水浇地，说明旱地尤其是山旱地的磷肥施用量仍然很少。9 类耕地中，速效磷含量差距较大，第 1 位是第 9 位的 6 倍，突出地反映了相当部分地区对磷肥在农业生产中的重要作用认识不够，投入不足等问题。耕层土壤全磷平均含量 0.74g/kg，低于土壤全磷含量在磷素供应上的 0.8~1.07g/kg 的界限值下限，比第二次土壤普查时 0.7g/kg 仅提高 0.04g/kg，变化不明显；土壤速效磷平均含量 11.19mg/kg，较第二次土壤普查结果提高 3.83mg/kg，增幅达 52.0%。从区域划分看，土壤全磷陇中较高 0.80g/kg，河西次之 0.7g/kg，陇南、陇东最低均为 0.63g/kg。土壤速效磷河西最高平均 12.70mg/kg，陇中最低 10.01mg/kg，陇东、陇南分别为 10.89mg/kg、10.21mg/kg 与 1983 年第二次土壤普查结果比较，增幅最大的是陇东 82.11%，次之河西 71.85%，陇南 64.41%，陇中 32.94%。

在监测的 24 个土类中，土壤速效钾含量以沼泽土和黑钙土为最高，分别是 333mg/kg 和 307.7mg/kg，黄棕壤最低仅为 78.23mg/kg，其余土类大多在 150mg/kg

表3-11 甘肃主要土类氮、磷、钾养分含量变化（张树清，2001）

土类名称	占耕地面积（%）	土壤全氮				土壤速效磷				土壤速效钾			
		1983年	1988年	上升或下降（%）	平均年变化（g/kg）	1983年	1988年	上升或下降（%）	平均年变化（mg/kg）	1983年	1988年	上升或下降（%）	平均年变化（mg/kg）
黄绵土	22.25	0.68	0.76	11.8	0.01	10.50	11.49	9.4	0.07	156.2	186.61	19.5	2.03
黑垆土	21.27	0.89	0.91	2.3	0.00	8.60	9.97	15.9	0.09	186.9	188.13	0.7	0.08
灌漠土	10.75	0.77	0.97	26.0	0.01	9.00	14.03	55.9	0.34	179.0	214.04	19.6	2.34
灰钙土	9.90	0.69	0.78	13.0	0.01	11.10	10.15	-8.6	0.06	160.6	198.83	23.8	2.55
褐土	9.49	1.25	1.37	9.6	0.01	5.20	9.01	73.3	0.25	145.4	164.85	13.4	1.30
栗钙土	5.58	1.73	1.49	-13.9	0.02	9.90	15.15	53.0	0.35	214.6	268.86	25.3	3.62
红黏土	5.56	0.81	0.97	19.8	0.01	7.20	9.84	36.7	0.18	167.6	199.23	18.9	2.10
灌淤土	3.27	0.75	0.74	-1.3	0.00	14.30	12.34	-13.7	0.13	174.7	205.17	17.4	2.03
潮土	2.09	0.75	0.94	25.3	0.01	8.20	15.82	92.9	0.51	166.7	240.14	44.1	4.90
灰褐土	2.02	2.76	1.28	-53.6	0.10	9.20	9.93	7.9	0.05	241.8	163.79	-32.3	5.20

以上。10 类主要耕种土类的速效钾含量 163.79~268.86mg/kg，均在全国养分分级级别的 1 级以上。其由高到低的排列次序为：栗钙土：268.86mg/kg，潮土 228.70mg/kg，灌漠土 214.04mg/kg，灌淤土 205.17mg/kg，红黏土 199.23mg/kg，灰钙土 198.83mg/kg，黑垆土 188.13mg/kg，黄绵土 186.61mg/kg，褐土 164.85mg/kg，灰褐土 163.79mg/kg，排在前三位的依然主要是分布于河西地区的土类。按耕地类型分，10 类耕地全钾含量均在 20g/kg 以上，速效钾含量 160.5~515mg/kg。依次为：菜地 315mg/kg，灌溉水田 263.33mg/kg，旱沟坝地 234.59mg/kg，旱砂地 220.62mg/kg，其他水浇地 210.7mg/kg，旱川地 209.51mg/kg，旱地梯田 184.07mg/kg，山坡旱地 180.78mg/kg，塬旱地 180.3mg/kg，水梯田 160.5mg/kg。土壤全钾、速效钾平均含量为 21.77g/kg，195.14mg/kg，较第二次土壤普查时 19.55g/kg 和 189.5mg/kg 仅增加 2.22g/kg，5.62mg/kg。4 个分区中河西土壤速效钾平均含量 211.88mg/kg，陇东 203.72mg/kg，较 1983 年土壤普查时分别增加 27.27mg/kg，19.62mg/kg；陇中、陇南分别为 182.96mg/kg，122.05mg/kg。

主要耕种土类及耕地类型氮、磷、钾含量差异较大，9 种主要耕种土类全氮含量栗钙土（1.49g/kg）>褐土>灰褐土>灌漠土>红黏土>潮土>黑垆土>黄绵土>灌淤土（0.74g/kg），土壤碱解氮平均含量 56.54~97.47mg/kg，表明近期供氮能力适中；各耕地类型全氮平均含量旱地高于水浇地，土壤碱解氮平均水平在 63~124mg/kg。7 种主要耕种土类速效磷含量潮土（15.47mg/kg）>栗钙土>灌漠土>黑垆土>灰褐土>红黏土>褐土（9.01mg/kg）。按耕地类型看，10 种耕地土壤速效磷含量旱地普遍低于水浇地；10 类耕地中，速效磷含量差距较大，灌溉水田比旱砂地高 6 倍，突出反映了土壤磷素含量的不均衡性。10 种耕种土类速效钾含量 163.79~268.86mg/kg，排列顺序：栗钙土>潮土>灌漠土>灌淤土>红黏土>灰钙土>黑垆土>黄绵土>褐土>灰褐土，按耕地类型：土壤速效钾以菜地 315mg/kg，灌溉水地 263.33mg/kg 居高，以旱塬地，180.3mg/kg，水梯田 160.5mg/kg 居低。

2. 青藏高原柴达木盆地土壤类型

（1）耕地土壤类型　柴达木盆地是中国主要干旱地区之一，因受荒漠干旱性气候的制约，无灌溉即无农业。所以，盆地耕地均以水资源为依托，呈现出以流域进行开发与布局的绿洲灌溉农业的特色。现有耕地中，水浇地面积达 41 236hm²，占总耕地的 99.65%，盆地局部地区只有 146hm² 亩的浅山地，仅占 0.35%。盆地现有耕地中，国有农（牧）场耕地达 24 107hm²，占总耕地的 58.26%。乡村农户耕地 17 273hm²，仅占 41.74%，形成了盆地以国有农牧场为主体，以乡村农户为辅的经营体系。柴达木盆地深居内陆，地理位置 36°00′~39°20′，现有耕地集中分布在香日德河、诺木洪河、察汗乌苏河、夏日哈河、沙柳河、都兰河、巴音郭勒河和格尔木河流域，海拔 2 760~3 200m，耕地土壤类型分不同区域以盐化棕钙土、草甸土、棕钙土、荒漠土、冲积土、漠钙土、冲积土、重盐土、盐渍土、草甸盐土和荒漠盐土为主（表 3-12）。年平均气温 1.1~5.1℃，生长季 ≥0℃ 积温 1 622~2 515℃，气温日较差较大，6~8 月日较差 13℃ 左右，有利于干物质积累。所以，农作物产量较高。盆地现有耕地分布于有灌溉水源的山前冲积、洪积平原的中上部，河流两岸以及山间盆地等地带，地势平坦广阔，土层较深厚，集中连片，适宜机械耕作，有利于提高劳动生产率（李世英等，1959）。

表 3-12　柴达木盆地现有耕地的自然环境（李世英等，1959）

地区	海拔 (m)	年均温 (℃)	最热月温 (℃)	≥10℃ 积温 (℃)	年降水量 (mm)	河川年 径流量 (亿 m³)	年蒸发量 (mm)	无霜期 (d)	土壤类型
德令哈	2 700~3 000	3.7	15.9	1 644.6	176.1	3.647	2 242.8	90~150	盐化棕钙土、草甸土
希赛	2 950~3 050	3.2	15.4	1 474.0	159.3	0.596	2 439.4	90~120	棕钙土、盐化棕钙土
茶卡	3 070~3 200	1.6	14.2	1 116.7	204.0	1.102	2 074.1	90	棕钙土、盐化棕钙土
查查香卡	3 000~3 200	2.7		1 189.4	209.3	0.594	2 013.2	115	棕钙土、荒漠土
察汗乌苏	3 000~3 200	2.8	14.7	1 226.7	177.5	1.507	1 726.7	115	棕钙土、冲积土
香日德	2 800~3 070	3.7	16.3	1 577.2	248.6	5.287	1 693.5	110~120	漠钙土、冲积土
诺木洪	2 700~2 800	4.4	17.2	1 881.2	39.6	1.510	2 575.6	120	漠钙土、重盐土
格尔木	2 700~2 850	4.3	17.4	1 933.7	40.5	7.805	2 208.3	120	盐渍土、草甸盐土
乌图美仁	2 750~3 100	2.1	15.6	1 474.2	23.0	11.990	2 047.4	130	荒漠盐土

（2）耕地肥力状况　据海西州土壤调查，盆地现有耕地养分含量不高（表 3-13，表 3-14）。盆地现有耕地有机质含量普遍较低，平均含量为 1.21%。有机质情况大体盆地东部耕地略高于西部耕地。盆地耕地有机质 >2% 占 4.6%；1%~2% 占 62.66%；<1% 占 32.74%。因此，增加土壤有机质，进一步熟化土壤，以提高土壤肥力是当务之急。现有耕地耕层土壤氮素含量与有机质具有相同

的分布规律，亦表现为东高西低。耕地全氮平均含量 0.063%，最高平均 0.116%，最低平均 0.042%；碱解氮平均 52mg/kg，最高平均 108mg/kg，最低平均 30mg/kg。盆地耕地全氮含量多在四级以下，即 <0.075% 占调查面积的 89.2%，碱解氮多为五、六级，在 60mg/kg 以下，仅茶卡和德令哈地区平均含量达到 60mg/kg。因此，现有耕地上施用氮肥都具有较好的增产效果。现有耕地受施磷肥作用的影响，速效磷含量稍高，平均为 10.1mg/kg，高者平均 21.7mg/kg，低者平均 5.1mg/kg；速效磷含量 >10mg/kg 三级以上者占 36.8%，<10mg/kg 三级以下者占 63.2%，属下等水平，缺磷。所以施用磷肥具有较好的增产效益。现有耕地钾丰足，速效钾平均含量 166mg/kg，平均最高 245mg/kg，最低 81mg/kg。目前，已有 25.43% 的耕地速效钾含量 <100mg/kg，明显不足，应予施钾补充。

表 3-13　柴达木盆地现有耕地土壤养分等级（李世英等，1958）

项目等级	有机质（%）	全氮（%）	速效磷（mg/kg）	速效钾（mg/kg）
一级	>4.0	>0.20	>40	>200
二级	3~4	0.15~0.2	20~40	150~200
三级	2~3	0.10~0.15	10~20	100~150
四级	1~2	0.075~0.1	5~10	50~100
五级	0.6~1	0.05~0.075	3~5	30~50
六级	<0.6	<0.05	<3	<30

表 3-14　柴达木盆地各农业片土壤养分状况（李世英等，1958）

项目农业片	有机质（%）	全氮（%）	全磷（%）	全钾（%）	碱解氮	速效磷（mg/kg）	速效钾（mg/kg）
德令哈	1.60	0.084	0.096		63	21.7	108
尕海	0.89	0.039			39	5.1	130
蓄集	1.39				34	6.9	193
怀头他拉	1.34	0.078			63	6.9	144
铜普	2.04		0.113		94	6.3	171
希赛	1.30	0.061	0.105		55	6.3	175
茶卡		0.116	0.114		98	17.6	102
查查香卡	0.96	0.064	0.114	2.31	36	12.6	216
察苏（含夏日哈）	1.08	0.050	0.109	2.35	34	7.3	245
香日德	1.19	0.073	0.130	2.32	41	15.4	229
宗加（巴隆）	1.14	0.054	0.134	2.27	40	14.7	176

（续表）

项目农业片	有机质 （%）	全氮 （%）	全磷 （%）	全钾 （%）	碱解氮	速效磷 （mg/kg）	速效钾 （mg/kg）
大格勒	1.09	0.057	0.123	1.71	40	7.9	195
格尔木河西农场	1.07	0.055	0.132	1.71	44	8.0	144
格尔木河东农场	0.87	0.042	0.127	1.76	32	5.4	211
诺木洪	1.16	0.059	0.132	2.27	39	14.9	174

（四）植被

1. 甘肃黄土高原植被类型

甘肃地跨中国东部湿润区、西部干旱区与青藏高原高寒区的交会处。境内自然条件复杂，植被类型繁多。由于纬度、气候、土壤和地貌等因素的差异，省境内大部分植被从南到北呈明显的纬度地带性与海拔地带性分布。其中，只有祁连山、阿尔金山东段和甘南高原等海拔在 3 000m 以上地带，植被具有明显的垂直分带。各山地植被垂直带谱的特征，由其所处的地理位置和水平植被带所决定。根据《甘肃植被》《甘肃省地图集》的研究结果，植被带基本可分为 6 个水平（纬度）植被地带：常绿阔叶、落叶阔叶混交林地带分布在陇南的文县、康县、徽县、成县和武都县；落叶阔叶林地带分布于天水以南的北秦岭和徽成盆地；森林草原地带主要分布在临夏、康乐、渭源、秦安、平凉、庆阳一线以南；草原地带主要分布在森林草原地带北部，兰州、靖远至环县一线以南地区；荒漠草原地带大致包括大景、营盘水一线以南，主要是从事畜牧业的地区；荒漠地带包括河西走廊以及阿尔金山以南的苏干湖盆地与哈勒腾河谷。

（1）森林与草原植被　森林覆盖率 9.37%，林地面积 425.7 万 hm²，主要树种有冷杉、云杉、栎树类、杨树类以及华山松、桦树类等。在活立木蓄积资源中，冷杉占 52.9%，云杉占 11.7%，栎树类占 26.9%，其他杨树类、华山松、桦树类只占 8.5%（徐煜，2018）。

草原植被按天然草地、人工草地和半人工草地分为两类，天然草场主要分布在祁连山地、西秦岭、马衔山、哈思山、关山等地，这些地方海拔一般 2 400~4 200m，气候高寒阴湿，特别是海拔在 3 000m 以上的地区，牧草生长季节短，枯草期长，人工及半人工草地以苜蓿草为主，还有红豆草、红三叶、猫尾草、老芒麦、披碱划、沙打旺等植被，一年生人工草地主要分布在山旱农作区，种植品种主要有草谷子、草高粱、苏丹草、燕麦和少量的箭舌豌豆、毛苕子、饲料玉米、黄燕麦和青燕麦。

（2）人工植被　主要是人工种植的粮食、经济、瓜类、蔬菜和果树作物。粮食作物品种有冬小麦、春小麦、大麦、玉米、青稞、荞麦、糜谷、高粱、水稻、马铃薯和豆类等20余种，其中，小麦是主体作物；经济作物品种有棉花、油料、大麻、蓖麻、芝麻、甜菜、苏子（荏）、向日葵、大蒜、茶叶、烟草、啤酒花等十几种，种植面积在10万亩以上的作物有亚麻、油菜、蚕豆、向日葵、棉花、甜菜和苏子7种；蔬菜作物共有10大类，50多个品种，栽培较普遍的有34种；果树植被较多，有1 000多个品种，其中，桃、梨、杏、李、柿、枣、柑橘的品种有480多个（徐煜，2018）。

（3）野生植被　境内野生植物的种类繁多，分布广泛，油料植物有100多种，例如，文冠果（木瓜）、苍耳、沙蒿、水柏、野核桃、油桐等；纤维和造纸原料植物约近百种，如罗布麻、浪麻、龙须草、马莲、芨芨草等；淀粉及酿造类植物20多种，如橡子、沙枣、蕨根、魔芋、沙米、土茯等；野生化工原料及栓皮类有20多种，如栓皮栎、五倍子、槐、猫屎瓜等；野生果类100多种，如中华猕猴桃、樱桃、山葡萄、枇杷、板栗、沙棘等；野生药材951种，有大黄、当归、甘草、红黄芪、锁阳、肉苁蓉、天麻等；特种食用植物10多种，其中，比较名贵的野生植物有发菜、蕨菜、木耳、蕨麻、黄花菜、地软、羊肚、蘑菇、鹿角等（徐煜，2018）。

（4）中药材植被　现有药材品种9 500多种（包括野生），居全国第二位，经营的主要药材有450种，如当归、大黄、党参、甘草、红芪、黄芪、红花、贝母、天麻、杜仲、灵芝、羌活、冬虫草等（徐煜，2018）。

2. 青藏高原柴达木盆地植被类型

柴达木盆地位于青藏高原的东北部，气候干燥，降水稀少，蒸发强烈，不利于植被的生长，只有少数的旱生植被可以生存。虽然盆地内的气候条件恶劣，但是植被的分布也具有一定的规律性，东部为半干旱的荒漠草原地带。地带性植被为荒漠草原；中部为干旱荒漠地带，植被为灌木和矮半灌木；西部为干旱裸露荒漠地带，基本上无植被生长。

（1）荒漠与草原植被　尤勇刚等（2017）对柴达木盆地植被进行常规调查，在北纬36°08′~38°29′，东经90°09′~98°02′的范围内分别选取都兰至若羌、茶卡至冷湖（东西方向）和格尔木至大柴旦（南北方向）3条样线，并对每条样线进行水平20km的样方调查，最后在每个大样方中根据实际情况，分别进行灌木调查、乔木调查和草本层调查（图3-1）。

调查发现，柴达木盆地植被主要由灌木和多年生草本组成，乔木树种只有两种，分别是梭梭（*Haloxylon ammodendron*）和小叶杨（*Populus simonii*）；灌木有22种，其中，有耐干旱、耐盐碱的盐爪爪（*Kalidium foliatum*）、唐古特

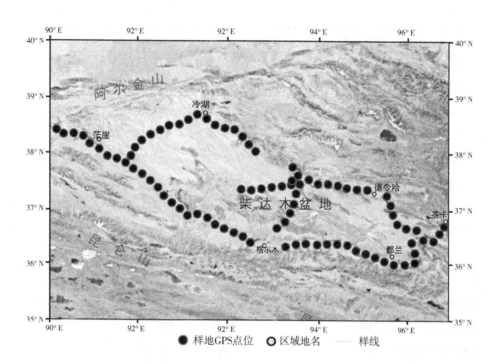

图3-1 柴达木盆地植被调查线路及样地设置图（尤勇刚等，2017）

白刺（*Nitraria tanguto－rum*）、西伯利亚白刺（*Nitraria sibirica*）、冷蒿（*Artemisia frigida*）和碱蓬（*Suaeda glauca*），有木本猪毛菜（*Salsola arbuscula*）、蒿叶猪毛菜（*Salsola abrotanoides*）和密花柽柳（*Tamarix arceuthoides*）等沙生灌木，也有柴达木沙拐枣（*Calligonum zaidamense*）和黑果枸杞（*Lycium ruthenicum*）等柴达木盆地特有小灌木，同时发现高寒灌木金露梅和人工引入灌木花棒（*Hedysarum scoparium*）；草本共有39种，其中，以耐干旱、耐盐碱的沙葱（*Alli－ummongolicum*）、赖草（*Leymus secalinus*）等多年生草本为主，共31种；一年生或二年生草本共8种，其中，发现了沙生针茅（*Stipa glareosa*）、独行菜（*Lepidium apetalum*）和达乌里黄芪（*Astragalus dahuricus*）等沙地先锋植物（表3-15）。

表3-15 柴达木盆地及其周边植物种类组成（尤勇刚等，2017）

植物种类	科名	属名	生活型
赖草 *Leymus secalinus*	禾本科	赖草属	多年生
膜荚黄芪 *Astragalu smembranaceus.*	豆科	黄芪属	多年生

（续表）

植物种类	科名	属名	生活型
早熟禾 *poa pratensis*	禾本科	早熟禾属	多年生
盐爪爪 *Kalidium foliatum*	藜科	盐爪爪属	多年生（小灌木）
苔草 *carex tristachya.*	莎草科	苔草属	多年生
洽草 *Koeleria cristata*	禾本科	洽草属	多年生
密花柽柳 *Tamarix arceuthoides*	柽柳科	柽柳属	多年生（灌木）
阿尔泰狗娃花 *Heteropappus altaicus*	菊科	狗娃花属	多年生
披碱草 *Elymus dahuricus*	禾本科	披碱草属	多年生
蒲公英 *Herba Taraxaci*	菊科	蒲公英属	多年生
黄花蒿 *Artemisia annua*	菊科	蒿属	多年生
合头草 *Sympegma regelii*	藜科	合头草属	多年生（半灌木）
尖叶盐爪爪 *Kalidium cuspidatum*	藜科	盐爪爪属	多年生（小灌木）
草地风毛菊 *Saussurea amara*	菊科	狗娃花属	多年生
沙生针茅 *Stipa glareosa*	禾本科	针茅属	多年生
刺叶柄棘豆 *Oxytropis aciphylla*	豆科	棘豆属	多年生（半灌木）
独行菜 *Lepidium apetalum*	十字花科	独行菜属	一年生
甘青铁线莲 *Clematis tangutica*	毛茛科	铁线莲属	多年生
藜 *Chenopodium album*	藜科	藜属	多年生
中麻黄 *Ephedra intermedin*	麻黄科	麻黄属	多年生（半灌木）
冷蒿 *Artemisia frigida*	菊科	蒿属	多年生
蒿叶猪毛菜 *Salsola abrotanoides*	藜科	猪毛菜属	多年生（半灌木）
披针叶黄华 *Thermopsis lanceolata*	豆科	野决明属	多年生
沙蓬 *Agriophyllum squarrosum*	藜科	沙蓬属	一年生
膜果麻黄 *Ephedra przewalskii*	麻黄科	麻黄属	多年生（灌木）
雾冰藜 *Bassia dasyphylla*	藜科	雾冰藜属	多年生
金露梅 *Potentilla fruticosa*	蔷薇科	委陵菜属	多年生（灌木）
沙蒿 *Artemisia desertorum*	菊科	蒿属	多年生（灌木）
扁穗冰草 *Agropyron cristatum*	禾本科	冰草属	多年生

（续表）

植物种类	科名	属名	生活型
刺儿菜 Cirsium setosum	菊科	蓟属	多年生
灌木小甘菊 Cancrinia maximowiczii	菊科	小甘菊属	多年生（半灌木）
柴达木沙拐枣 Calligonum zaidamense	蓼科	沙拐枣属	多年生（灌木）
灰藜 Chenopodium album	藜科	藜属	多年生
西伯利亚白刺 Nitraria sibirica	蒺藜科	白刺属	多年生（灌木）
秦艽 Gentiana macrophylla	龙胆科	龙胆属	多年生
木本猪毛菜 Salsola arbuscula	藜科	猪毛菜属	多年生（灌木）
中亚紫菀木 Asterothamnus centrali -asiaticus	菊科	紫菀木属	多年生（半灌木）
碱蓬 Suaeda glauca	藜科	碱蓬属	多年生（半灌木）
梭梭 Haloxylon ammodendron	藜科	梭梭属	多年生（乔木）
唐古特白刺 Nitraria tangutorum	蒺藜科	白刺属	多年生（灌木）
锁阳 Cynomorium songaricum	锁阳科	锁阳属	多年生
黄花补血草 Limonium aureum	白花丹科	补血草属	多年生
播娘蒿 Descurainia sophia	菊科	蒿属	一年生
弯茎还阳参 Crepis flexuosa	菊科	还阳草属	一年生
无苞双脊荠 Dilophia fontana	十字花科	双脊荠属	二年生
沙拐枣 Calligonum mongolicum	蓼科	沙拐枣属	多年生（灌木）
芦苇 Phragmites communis	禾本科	芦苇属	多年生
青海驼蹄瓣 Zygophyllum fabago	蒺藜科	驼蹄瓣属	多年生
银灰旋花 Convolvulus ammannii	旋花科	旋花属	多年生
西北天门冬 Asparagus persicus	百合科	天门冬属	多年生
画眉草 Eragrostis pilosa	禾本科	画眉草属	一年生
野胡麻 Dodartia orientalis	玄参科	野胡麻属	多年生
沙葱 Allium mongolicum	百合科	葱属	多年生
白花枝子花 Dracocephalum heterophyllum	唇形科	青兰属	多年生
肉苁蓉 Cistanche deserticola	列当科	肉苁蓉属	多年生
大叶白麻 Poacynum hendersonii	夹竹桃科	罗布麻属	多年生（灌木）

（续表）

植物种类	科名	属名	生活型
黑果枸杞 Lycium ruthenicum	茄科	枸杞属	多年生（灌木）
柴达木猪毛菜 Salsola zaidamica	藜科	猪毛菜属	一年生
丝毛飞廉 Carduus crispus	菊科	飞廉属	多年生
小叶杨 Populus simonii	杨柳科	杨属	多年生（乔木）
驼绒藜 Ceratoides latens	藜科	驼绒藜属	多年生（半灌木）
花棒 Hedysarum scoparium	豆科	岩花耆属	多年生（灌木）
达乌里黄耆 Astragalus dahuricus	豆科	黄耆属	一年生

研究区植物有 23 科 51 属 63 种，植物种类从多到少按科排序依次为藜科、菊科、禾本科、豆科、蒺藜科。其中，藜科 9 属 13 种，占总物种数的 20.63%；菊科 8 属 13 种，占总物种数的 20.63%；禾本科 8 属 8 种，占总物种数的 12.7%；豆科 4 属 4 种，占总物种数的 6.35%；蒺藜科 2 属 3 种，占总物种数的 4.76%。另百合科、麻黄科、蓼科、十字花科均占总物种数的 3.17%；剩下的锁阳科、杨柳科、柽柳科等 14 科均只有 1 属 1 种。由此可见，藜科、菊科、禾本科、豆科、蒺藜科为当地的优势科种（表 3-16）。

（2）人工植被 人工植被主要是人工种植的农作物和人工防护林，沿柴达木盆地南北边缘呈环形点状分布，主要分布在 13 个万亩以上的灌区。农作物以春小麦、青稞、马铃薯、豆类、藜麦、油菜、红果、黑果枸杞以及其他蔬菜、青饲料、中药材等，防护林主要以杨树为主（夏薇，2013）。

表 3-16 柴达木盆地及其周边植物物种科属组成（尤勇刚等，2017）

科名	属数	种数	百分比（%）
禾本科 Poaceae	8	8	12.70
藜科 Chenopodiaceae	9	13	20.63
蒺藜科 Zygophyllacea	2	3	4.76
菊科 Asteraceae	8	13	20.63
柽柳科 Tamaricaceae	1	1	1.59
白花丹科 Plumbaginaceae	1	1	1.59
豆科 leguminosae	4	4	6.35
龙胆科 Gentianaceae	1	1	1.59

（续表）

科名	属数	种数	百分比（%）
蓼科 Polygonaceae	1	2	3.17
茄科 Solanaceae	1	1	1.59
麻黄科 Ephedraceae	1	2	3.17
旋花科 Convolvulaceae	1	1	1.59
玄参科 Scrophulariaceae	1	1	1.59
百合科 Liliaceae	2	2	3.17
毛茛科 Ranunculaceae	1	1	1.59
唇形科 Labiatae	1	1	1.59
莎草科 Cyperaceae	1	1	1.59
杨柳科 Salicaceae	1	1	1.59
十字花科 Brassicaceae	2	2	3.17
列当科 Orobanchaceae	1	1	1.59
夹竹桃科 Apocynaceae	1	1	1.59
蔷薇科 Rosaceae	1	1	1.59
锁阳科 Cynomoriaceae	1	1	1.59
合计　23	51	63	100.01

（五）农业生产的水资源

1. 甘肃黄土高原农业生产的水资源

甘肃省水资源主要分属黄河、长江、内陆河 3 个流域、9 个水系。黄河流域有洮河、湟河、黄河干流（包括大夏河、庄浪河、祖厉河及其他直接入黄河干流的小支流）、渭河、泾河等 5 个水系；长江流域有嘉江水系；内陆河流域有石羊河、黑河、疏勒河（含苏干湖水系）3 个水系。全省河流年总径流量 603 亿 m³，其中，1 亿 m³ 以上的河流有 78 条。蕴藏量 1 426.4 万 kWh。黄河流域除黄河干流纵贯省境中部外，支流就有 36 条。该流域面积大、水利条件优越，但流域内绝大部分地区为黄土覆盖，植被稀疏，水土流失严重，河流含沙量大。长江水系包括省境东南部嘉陵江上源支流的白龙江和西汉水，水源充足，年内变化稳定，冬季不封冻，河道坡降大，且多峡谷，蕴藏有丰富的水能资源。内陆河流域包括石羊河、黑河和疏勒河 3 个水系，有 15 条。年总地表径流量 72.6 亿 m³，流域面积 27.11 万 km²。河流大部源头出于祁连山，北流和西流注入内陆湖泊或消失于沙漠戈壁之中。具有流程短，上游水量大，水流急，下游河谷浅，水量小，河床多变等特点，但水量较稳定，蕴藏有丰富的水能资源。地表水资源量为 194.5 亿 m³，地下水资源量为 131 亿 m³，入境水资源量为 290 亿 m³，人均水资源占有量为 830m³，人均水资源占有量仅为全国人均水平的 37.8%，平均耕地水资源量只有 5 670m³/hm²，约为全国平均耕地水资源量的 1/4，其中，黄河流域水资源量最少，人均占有量只有 750m³，耕地平均水资源量仅为 3 660m³/km²（杨林伟等，2016）。

（1）地表水资源　自产水多年平均径流量 299 亿 m³，其中，黄河年径流量 135 亿 m³，长江年径流量 106 亿 m³，内陆河年径流量 57.9 亿 m³，人均自产水量 1 500m³，居全国 22 位。入境河川径流量 304 亿 m³，自产加入境的总水量为 603 亿 m³。总体来看，全省地表水资源较少，分布也不平衡。其中，长江流域为丰水区，黄河流域为缺水区，黄土高原北部既缺地表水，又缺地下水，人畜饮水困难，是严重缺水区。地表水资源平均年径流深度 65.9mm，单位面积地表水资源占有量 6.6 万 m³/hm²，人均占有量 1 258m³，单位耕地面积地表水资源占有量 8 805m³/hm²（杨林伟，2016）。

（2）地下水及冰川资源　地下水资源 149.8 亿 m³/年，其中，河西内陆河 27.6 亿 m³/年，黄土高原 13.28 亿 m³/年，秦岭山地 61.92 亿 m³/年。在地下水资源中与河川径流不重复的资源量有 10.5 亿 m³/年，其中，北山及走廊山脉 2.06 亿 m³/年，走廊平原 4.94 亿 m³/年，黄土高原 3.51 亿 m³/年。地下水天然补给量系包括河流、渠系、田间灌溉、大气降水入渗及凝结水，总量为 149.2 亿 m³/年，其中，走廊平原地下水站给量 44.17 亿 m³/年，黄河、长江流域山间盆地和河谷潜水 17.24 亿 m³/年。高山冰川主要分布在祁连山区，冰川总面积 1 596.04km²，冰川储量 786.87 亿 m³，每年补给河西三大流域冰川融化水量约 9.5 亿 m³，占河西河川径流量 72.6 亿 m³ 的 13.1%。地下水与地表水相互联系而又相互转化，地下水的补给主要以地表水的入渗为主。从总量而言，自产地下水资源总计 169.49 亿 m³，但其中 95.4% 与径流量重复计算，不重复的地下水仅 7.77 亿 m³，其中，内陆河占 3.44 亿 m³，黄河占 3.91 亿 m³，长江占 0.42 亿 m³。河西走廊内陆河流域由于特殊的地形地貌和地质构造条件，来自祁连山的河川径流进入南部盆地后，经过河道入渗，渠系入渗，田间回归，山前侧渗，河床潜流，降水、凝结水入渗等，使大部分河川径流又补给地下水，在下游平原地区又以泉的形式溢出地表，被人们引灌或打井提取，剩余水量又流入北部盆地再次被利用，直到蒸发蒸腾殆尽。分布在甘肃省阿克塞、肃南、民乐、武威及天祝境内祁连山区及阿尔金山东段的山岳冰川是河西走廊工农业生产的重要水资

源，据中国科学院兰州冰川冻土研究所的调查，冰川共计有 2 217 条，总面积
1 596.04km²，折合水体总储量约为 669 亿 m³。冰川融水化学类型单一，矿化度
最高为 0.2g/L，水质良好。河西走廊大小 56 条河流中，直接受冰川补给的河流
有 24 条，每年补给量为 9.46 亿 m³，约占径流量的 13%。按水系分，石羊河
0.58 亿 m³，占河川径流的 3.7%，黑河 2.45 亿 m³，占 6.7%，疏勒河 6.43
亿 m³，占 31.8%（杨林伟，2016；杨振华等，2005）。

（3）灌溉资源　刘家峡、盐锅峡、八盘峡水电站和白龙江的碧口水电站，
装机容量达 212.5 万 kW，占甘肃水力总蕴藏量的 37.4%，特别是刘家峡水电厂
以发电为主，兼有防洪、灌溉、养殖综合利用效益的大型水利枢纽工程，水库容
量 57 亿 m³。利用丰富的地表、地下、冰川及水能资源，甘肃省为发展农业，从
20 世纪 50 年代起就着手改建、扩建重点渠道，合渠并口，提高引水率；60 年代
逐步改革配水制度和灌溉制度，如在河西试行"四改一建"，即改行政区划配水
为渠系配水，改过分集中轮灌为分组轮灌，改大水串灌、漫灌为沟灌、畦灌、小
块灌，改按灌溉面积收费为按灌水量收费，建立群众组织参与用水管理制度；70
年代在开展渠道防渗的同时，重点推行井渠配套、井渠混灌，开展地表水和地下
水的综合利用；80 年代大力推行了渠道防渗，完善田间工程配套，实行科学用
水，并试验示范喷灌、滴灌、低压管道输水灌溉等先进节水灌溉技术；90 年代
以来，节水灌溉进入高速发展阶段，灌溉规模不断扩大，水平不断提高，在推行
常规节水措施的同时，大力推广高效节水灌溉技术，以重点示范为突破口，带动
全省节水灌溉发展。近年来，建成了 12 个国家级节水增产重点示范县、36 个高
标准节水示范区，对 14 个大中型灌区进行了以节水灌溉为中心的工程续建配套
和更新改造。各级政府和水利部门因地制宜、合理规划、加大投入，大力兴建节
水工程，每年实际完成的节水灌溉面积在 6.67 万 hm² 以上，节水灌溉面积达
66.7 万 hm²，占有效灌溉面积的 53.9%，其中，常规节水 56.2 万 hm²，管灌 6.7
万 hm²，喷灌 2.6 万 hm²，滴灌 1.2 万 hm²，实现集雨节灌 23.3 万 hm²。全省衬
砌各级渠道 18 731km，以上节水工程年节约水量 4.68 亿 m³（刘韶斌，2006；张
国平，2009）。

2. 青藏高原柴达木盆地农业生产的水资源

柴达木盆地虽降水稀少，但山区降水相对较多。雪线以上的山峰和沟壑终年
覆盖着积雪冰川，发育大小河流水系 160 多条，其中，用于农田灌溉且多年均径
流量超过 1 亿 m³的水系有格尔木河、香日德河、察汗乌苏河、诺木洪河和巴音
河五大河流。此外，还有大格勒河、沙柳河和都兰河也是重要的灌溉水系，正常
年份基本满足农作物生育期间用水需求。

（1）可灌溉水资源　柴达木盆地干旱的地理环境，决定了该区没有灌溉便

没有农业。盆地的水源基本来自盆地周围的高山冰川融水。流向盆地的大小河流共 70 条，出山口后，大部分河水没入山麓洪积戈壁中；最后完全汇集于盆地中心的盐湖或沼泽之中。河水中的盐分及矿物质含量变化显著，仅上游、中游河水可供灌溉和饮用，下游则因矿化度高，不宜灌溉和饮用。浅层地下水，也基本上依靠河流地表水补给，一般在盆地边缘山麓地带量丰质优，盆地中心则多为咸水。根据资料，柴达木盆地可利用的浅层地下水和地表淡水数量及分布见表 3-17。柴达木盆地可利用淡水资源总量中，地表淡水为 18.037 亿 m³/a，地下浅层淡水为 17.965 亿 m³/a，合计为 36.002 亿 m³/a。这就是柴达木盆地除深层地下水外的全部可利用淡水资源总量。

表 3-17　柴达木盆地可利用的淡水资源（汪绍铭，1986）

区、段名称		地表水资源				可利用浅层地下水资源***	
		地表水量*		可利用地表水量**			
		秒地表水量（m³/s）	年地表水量（亿 m³/a）	秒地表水量（m³/s）	年地表水量（亿 m³/a）	秒可利用浅层地下水量（m³/s）	年可利用浅层地下水量（亿 m³/a）
德令哈地区	怀头他拉	0.400	0.1260	0.400	0.126	0.340	0.107
	德令哈	10.418	3.282	7.5000	2.363	5.020	1.581
	野马滩			3.000	0.945	1.610	0.507
希-赛盆地地区	希里沟-赛什克	2.786	0.878	1.800	0.567	1.060	0.334
查查香卡地区	查查香卡	2.124	0.669	1.500	0.473	1.390	0.438
都兰-香日德地区	都兰-夏日哈	5.200	1.638	3.800	1.197	2.780	0.785
	香日德	11.663	3.674	7.200	2.268	5.700	1.795
宗加-诺木洪地区	可尔沟-洪水河	4.925	1.551	2.200	0.693	2.460	0.775
	诺木洪	5.863	1.847	4.000	1.260	2.630	0.828
大格勒-格尔木地区	大格勒-五龙沟	1.769	0.557	1.000	0.315	0.660	0.208
	大水沟	0.988	0.311			0.750	0.236
	格尔木	23.174	7.300	6.860	2.161	0.060	1.909
拖拉海-大灶火地区	拖拉海-清水泉	1.711	0.539			0.640	0.202
	大灶火	0.818	0.258			0.610	0.192

（续表）

区、段名称		地表水资源				可利用浅层地下水资源***	
		地表水量*		可利用地表水量**			
		秒地表水量（m³/s）	年地表水量（亿 m³/a）	秒地表水量（m³/s）	年地表水量（亿 m³/a）	秒可利用浅层地下水量（m³/s）	年可利用浅层地下水量（亿 m³/a）
小灶火-乌图美仁地区	小灶火-白沙河	0.694	0.304			0.560	0.176
	那仁灶火	0.135	0.043			0.500	0.157
	乌图美仁-那仁格勒	36.500	11.498	8.400	2.646	7.840	2.470
塔尔丁-甘参地区	塔尔丁-甘参	3.401	1.071	1.300	0.409	1.850	0.583
茫崖-阿拉尔地区	茫崖	0.343	0.108			0.110	0.035
	孕斯库勒湖南	1.328	0.418			0.680	0.214
	阿拉尔	7.784	2.452	3.800	1.197	4.360	1.373
	阿哈堤	0.030	0.009			0.030	0.009
冷湖地区	冷湖	0.143	0.045			0.140	0.044
花海子-苏干湖地区	花海子	12.726	4.009	1.700	0.536	5.260	1.657
鱼卡-马海地区	鱼卡	3.470	1.093			1.100	0.346
	马海			1.000	0.315	0.770	0.243
大、小柴旦地区	大柴旦	0.623	0.196			1.080	0.340
	小柴旦	3.680	1.159	0.800	0.252	0.800	0.252
全集地区	全集	0.243	0.007			0.240	0.076
合计		143.209	45.111	57.260	18.037	57.030	17.965

注：*为河流出山口进入盆地时水量。**为河流出山口后渗入洪积戈壁后余下的水量。***为埋深 120m 以内的地下水量。

（2）水资源的分布 盆地中的主要水系有：东西台吉乃尔湖水系，由盆地最大河流那仁郭勒河和一些小河组成；东西达布逊湖水系，由乌图美仁河、托拉海河、格尔木河及大小灶火河等组成；南北霍鲁逊湖水系，由大格勒河、诺木洪河、香日德河、察汗乌苏河、沙柳河等组成；孕斯库勒湖水系，主要由铁木里可河、曼特里克河等组成；苏干湖水系，主要由大、小哈尔腾河组成；宗马海湖水系，主要由鱼卡河、嗷唠河组成；托索湖水系，由巴音河、巴勒更河等组成；还有大、小柴旦湖水系，都兰湖水系等。前三大水系河网发育，水量比较丰沛，其他水系河网稀疏，盆地中部出现大面积无流区。降水是河川径流的总补给源，但由于降水的时空变化及河流水文情势影响不同，盆地河川径流的补给源随着流域海拔高程的变化，自然条件和降水方式的不同，呈显著的垂直地带性规律：高山地带以冰雪融水补给为主，低山地带则以雨水补给为主，中山地带除上述两种补给外，还有季节积雪融水补给，河流在出山口处，其径流往往不是单一的补给，而是包括地下水补给在内的混合补给。

（3）水资源的特点　数目多而分散。流程短而水量小。受地理位置、地形、降水的影响，盆地河流具有数目多而分散，流程短而水量小的特点。发源于盆地四周山区的大小河流共有160余条，多数河流为季节性河流，其中，常年有水的43条，湖泊成为各河水量的归宿地，四周山区降水多，高山终年积雪，冰川广布，河流均源于此，流向盆地中部，在山区河网密度大，河流出山口后，水量一般逐渐减少或变为季节性河段或中途消失，河道多呈扇状或瓣状分流。

水资源分布不均匀。从总量上来看，盆地水资源相对丰富，但水资源在盆地中的空间分布很不均匀，尤其是在时间上。盆地河流均系独立水系，彼此互不相通。茫崖冷湖荒漠区是整个柴达木盆地中年降水量最低，年蒸发量最高的区域，分别为65mm和1 723mm。柴达木河都兰区年径流量达10.37亿 m^3，且地下水资源丰富，为可利用水资源最高的区域。

水资源总量丰富。柴达木盆地年平均地表径流量为46.97亿 m^3，多年平均地表水资源为44.1亿 m^3，丰水年为52.49亿 m^3，平水年为43.78亿 m^3，枯水年为29.66亿 m^3。全区河流水质良好，矿化度为0.2~0.7g/L，pH值为7.5~8，有害物质未超标，为理想的饮用及工农业生产用水，地下水资源总量为每年38.97亿 m^3。该地区湖泊较多，以盐湖为主，湖水总储量为107亿 m^3，其中，淡水为90亿 m^3，淡水湖主要分布在盆地南缘昆仑山麓，可鲁克湖为盆地内最大的淡水湖；咸水湖和盐水湖集中分布在盆地中心低洼地带，是地表水和地下水的汇集区。冰川是该地区主要补给水源之一，发育在柴达木盆地的现代冰川有1 453条，主要分布在祁连山和昆仑山北坡，总面积1 358.46km²，储量1 135亿 m^3，年融水量9.18亿 m^3，具有固体水库的作用。

（4）河流资源　据资料统计，盆地积水面积在500hm²以上的河流有53条，其中，常年有水的河流有40余条，年径流超过1亿 m^3 的河流有8条，分别为那仁郭勒河、格尔木河、香日德河、哈尔腾河、巴音河、诺木洪河、察汗乌苏河、塔塔棱河。另外，新疆维吾尔自治区入境的斯巴利克河和阿达滩河，年径流均超

过 1.0 亿 m³，在入境前已潜入地下，入境后溢出，形成集泉河。

（5）高山冰雪融水资源　柴达木盆地冰川水资源较丰富，主要分布在那仁郭勒河、格尔木河、哈尔腾河、塔塔棱河等河源区，冰川融水量 6.542 亿 m³，占盆地河流径量的 14.8% 以上，对上述各河的补给比较明显。在低温湿润年份，热量不足，盆地冰川消融微弱，大量固态水储存在"天然固体水库中"；而旱年，山区晴朗天气增多，气温高，冰川消融强烈，释放大量融水以调节因干旱而缺水的河流。因此，冰川对保证干旱少雨的盆地工农业和生态环境用水具有十分重要的意义。

二、北方高原常规栽培技术

（一）选地整地

1. 选地

（1）甘肃省藜麦生产布局及选地　藜麦作为特色小杂粮，甘肃省从 2013 年开始小规模种植，由于其蛋白质含量高，营养均衡，含有人体必需的 9 种氨基酸，营养价值高，有相当数量的消费需求和群体，加之甘肃省生产的藜麦品质好，种植县区和规模逐年增多。目前，藜麦在甘肃省 14 个市（州）的 40 多个区（县）均有不同规模种植，形成了三大优势产区：即陇中（属盆地型高原，海拔 1 500~2 000m）、陇东干旱和半干旱区（为半干旱、半湿润的温带大陆性气候，海拔 890~2 857m），河西走廊沿祁连山绿洲灌溉区（典型内陆干旱区，海拔 900~3 600m），天祝、临夏和甘南等高寒阴湿区（高寒阴湿、气候冷凉，海拔 2 000~2 780m）三大优势种植区。其中，陇中、陇东干旱和半干旱区属全省小杂粮生产基地，可充分发挥藜麦抗逆性尤其是抗旱优势，适宜发展粮用型藜麦；河西走廊沿祁连山绿洲灌溉区日超长、温差大、热量条件充足，属全国著名繁种基地，藜麦产量可高达 400kg/亩以上，适宜发展粮用型藜麦；天祝、临夏和甘南等高寒阴湿区降水分布不均匀，区域内气候条件差别明显，藜麦籽粒较大，商品性好，介于处于农牧交错区，适宜发展粮饲兼用型藜麦。据统计，2019 年甘肃藜麦种植面积 9 万余亩，占全国藜麦种植面积的 40%，总产 13 582t，平均亩产 150kg，其中，天祝县种植 6.4 万亩，东乡县 4 500亩、山丹县 5 000亩。2020 年，甘肃藜麦播种面积预计在 15 万亩左右，预计总产 2.25 万 t，种植面积较大的县区约 22 个，其中，天祝县 11.6 万亩、东乡县 1.3 万亩、通渭 5 514亩、临潭县和平川区各 3 000亩。3 000亩以上的县（区）7 个，5 000亩以上的县（区）3 个，10 万亩以上的 1 个，共建成集中连片千亩标准化示范片 15 个，面积 2.62 万亩（赵婧等，2020）。甘肃省藜麦三大优势产区生态条件、气候因素等均有较大差别，因此，种植藜麦时的选地存在差别。其中，陇中、陇东干旱和半干旱区应选择地势平坦、土层深厚、土质疏松、土壤理化性状良好，保水保肥能力强，坡度在 15°以下的平地、梯田、川地、塬地、沟坝地等平整土地，5～20cm 土层土壤含水量 150～200g/kg 为宜（魏玉明等，2015）；河西走廊沿祁连山绿洲灌溉区适宜选择排灌方便、土层深厚、土质疏松、肥力中上、保水保肥性能好的地块种植藜麦（盛长存，2019）；天祝、临夏和甘南等高寒阴湿区适宜选择耕作层深厚、土壤疏松、光照充足、通风良好、中等或中上等肥力的地块，确保土壤养分充足（赵军等，2020）。

（2）青海藜麦生产布局及选地 青海省从 2011 年引种藜麦，为了解藜麦这一新型作物在青海省不同生态区是否适宜种植，借助于青海省科技厅科技成果转化项目，选用在前期引进资源田间农艺、产量性状鉴定基础上筛选出的表现较好品系（资源）10 份，分别在西宁（东部农业区水地）、海东互助卓扎滩（东部农业区半浅半脑）、平安巴藏沟乡（东部农业区脑山）、贵南沙沟乡（三江源地区）、海北西海镇（环青海湖地区）、海西乌兰希里沟镇（柴达木盆地）、德令哈尕海镇（柴达木盆地）、格尔木河东宝库乡（柴达木盆地）8 个点 6 个生态区开展了适应性鉴定，以便确定藜麦在青海省的种植区域布局（表3-18）。通过适应性鉴定明确了藜麦在本省的种植区划与布局，其中，东部农业区，藜麦适宜种植在气候条件好，海拔 2 270～2 610m，年降水量小于250mm、7—10 月降雨小于 160mm 的河湟流域灌区，可同时获得较好的籽粒和饲草产量，适宜发展藜麦籽粒和秸秆饲料生产；环湖农业区的祁连山地，海拔2 900m，气候条件较差，藜麦能正常生长，但植株矮小，且结实差，适宜发展藜麦秸秆饲料生产，海南台盆地热量条件好，海拔 2 700m，可同时获得较好的籽粒和饲草产量，适宜发展藜麦籽粒和秸秆饲料生产；三江源地区由于气候冷凉，海拔 3 210m，藜麦不能正常成熟，且易受冻害，但能获得较好的生物产量，适宜发展藜麦秸秆饲料生产；柴达木灌区海拔 2 800～2 960m，能正常生长成熟，产量高、品质优良，籽粒饱满、光泽度佳、籽粒商品性好，是藜麦最适宜种植区，适宜发展藜麦籽粒和秸秆饲料生产。在试验成功的基础上，2015 年，种植面积达到 7 000 亩，2020 年，青海省藜麦种植面积 3.47 万亩，其中，海西州柴达木盆地 2.97 万亩，占总种植面积的 85.6%，都兰县为青海省藜麦主产区，种植面积 1.81 万亩；东部农业区、海南台地等地区种植面积约 5 000 亩，占总种植面积的 14.4%。青海省藜麦主要种植于海西州柴达木绿洲农业灌溉区，故选地时多选择地势平坦、土壤肥力中等或中上等，透气性好、不板结、排灌方便的沙壤土或壤土为宜，pH 值 7.5～8.5，土层深厚且避风、向阳的豆类、薯类或油料作物茬口的地块。

表 3-18　青海高原藜麦适应性鉴定表（姚有华，2017）

试验地点	生态区	海拔（m）	年均温（℃）	降水量（mm）	综合评价
西宁（二十里铺）	湟水灌区	2 270	6.3	380.0	轻微穗发芽，7—10 月降水量 220mm
互助卓扎滩	中低位山旱地	2 610	3.4	534.2	正常生长成熟，7—10 月降水量 140mm
平安区巴藏沟乡	高位山旱地	2 643	3.2	181.2	春旱严重、不能正常出苗
贵南县沙沟乡	黄河谷地	2 700	6.0	395.0	热量条件好，成熟期降水量少
海北西海镇	环湖高寒区	3 210	-0.45	380.0	正常出苗、气候冷凉、不能成熟
乌兰县希里沟镇	柴达木灌区	2 960	3.5	159.3	正常生长成熟、粮草双高
德令哈市尕海镇	柴达木灌区	2 870	3.8	120.0	正常生长成熟、粮草双高
格尔木河东宝库乡	柴达木灌区	2 800	3.7	41.5	正常生长成熟、粮草双高

2. 茬口选择

藜麦种植过程中应选择质量较好的茬口进行种植，通常以前茬为豆类、薯类最佳，豆类和薯类作物有固氮作用，能够有效地将土壤中的氮元素聚集起来，从而对杂草进行预防。藜麦种植尤其忌重茬，不适宜连作，因此在选茬和栽培过程中，应选用前茬为玉米、小麦、青稞、大豆、向日葵、油料、薯类、菜类等的作物茬口或轮歇地，并与以上作物进行常年轮作，才能获得较高的产量。同时，由于藜麦对除草剂较敏感，在选茬过程中尽量避免选择喷洒过高残留除草剂农药的作物茬口，最好选择 2~3 年没有施用过除草剂的作物茬口。前茬种植菠菜、甜菜等同科作物的地块，也不宜种植藜麦（魏玉明等，2015；黄朝斌等，2018；盛长存，2019；赵军等，2020）。

3. 整地

北方高原地区藜麦种植前，整地作业实行秋整地和播前春整地相结合的方式。甘肃省黄土高原地区秋整地一般于备选种植藜麦地块前茬作物收获后，及时深耕灭茬，耕深 25~30cm，做到耕透耙透、土地平整，耕后及时耙糖，然后利用旋耕镇压，蓄水保墒，为其下一季生长创造有利的条件；春整地一般于藜麦播种前 1~2d 开展，利用旋耕机浅耕，耕深 15~20cm，使表土细碎、上虚下实，耕后耙糖平整，旋耕镇压一次，保证地面平整，无坷垃、无秸秆、无杂草等（魏玉明等，2015；盛长存，2019；赵军等，2020）。青海柴达木灌区秋整地一般在前茬作物收获后，进行深翻，耕深 30cm 左右，耕后及时耙糖，并于 11 月中旬后土壤夜冻昼消时灌溉，浇透、浇匀后自然上冻保墒，次年解冻期间使用机械将土地抹平做好保墒工作；春整地于藜麦播种前 1~2d 浅旋耕，耕深 20cm 左右，耕后及时耙糖并镇压，播前精细整地，旋匀耙平，要求达到透、净、细、实、平、足，即旋透耙透、无杂质（把前茬根、塑料等杂质彻底清理）、表土细碎、上虚下实、土地平整、墒情充足，并打埂作畦，做好播种准备（黄朝斌等，2018）。

（二）选用优良品种

1. 陇藜 1 号

审定编号 甘认藜 2015001。

品种来源 2010 年从玻利维亚引进的高代藜麦品种 Puno，系统选育而成。

选育单位 甘肃省农业科学院畜草与绿色农业研究所，杨发荣、黄杰、魏玉明、刘文瑜、金茜。

熟期类型 属中晚熟品种，生育期 128~140d。

形态特征 显序期顶端叶芽呈紫色，成熟期茎秆红色，植株呈扫帚状，株高 181.2~223.6cm，序状花序，主梢和侧枝都结籽，自花授粉；植株苗期生长缓慢，出苗需要 8~12d，分枝期后迅速进入营养生长，叶色嫩绿，成熟后叶秆变红；籽粒集中于植株顶部及分枝末端；种子为圆形药片状，直径 1.5~2.2mm，千粒重 2.4~3.46g。

抗性表现 经甘肃省农业科学院植物保护研究所鉴定，陇藜 1 号在田间表现为抗霜霉病和叶斑病，抗病能力强；在多点区域试验和生产试验中，陇藜 1 号植株抗倒伏，再生能力强；具有耐寒、耐旱、耐盐碱、耐瘠薄等特性，能忍受 -4℃低温，最适生长温度为 14~18℃，适应性广，各种土壤均可种植，可耐受土壤酸碱度 pH 值 4.5~9.8；抗病虫害。

产量和品质 在甘肃省藜麦品种区域试验中，平均亩产 133.8kg，比对照增产 9.6%；生产试验中，平均亩产 152kg，比对照增产 10.1%，其中，最大单株产量达到 425.5g。陇藜 1 号籽粒饱满，落黄正常，是优质完全蛋白碱性食物，胚乳占种子的 68%，膳食纤维素含量高达 7.1%，籽粒含粗蛋白 171.5~187.8g/kg、脂肪 56.5~59.3g/kg、赖氨酸 5.5~6.9g/kg、全磷 4.5~6.8g/kg、千粒重 3.46g。

适宜种植地区 适宜在康乐县、永靖县、民乐县、永昌县、天祝县、宁县、兰州周边等海拔 1 500m 以上的区域大面积推广。

2. 陇藜 2 号

审定编号 甘认藜 2016004。

品种来源 2010 年，从玻利维亚引进的高代藜麦品种 UNC-23，变异单株系统选育而成。

选育单位　甘肃省农业科学院畜草与绿色农业研究所，杨发荣、黄杰、魏玉明、刘文瑜、金茜。

熟期类型　属晚熟品种，生育期 152~160d。

形态特征　显穗期顶端叶芽呈绿色，植株呈扫帚状，株高 198~243.5cm，序状花序，主梢和侧枝都结籽，自花授粉；种子为圆形药片状，直径 1.6~2.4mm，千粒重 2.94~3.32g，单株平均穗粒数 11 514粒。

抗性表现　平均倒伏（折）率小于 3%；抗病性经甘肃省农业科学院植物保护研究所鉴定，在自然发病条件下，叶斑病病情指数为 5.2，霜霉病病情指数为 10.1，均较对照品种（叶斑病病情指数为 20.6、霜霉病病情指数为 26.2）降低，鉴定结果为田间对叶斑病及霜霉病表现抗病，抗性水平明显高于对照品种。

产量和品质　甘肃省藜麦品种区域试验中，平均产量为 179.9kg/亩，比对照增产 6.7%；生产试验中，平均产量为 163.2kg/亩，比对照增产 7.7%。籽粒粗蛋白（干基）含量为 165.10g/kg、粗脂肪（干基）含量为 52.00g/kg、粗灰分（干基）含量为 34.17g/kg、赖氨酸（干基）含量为 7.00g/kg、全磷（干基）含量为 5.62g/kg。

适宜种植地区　适宜在康乐县、民乐县、宁县、永登县、兰州周边及气候条件类似的区域大面积推广。

3. 陇藜 3 号

审定编号　甘认藜 2016005。

品种来源　2010 年从玻利维亚引进的高代藜麦材料 Faro，系统选育而成。

选育单位　甘肃省农业科学院畜草与绿色农业研究所，杨发荣、黄杰、魏玉明、刘文瑜、金茜。

熟期类型　生育期 96~116d，属早熟品种。

形态特征　植株呈扫帚状，成熟期茎秆及穗呈金黄色，株高 110.4~162.7cm，序状花序，主梢和侧枝都结籽，自花授粉；种子棕黄色，圆形药片状，直径 1.4~2.1mm，千粒重 2.26~2.72g，单株平均穗粒数 12 574粒。

抗性表现　平均倒伏（折）率小于 3%；抗病性经甘肃省农业科学院植物保护研究所鉴定，在自然发病条件下，叶斑病病情指数为 8.8，霜霉病病情指数为 8.2，对照品种叶斑病病情指数为 20.6，霜霉病病情指数为 26.2，鉴定结果陇藜 3 号在田间对叶斑病及霜霉病表现为抗病，抗性水平明显高于对照品种。

产量和品质　甘肃省藜麦品种区域试验中，平均产量为 159.2kg/亩，比对照增产 11.5%；生产试验中，平均产量为 151.1kg/亩，比对照增产 11.4%。籽粒粗蛋白（干基）含量为 166.9g/kg，粗脂肪（干基）含量为 60.17g/kg，粗灰分（干基）含量为 32.7g/kg，赖氨酸（干基）含量为 6.42g/kg，全磷（干基）含量为 6.63g/kg。

适宜种植地区　适宜在甘肃（康乐县、民乐县、宁县、定西地区、甘南合作地区、兰州周边及其气候条件类似区域）、北京、山西、河北、内蒙古、浙江、新疆、四川、吉林及青海东部等无霜期>120d，降水量 250mm 以上，海拔 1 200~2 400m 的山地、川地种植。

4. 陇藜 4 号

审定编号　甘认藜 2016006。

品种来源　2010 年从玻利维亚引进的高代藜麦材料 LUR-10，系统选育而成。

选育单位　甘肃省农业科学院畜草与绿色农业研究所，杨发荣、黄杰、魏玉明、刘文瑜、金茜。

熟期类型　生育期 108~121d，属早熟品种。

形态特征　植株呈扫帚状，株型紧凑，根系浅根系，成熟期茎秆黄色，株高 138.6~176.8cm，序状花序，主梢和侧枝都结籽，自花授粉；种子圆形药片状，直径 1.4~2.2mm，千粒重 2.97~3.34g，单株平均穗粒数 12919 粒。

抗性表现　平均倒伏（折）率<4%；抗病性经甘肃省农业科学院植物保护研究所鉴定，在自然发病条件下，叶斑病病情指数为 6.4，霜霉病病情指数为 10.6，对照品种叶斑病病情指数为 20.6，霜霉病病情指数为 26.2，鉴定结果陇藜 4 号在田间对叶斑病及霜霉病表现为抗病，抗性水平明显高于对照品种。

产量和品质　甘肃省藜麦品种区域试验中，平均产量为 194.2kg/亩，比对照增产 15.2%；生产试验中，平均产量为 174.8kg/亩，比对照增产 14.5%。籽粒粗蛋白（干基）170.3g/kg、粗脂肪（干基）64g/kg、粗灰分（干基）35g/kg、赖氨酸（干基）6.2g/kg、全磷（干基）5.9g/kg。

适宜种植地区　适宜在甘肃（康乐县、民乐县、宁县、永登县、兰州周边及其气候条件类似区域）、山西、河北、内蒙古、四川、贵州及青海东部等无霜期>120d，降水量 250mm 以上，海拔 1 600m 以上的冷凉地区的山地、川地种植。

5. 条藜 1 号

审定编号　甘认藜 2016001。

品种来源　2012 年从加拿大引进藜麦品种 Davequinoa，系统选育而成。

选育单位　甘肃条山农林科学研究所，沈宝云、李志龙、郭谋子、胡静、张世辉、王海龙、康小华、陈霞珍、马绍丽、袁海丽。

熟期类型　生育期 124~132d，属中早熟品种。

形态特征　植株呈扫帚状，子叶狭长，真叶边缘锯齿状明显，叶色较深，显序期顶端叶芽呈褐紫色，聚伞花序，自花授粉，成熟时植株茎秆、叶片和穗都转为酒红色；株高 158~182cm，主穗长 39~46cm，分枝少，耐密植，成熟期较一致，籽粒直径为 1.88~2.03cm，黄白粒，千粒重 2.85~3.45g，平均单株产量 27.24~32.16g。

抗性表现　耐旱、耐寒、耐瘠薄、耐盐碱，耐霜霉病，抗倒伏，平均倒伏（折）率小于 2%；经甘肃省农业科学院植物保护研究所进行田间鉴定，病情指数为 45，对霜霉病中抗，抗性与对照品种（病情指数为 48）相当，该品种表现为早熟、产量高、品质优、抗倒伏、抗病虫害等特性。

产量和品质　甘肃省藜麦品种区域试验中，平均产量为 179.9kg/亩，比对照增产 11.4%；生产试验中，平均产量为 193kg/亩，比对照增产 9.5%；生产中最高亩产量可达 201.6kg/亩。籽粒粗蛋白（干基）14.72%~17.04%，粗脂肪（干基）6.55%~7.63%，赖氨酸（干基）0.56%~0.57%，磷（干基）340~547.09mg/100g。

适宜种植地区　适宜在甘肃省榆中、天祝、渭源、山丹、景泰等海拔 1 500m 以上、无霜期在 105d 以上地区，或相似的生态区域种植。

6. 条藜 2 号

审定编号　甘认藜 2016002。

品种来源　2012 年从加拿大引进藜麦种质资源 White quinoa，经系统选育而成。

选育单位　甘肃条山农林科学研究所，沈宝云、李志龙、郭谋子、胡静、张世辉、王海龙、康小华、陈霞珍、马绍丽、袁海丽。

熟期类型　生育期 110~115d，属早熟品种。

形态特征　植株呈扫帚状，真叶为嫩绿色，下部叶片呈菱形，边缘为齿状，上部叶片呈矛尖形，株高 121~156cm，三角锥形花序，穗密度紧实，主穗长 38~47cm，成熟后穗部转为黄白色；种子为圆形药片状，籽实大，直径为 2.05~2.63mm，籽粒种皮为奶白色，千粒重 3.9~4.6g，耐密植，平均单株产量 27.98~42.34g。

抗性表现　耐霜冻、耐旱、综合抗病能力较强、抗倒伏的特点，其平均倒伏和折断率小于 2%；经甘肃省农业科学院植物保护研究所进行田间鉴定，病情指数为 45，对霜霉病中抗，抗性与对照品种（病情指数为 48）相当，该品种表现为抗倒伏、抗病虫害等特性。

产量和品质　甘肃省藜麦品种区域试验中，平均产量为 186.6kg/亩，比对照增产13.1%；生产试验中，平均产量为199.6kg/亩，比对照增产13.3%；生产中最高亩产量可达216.1kg/亩。籽粒粗蛋白（干基）14.84%~17.16%，粗脂肪（干基）5.26%~5.67%，赖氨酸（干基）0.43%~0.61%，磷含量199~556.96mg/100g。

适宜种植地区　适宜在甘肃省天祝、山丹、景泰等海拔1 600m以上同类型的生态区域种植。

7. 青藜1号

审定编号　青审藜2016001。

品种来源　2009年青海三江沃土生态农业科技有限公司和山西稼祺农业科技有限公司从玻利维亚引进藜麦种质资源50份，通过驯化筛选和系统选育而成。

选育单位　青海三江沃土生态农业科技有限公司、山西稼祺农业科技有限公司，黄朝斌、武祥云、刘本溪、魏窦兴、王卫东、党永花、冷新民、印明忠、魏忠慧、王其才、陈金良、贺培洋、赵晋萍、岳掌印、武安邦、李英姿。

熟期类型　生育期130~150d，属晚熟品种。

形态特征　株高160~175cm，单株分枝5~15个；穗状花序，穗黄色，主穗长38.5cm；籽粒黄色，千粒重3.3~3.7g，单株产量70~100g；叶片形似鸭掌，序状花序，主梢和侧枝都结籽。

抗性表现　根系较发达，抗倒伏性能较强；耐旱性、耐寒性、耐盐碱性较好；经抗病（虫）害鉴定，田间病害主要有霜霉病、叶斑病，虫害主要有叶甲、潜叶蝇等，抗病虫能力中等。

产量和品质　青海省藜麦区域试验中，平均产量为257.2kg/亩，2015年在格尔木河西农场种植1.37hm²，平均产量达541kg/亩，2017年在乌兰县希里沟镇西庄种植8.3hm²，平均产量为320kg/亩。经中国科学院西北高原生物研究所分析测试中心2015年检测，籽粒蛋白质14.8g/100g，粗纤维2.73%，能量1 561kJ/100g，谷氨酸2.02%，赖氨酸1.06%，17种氨基酸总量11.07%，富含多种维生素和钙、锌、铁等多种微量元素。

适宜种植地区　适宜在青海省海拔2 700~3 200m的柴达木盆地灌区种植。

8. 青藜2号

审定编号　青审藜麦2016002。

品种来源　2012年从西藏农牧学院收集混杂资源，通过"株系循环双向选优法"，结合套袋自交纯化，系统选育而成。

选育单位　青海省农林科学院作物育种栽培研究所、青海省海西自治州种子站、青海昆仑种业集团有限公司，姚有华、刘洋、张玉清、迟德钊、党斌、闫殿海、魏窦兴、王发忠、翟西君、王其才、徐仁海、逯克安、周建峰、董琼、李小飞。

熟期类型　生育期 120~130d，属早熟品种。

形态特征　株高、穗型、穗色、粒色等性状表现一致，田间整齐度好；开花期穗色和茎秆呈深红色，成熟期穗色和茎秆呈金黄色；无效分枝少，株型紧凑，株高 170~180cm；穗型中散，穗长 50~55cm；籽粒白色，圆形药片状，直径 2.2~2.5mm，千粒重 3.2~3.8g。

抗性表现　叶斑病发病率 4%，病情指数 16.5，对照品种叶斑病发病率为8%，病情指数 29.7，较抗叶斑病；分枝少、株高适宜、抗倒伏能力强。

产量和品质　青海省藜麦区域试验中，平均产量为 224.27kg/亩，生产试验中，平均产量 186.68kg/亩；在乌兰县希里沟镇实收测产，实收产量 267kg/亩；2017 年在海西州都兰县巴隆乡科尔村开展高产创建，实测样方面积 7.89 亩，实收产量 348.5kg/亩。籽粒蛋白质含量 15.43%，淀粉含量 17.2g/100g，脂肪含量6.8%，纤维含量 3.1%，灰分 2.8g/mg，维生素 E 含量 2.49mg/100g；钙含量0.715g/kg，镁含量 1.85g/kg，铜含量 4.67mg/kg，铁含量 42.8mg/kg，锌含量22.7mg/kg，磷含量 3.44g/kg，钾含量 9.66g/kg，钠含量 0.108g/kg，锰含量28.1mg/kg；天门冬氨酸含量 0.77%，谷氨酸含量 1.43%，丝氨酸含量 0.38%，甘氨酸含量 0.51%，精氨酸含量 0.85%，苏氨酸含量 0.35%，脯氨酸含量 0.35%，丙氨酸含量 0.39%，缬氨酸含量 0.47%，甲硫氨酸含量 0.1%，半胱氨酸含量 0.04%，异亮氨酸含量 0.40%，亮氨酸含量 0.63%，苯丙氨酸含量 1.14%，组氨酸含量0.70%，赖氨酸含量 0.57%，酪氨酸含量 0.35%，17 种氨基酸总量 9.43%。

适宜种植地区　适宜在青海省柴达木灌区推广种植。

9. 青白藜 1 号

审定编号　青认备 2018001。

品种来源　2014 年从西藏农牧学院引进藜麦品种贡扎 3 号，选择变异单株，通过"株系循环双向选优法"，结合套袋自交纯化，系统选育而成。

选育单位　青海大学农林科学院（青海省农林科学院）、青海高远锦禾生态农牧科技有限公司、青海昆仑种业集团有限公司、青海省海西自治州种子站、姚有华、李晓伟、魏窦兴、白羿雄、史程、姚晓华、张玉清。

熟期类型　生育期 120~125d，属早熟品种。

形态特征　植株呈扫帚状，开花期穗色和茎秆呈暗黄色，成熟期穗色和茎秆呈金黄色；序状花序，主穗和分枝都结籽，常异花授粉；无效分枝少，株型紧凑，株高（180±5）cm。穗型紧凑，穗长（60±5）cm；籽粒纯白色，圆形药片状，籽粒大小均匀、饱满，直径 2.2~2.5mm，千粒重（3.5±0.3）g。

抗性表现　经实地调查，田间长势良好，有叶斑病发生危害，普遍率约10%左右，对照品种叶斑病发病普遍率约15%，抗叶斑病能力较强；无蚜虫等虫害发生；分枝少、株高适宜、抗倒伏能力强。

产量和品质　青海省藜麦区域试验中，平均产量为303.4kg/亩，生产试验中，平均产量311.3kg/亩；2017年，在海西州都兰县巴隆乡科尔村开展高产创建，实测样方面积2.69亩，实收产量411.30kg/亩；2016—2017年连续2个生长季，在都兰县巴隆乡科尔村大面积示范300亩和800亩，平均亩产量分别达356.1kg和372.6kg。籽粒蛋白含量13.7g/100g，脂肪含量5.5g/100g，纤维含量3.1g/100g，灰分含量2.9g/100g，钠含量2.96mg/100g。

适宜种植地区　适宜在青海省柴达木盆地灌区和年降水量小于250mm，7—10月降水量小于160mm的河湟流域灌区推广种植。

（三）播期选择

在北方高原一熟制地区，藜麦种植基本上实行春播，具体播种日期因地而异。甘肃黄土高原地区藜麦适宜播种期为3月下旬至5月下旬，一般在耕层5～10cm地温稳定通过10℃左右时抢墒播种。青海柴达木灌区藜麦适宜播种期为4月中旬至5月上旬，一般在种植区气温稳定通过3℃时，抢墒顶凌播种（魏玉明等，2015；黄朝斌等，2018；盛长存，2019；赵军等，2020）。

1. 播期对藜麦生育期的影响

一般随着播期的推迟，生育期逐渐缩短，并且主要是营养生长阶段的缩短。不同熟期类型的品种应该有适宜的播期范围。黄杰等（2015）选用玻利维亚引进的高代藜麦品系Puno，设置4月17日（D_1）、4月27日（D_2）、5月7日（D_3）3个播期，通过不同播期对藜麦物候期的调查发现，不同播期对藜麦的生育期有一定影响，播种时间最早和最晚的藜麦均可以同时成熟，D3处理播种—分枝历时较D_1、D_2处理分别缩短了8d和4d，初花期D3处理较D1、D2处理分别缩短了12d和7d，不同播期下藜麦基本同时成熟，最晚种植和最早种植藜麦生育期相差20d，提前播种对藜麦的收获时间并没有较大影响，不同播期藜麦的生育期有差异，为140～160d。任永峰等（2018）选用旱藜1号品种，通过设置4月18日（S_1）、4月23日（S_2）、4月28日（S_3）、5月3日（S_4）、5月8日（S_5）、5月13日（S_6）、5月18日（S_7）、5月23日（S_8）、5月28日（S_9）和6月2日（S_{10}）10个播期，调查藜麦在不同播期下的生育期差异发现，由于藜麦在生殖生长阶段同时伴随着形态建成，不能将生殖生长和营养生长阶段明显分割，藜麦营养生长阶段为播种至显穗期，生殖生长阶段为开花期至成熟期，早播处理（S_1至S_3）营养生长阶段为90～97d，生殖生长阶段为48～57d，常规处理

（S_4 至 S_7）营养生长阶段为 82~89d，生殖生长阶段为 41~48d，晚播处理（S_8~S_{10}）营养生长阶段为 79~80d，生殖生长阶段为 35~38d；不同播期下生育时期经历日数差异较大的为播种—苗期和灌浆—成熟期两个阶段，播种—苗期阶段时长顺序为 $S_3>S_1>S_2/S_4/S_5>S_6>S_7>S_8>S_9/S_{10}$，灌浆—成熟期阶段时长顺序为 $S_1>S_2>S_3/S_4>S_5>S_6>S_7>S_8>S_9$，总体均表现为早播长于常规和晚播，早播处理较常规和晚播处理两个阶段平均分别多 3.4~8.4d 和 9~15.8d，另外，早播处理营养生长和生殖生长阶段长于常规和晚播处理，分别多 7.8~14.4d 和 9~17.8d；播期与生育时期持续时间呈极显著负相关，即随着播期的推迟，藜麦生育时期总体呈缩短趋势，其中，播期与开花期无显著相关关系，播期与积温在成熟期呈极显著负相关，在灌浆期呈显著性负相关，在分枝期呈显著正相关，在开花期呈极显著正相关，全生育期呈极显著负相关，即随着播期推迟，全生育期积温呈减少趋势，且各生育时期中灌浆至成熟期影响最为明显，其次为开花至灌浆期，除晚播处理 S_{10} 植株不能正常成熟，未能完成其整个生育周期外，其他 9 个播期处理均能够完成整个生育周期，处理（S_1 至 S_9）藜麦大田生育期为 114~150d，处理 S_{10} 灌浆期起始于 8 月 28 日，9 月 10 日左右易遇低温，植株养分积累变缓，生长受抑制，不能正常灌浆和成熟。马成（2019）选用陇藜 1 号品种，设置 4 月 5 日（CK，S_1）、4 月 15 日（S_2）、4 月 25 日（S_3）、5 月 5 日（S_4）和 5 月 15 日（S_5）5 个播期，通过不同播期对藜麦生育期的影响发现，播期越迟，全生育期越长，不同播期下，藜麦全生育期时长顺序为 $S_5>S_4>S_3>S_2>S_1$，说明播期越迟，全生育期越长，S_5 的生育期最长，较最早播期的 S_1 全生育期长 17d，其次是 S_4、S_3、S_2，分别较最早播期的 S_1 全生育期长 9d、5d、2d。王倩朝等（2020）选用陇藜 1 号品种，通过设置 5 月 5 日、5 月 15 日、6 月 10 日、9 月 10 日、9 月 25 日和 11 月 10 日 6 个播期，发现藜麦随播种期的延迟，生育期有先缩短后增加趋势，11 月 10 日播种的藜麦生育期相对最长，极显著长于其余 5 个播期，5 月 5 日、5 月 15 日和 9 月 10 日播种的生育期极显著长于 6 月 10 日和 9 月 25 日播种的，5 月 5 日、5 月 15 日和 9 月 10 日播种的生育期没有显著差异，6 月 10 日和 9 月 25 日播种的生育期也没有显著差异，6 月 10 日播种的生育期最短。

2. 播期对藜麦产量的影响

黄杰等（2015）介绍，4 月 17 日（D_1）、4 月 27 日（D_2）、5 月 7 日（D_3）3 个播期对藜麦千粒质量影响差异不显著，D_3 处理比 D_1、D_2 处理分别高 0.83g、0.03g，千粒质量随播期的推迟而递增，不同播期对单株产量有一定影响，D_1 处理单株产量与 D_2、D_3 处理差异不显著，而 D_2 处理与 D_3 处理间差异显著，D_2 处理平均单株产量达到 113.3g，分别较 D_1、D_3 处理高 23.3%、32%。任永峰等（2018）介绍，在 4 月 18 日（S_1）、4 月 23 日（S_2）、4 月 28 日（S_3）、5 月 3 日（S_4）、5 月 8 日（S_5）、5 月 13 日（S_6）、5 月 18 日（S_7）、5 月 23 日（S_8）、5 月 28 日（S_9）和 6 月 2 日（S_{10}）10 个播期下，S_1、S_2、S_3 处理下藜麦的单株籽粒重和产量与其他处理间呈极显著差异，S_1 和 S_2 间单株籽粒重无显著性差异，S_1、S_2 与 S_3 间呈极显著差异，S_4 和 S_5 间单株籽粒重无显著性差异，S_7 与 S_8、S_8 与 S_9 间单株籽粒重无显著性差异，除 S_7 和 S_8 处理间产量差异不显著外，其他处理间产量均呈极显著差异，单株籽粒重和产量均为 S_2 处理最高，分别为 151.78g/株和 4 097.97kg/hm²，其次为 S_1 和 S_3，最低处理为 S_9，S_2 处理实测产量较 S_9 处理高 287.38%，常规处理 S_4、S_5 和 S_6 间产量均表现为极显著差异，且 S_4 至 S_6 中处理 S_4 的单株籽粒重和产量均为最高，其次为 S_5 处理和 S_6 处理，处理 S_4 较 S_6 高 30.91%，早播处理较常规处理平均增产 89.85%，晚播处理较常规处理平均减产 39.07%。马成（2019）介绍，在 4 月 5 日（CK，S_1）、4 月 15 日（S_2）、4 月 25 日（S_3）、5 月 5 日（S_4）和 5 月 15 日（S_5）5 个播期下，单株产量和折合产量 S_2 处理最高，单株产量为 18.97g/株，产量为 3 648kg/hm²，较对照增产 38.81%，其次是 S_3，单株产量和折合产量分别为 17.67g/株和 3 397.5kg/hm²，较对照增产 29.28%，产量处在第三位的是 S_4，单株产量和折合产量分别为 14.61g/株和 2 809.5kg/hm²，较对照增产 6.91%，产量处在第四位的是 S_5，单株产量和折合产量分别为 14.22g/株和 2 734.5kg/hm²，较对照增产 4.05%，产量最低的是 S_1，单株产量和折合产量分别为 13.67g/株和 2 628kg/hm²；最终结果表明，播期对藜麦各生育期持续时间和产量影响显著，随着播期的推迟，生育期变长，晚播较早播成熟期长 17～22d，各处理单株产量和折合产量均为 S_2 处理最高，S_3 次之，综合试验示范田藜麦田间实际表现，在秦安县及其年降水量 400mm 左右的陇中黄土高原同类地区，藜麦适宜的播期应选择 4 月 15—25 日。王倩朝等（2020）介绍，在 5 月 5 日、5 月 15 日、6 月 10 日、9 月 10 日、9 月 25 日和 11 月 10 日 6 个播期下，随播种期的延迟，单株产量先降低后增加，千粒质量总体上在前期变化不大，仅在 6 月 10 日播种略有增加、9 月以后播种千粒质量大幅度增加，11 月 10 日播种、次年 3 月 12 日收获的藜麦单株产量最高，且极显著高于其余 5 个播期，而 6 月 10 日播种、9 月 8 日收获的单株产量最低，且 6 个不同播期之间的单株产量存在极显著差异。

（四）播种

1. 种子的播前处理

（1）种子精选　播种前要精细选种，剔除种子中的秕粒、碎粒、小粒、霉变粒和已发芽的种子，清除种子中的杂物，保证种子纯净度达到 98% 以上，发芽率达到95%以上。

（2）种子包衣 播前对种子进行包衣，种子包衣剂与种子按照质量比1∶（20~50）的比例混合均匀，达到防治苗期病虫害及提高抗旱性，包衣剂原料组成及用量，聚丙烯酸铵100~150倍，福美双粉剂20~50倍，蚍虫林10~25倍，苯酰胺10~20倍，酪蛋白酸钠30~50倍，木质素磺酸盐20~40倍，大豆卵磷脂10~18倍，聚乙二醇15~28倍，阿维菌素10~20倍，葡萄糖30~45倍，大量元素肥40~60倍，微量元素肥10~20倍。

（3）药剂拌种 选用咯菌腈（适乐时）和敌委丹（苯醚甲环唑）拌种，以预防种传性病害及土传性病害。

（4）种子丸粒化 解决现在藜麦采用裸种种植，造成的藜麦发芽率低，种植成本高的问题采用种子丸粒化处理，其结构如图3-2所示。蛭石粉层覆盖在若干种子外部，厚度3~8mm，肥料层，覆盖在蛭石粉层外部，厚度2~4mm，植物生长调节层，由单宁酸、赤霉素组成植物生长调节剂组成，覆盖在肥料层外部，厚度2~4mm，土壤调节层，由土壤改良剂颗粒和抗旱保水剂颗粒组成，土壤改良剂颗粒由适量硫磺粉及硫酸亚铁组成，抗旱保水剂颗粒由二氧化硅、聚丙烯酸钠，二氧化硅有组成，土壤改良剂颗粒和抗旱保水剂颗粒散部在植物生长调节层外表面，土壤改良剂颗粒和抗旱保水剂颗粒直径不小于2mm，杀菌剂层，由杀菌剂福美双、甲基硫菌灵组成，覆盖在植物生长调节层外部，厚度2~4mm，吸湿性盐层，由氯化镁、硝酸镁、硫酸镁或它们的任意混合物形成，覆盖在杀菌剂层外部，厚度2~4mm（解文艳等，2017）。

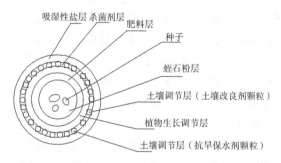

图3-2 藜麦种子丸粒化示意（解文艳等，2017）

2. 播种方法

（1）机械条播 采用藜麦专用精量播种机播种，行株距45cm×20cm，播量200~300g，亩密度7 500株左右，播种深度在2~3cm，播后适度镇压。

（2）机械穴播 采用藜麦专用覆膜穴播机或藜麦播种专用滚筒机播种，行株距 40cm×30cm，每穴种子量 3~5 粒，播种深度为 2~3cm。

（3）人工穴播　旋耕机起高垄，垄宽 50cm，垄高 10cm，垄距 30cm，根据藜麦的生长特性和植株大小，垂直各个高垄依次拉线并顺着细线在垄面上画过磷酸钙白色标线，标线间距 40cm，沿着白色标线开沟点播藜麦，沟深 3cm，每条沟中播 2 穴，每穴播 3~4 粒，株距 20cm，覆土与垄面相平。

（4）人工撒播　藜麦种子与尿素、磷酸二铵按 1∶10 的量混合均匀，亩播种量 500g，人工撒播到已整地地块，后机械轻耙耱覆土并镇压。

3. 播种方式

藜麦在北方高原地区多以因地平作为主要方式，株行距一般为 45cm×20cm，等行距种植，主要采用藜麦专用精量播种机播种。除此之外，北方高原地区旱地为解决藜麦保苗保墒、促进增产、抑制杂草等问题，采用覆膜垄作，垄高 10~15cm，垄面宽 90~120cm，垄距间隔 20~30cm，等行距种植。极个别地方采用地膜覆盖宽窄行种植，宽行 60~65cm，窄行 30~35cm，株距在 25~30cm，深度 2cm 左右且尽量保持一致，密度控制在每亩 4 500~5 300 株（魏玉明等，2015；黄朝斌等，2018；盛长存，2019；赵军等，2020）。

4. 合理密植

彭锋等（2018）选用陇藜 1 号品种，在甘肃省玉门市昌马乡东湾村通过设置 100 005 株/hm²（种植规格为 25cm×40cm，A）、79 995 株/hm²（种植规格为 25cm×50cm，B）、92 595 株/hm²（种植规格为 27cm×40cm，C）和 74 070 株/hm²（种植规格为 27cm×50cm，D）4 个种植密度处理。对其农艺性状进行调查发现，4 个种植密度处理中，株高以处理 D 最高，为 203.5cm，处理 A 最低，为 190.1cm，其余处理 196.7~203.2cm；单株产量以处理 B 最高，为 0.039kg，处理 D 最低，为 0.022kg，其余处理 0.027~0.028kg；千粒重以处理 B 最高，为 2.23g，处理 A 最低，为 2.05g，其余处理 2.14~2.17g。对产量的调查发现，4 个种植密度处理以处理 B 折合产量最高，达到 3 120.8kg/hm²，处理 A 次之，为 2 754.2kg/hm²，处理 C 居第三，为 2 483.3kg/hm²，处理 D 最低，为 1 645.8kg/hm²，处理 B 具有一定的增产潜力。结合农艺和产量性状调查，得出在玉门市沿山冷凉灌区，平作种植方式下，在试验设计范围内，陇藜 1 号的最佳种植密度为 79 995 株/hm²，在此种植密度下，陇藜 1 号折合产量最高，达 3 120.8kg/hm²，株高、单株产量、千粒重等表现良好，有较高的增产潜力。

冯世杰（2019）通过选用陇藜 1 号品种，于 2017—2018 年连续两年在秦安县王铺镇连湾村设置 192 315 株/hm²（种植规格为 26cm×40cm，A）、170 940 株/hm²（种植规格为 26cm×45cm，B）、153 855 株/hm²（种植规格为 26cm×

50cm，C）、139 860株/hm²（种植规格为26cm×55cm，D）4个密度处理，对农艺和产量性状进行调查。农艺性状2017年表现为在4个种植密度处理中，株高以处理D最高，为253.5cm，处理A最低，为240.1cm，其余处理246.7～253.2cm，单株产量以处理A最高，为0.039kg，处理D最低，为0.022kg，其余处理0.027～0.028kg，千粒重以处理A最高，为2.23g，处理B最低，为2.05g，其余处理2.14～2.17g；农艺性状2018年表现为在4个种植密度处理中，株高以处理D最高，为256.3cm，处理A最低，为241.8cm，其余处理在247.9～256.1cm，单株产量以处理A最高，为0.041kg，处理D最低，为0.022kg，其余处理0.028～0.030kg，千粒重以处理A最高，为2.24g，处理B最低，为2.11g，其余处理2.16～2.19g。产量2017年表现为在4个种植密度处理下，以处理A折合产量最高，达到3 120.75kg/hm²，处理B次之，为2 754.15kg/hm²，处理C居第三位，为2 483.25kg/hm²，处理D最低，为1 645.8kg/hm²，对各处理小区产量进行方差分析，处理A较处理B、处理C、处理D增产达极显著水平，处理B较处理C、处理D增产达极显著水平，处理C较处理D增产达极显著水平，说明处理A具有一定的增产潜力；产量2018年表现为在4个种植密度处理下，处理A折合产量最高，达到3 467.25kg/hm²，处理B次之，为3 051.45kg/hm²，处理3居第3位，为2 764.35kg/hm²，处理D最低，为1 967.4kg/hm²，对各处理小区产量进行方差分析，处理A较处理B、处理C、处理D增产达极显著水平，处理B较处理C、处理D增产达极显著水平，处理C较处理D增产达极显著水平，说明处理A具有一定的增产潜力。最终表明，在秦安县高山冷凉区及同类地区，采用全膜平覆穴播种植方式，种植密度为192 315株/hm²的试验设计，陇藜1号表现最佳，在此种植密度下，两年平均产量达3 294kg/hm²。

杨发荣（2015）介绍，陇藜1号在高海拔、冷凉地区建议栽培密度67 500株/hm²左右，干旱半干旱及灌溉区建议栽培密度97 500株/hm²左右，中海拔、干旱区建议栽培密度120 000株/hm²左右。黄杰等（2020）介绍，陇藜2号栽培密度粮用时90 000株/hm²左右，粮饲兼用时135 000株/hm²左右，饲用165 000株/hm²左右；陇藜3号在高海拔、冷凉地区建议栽培密度82 500株/hm²左右，干旱半干旱及灌溉区建议栽培密度97 500株/hm²左右，干旱区建议栽培密度120 000株/hm²左右；陇藜4号在二阴地区及高海拔冷凉灌溉区栽培密度宜为97 500株/hm²左右，干旱、半干旱区栽培密度为120 000株/hm²左右。沈宝云等（2017）介绍，中早熟藜麦品种条藜1号在高海拔冷凉地区建议栽培密度7 000～8 000株/亩，灌溉区建议栽培密度10 000株/亩左右。沈宝云等（2019）介绍，条藜1号适宜种植密度为10 000株/亩。

黄朝斌 (2018) 介绍，在青海柴达木盆地土壤肥力中下等田块行株距控制在45cm×18cm，即每亩种植密度在8 000~8 500株，土壤肥力中上等的地块行株距控制在45cm×20cm，每亩种植密度保持7 500株左右为宜。

（五）种植方式

1. 单作

藜麦在北方高原地区以单作为主，在甘肃14个市（州）的40多个区（县）均单作种植，并形成了三大优势产区，即陇中（属盆地型高原，海拔1 500~2 000m）、陇东干旱和半干旱区（为半干旱、半湿润的温带大陆性气候，海拔890~2 857m），河西走廊沿祁连山绿洲灌溉区（典型内陆干旱区，海拔900~3 600m），天祝、临夏和甘南等高寒阴湿区（高寒阴湿、气候冷凉，海拔2 000~2 780m）三大优势种植区。在青海约40 000亩藜麦总种植面积中，全部单作，主要应用地区和范围为柴达木盆地绿洲农业灌溉区的德令哈市、格尔木市、都兰县和乌兰县，省内局部地区如东部农业区和海南台地温暖谷地少有藜麦分布。

2. 轮作

藜麦在北方高原地区通常参与其轮作的主要作物有豆类、薯类、玉米、小麦、青稞、大豆、向日葵、油料、菜类等，其中，以豆类、薯类轮作最佳，忌连作，不宜与菠菜、甜菜等同科作物轮作（魏玉明等，2015；黄朝斌等，2018；盛长存，2019；赵军等，2020）。轮作主要采用藜麦—其他作物—藜麦的2年轮作和藜麦—其他作物—其他作物—藜麦的3年轮作的两种主导轮作模式。藜麦与其他作物合理轮作倒茬，可大大降低残留在土壤、植株残体中的虫口密度，有效降低害虫的越冬基数，同时可降低藜麦田真菌性病害的发生率，也可改善因种植藜麦而导致的耕地土壤肥力下降的问题；在北方高原地区，将藜麦纳入种植业轮作体系，不仅能够挖掘高原生态脆弱地区的耕地潜力，优化高原作物供给结构，还将催生一个以藜麦为主线的"藜系"生态农业产业链，更为重要的是，藜麦集防风、固沙、抗旱、抗疫、耐碱等生态功能于一体，对高原生态环境防护将产生积极而深远的影响。

（六）田间管理

1. 间苗、除草

（1）间苗　当幼苗长到5~10cm时进行间苗，株距要求20~30cm，除弱苗、留壮苗、保全苗，按当地适宜密度进行间苗，保苗150 000株/hm^{2}左右，保证每株藜麦有充分的生长空间，达到合理密植进而促进其产量形成的目的（魏玉明

等，2015；黄朝斌等，2018；盛长存，2019；赵军等，2020）。

（2）除草　藜麦因不能使用适合除草剂，故以人工锄草为主，生长期间人工中耕锄草 2~3 次，于 6 叶期，进行第一次人工锄草，株高达 100~120cm，进行第 2 次人工锄草，第 3 次中耕除草根据藜麦生长和杂草情况灵活实行，第二次锄草后进行结合根部培土，促进茎部茎节和次生根的生长，增强植株的支持能力，防止后期倒伏（魏玉明等，2015；黄朝斌等，2018；盛长存，2019；赵军等，2020）。

2. 科学施肥

（1）施足基肥　春播整地时结合旋耕作业一次性施入，即甘肃黄土高原地区 3 月下旬至 5 月下旬，青海柴达木灌区 4 月中旬至 5 月上旬（魏玉明等，2015；黄朝斌等，2018；盛长存，2019；赵军等，2020）。用量因地而异，甘肃黄土高原地区在施 15 000kg/hm² 农家有机肥的基础上，施尿素 75kg/hm²、磷酸二胺 150kg/hm² 或 45% 氮磷钾复合肥（14-15-16）225kg/hm²（魏玉明等，2015）；青海柴达木灌区商品有机肥施入量 3 750kg/hm²、磷酸二铵 225~300kg/hm²（黄朝斌等，2018）。

（2）合理追肥　①肥料种类和作用，在北方高原地区藜麦种植过程中，因防止倒伏和贪青晚熟，不建议追肥。如果生长后期发现有缺肥症状，可以追施尿素或追施三元复合肥，以保证藜麦营养生长阶段和生殖生长阶段不脱肥，进而实现增产；在藜麦生育后期，叶面喷洒磷酸二氢钾，以促进开花结实和籽粒灌浆。②施用时期、用量和方法，追肥增产作用最大的时期是抽穗前 15~20d 的孕穗阶段，结合灌水可追施尿素 75kg/hm² 或 45% 氮磷钾复合肥（14-15-16）一般为 150kg/hm²，人工撒施；始花期或灌浆初期，使用磷酸二氢钾 30~50g 兑水 15~50kg，人工或无人机喷施。

（3）水肥耦合　倪瑞军等（2015）采用盆栽试验方法，研究了不同水氮条件对藜麦幼苗生长指标、根系生长指标及其生理指标的影响。结果表明，藜麦各测试指标与氮肥用量、灌水控制水平关系极为密切。在同一灌溉水平下，藜麦叶面积、生物量、根系总体积等幼苗及根系生长指标均随氮肥用量的增加呈先增加后下降趋势，而根系过氧化物酶（POD）活性、丙二醛（MDA）含量等生理指标均随氮肥用量的增加呈先下降后增加的趋势；施氮量相同时，叶面积、生物量、根系总体积等形态指标均随灌水量的增加而增大，而 POD 活性、MDA 含量等生理指标均随灌水量的增加而减小，且各处理间差异均达到显著水平；水氮交互作用对各指标均有影响，对叶面积、生物量、根系总体积、POD 活性的影响均达到显著水平。在试验设置的水氮范围内，藜麦均表现出不同程度的表型可塑性；在中度或重度干旱胁迫下，施肥均能缓解干旱对藜麦的胁迫。综合考虑，土壤含水量为田间持水量的 75%~85%、施氮量为 1~2g/kg 的组合最优。

庞春花等（2017）以藜麦为研究对象，采用盆栽试验，对藜麦整个生长期进行不同灌水（W_1、W_2、W_3 分别按照土壤含水量为田间持水量的 35%~45%、55%~65%、75%~85%），不同施磷（P_0、P_1、P_2、P_3 分别为 0、0.1、0.2、0.4g/kg）耦合处理，测定藜麦根系形态和生理指标、生物量积累以及成熟期产量。结果表明，在相同灌水处理下，不同根系参数（根系表面积、根系总长度、最大根长、根系直径、根体积）均在 0.2g/kg 水平下达到最大；在相同施磷水平下，根系最大根长与根系总长均在土壤含水量为田间持水量的 55%~65%下达到最大，根系表面积在低磷水平（0、0.1g/kg）下，均表现为 $W_2P_0 > W_3P_0$，$W_2P_1 > W_3P_1$，高磷水平（P_2、P_3）下，均表现为 $W_2P_2 < W_3P_2$，$W_2P_3 < W_3P_3$，根系直径与根系体积均随着灌水量的增加逐渐增加；在重度干旱胁迫（W_1）下，根系活力在 P_1（0.1g/kg）水平下达到最大，其他灌水处理下，根系活力均在 P_2（0.2g/kg）水平下达到最大。在 3 种灌水处理下，根系 POD、SOD 活性均在 P_2 水平下达到最高，而根系 MDA 含量、可溶性糖与脯氨酸含量降到最低。适宜的水磷耦合配比（W_3P_1、W_3P_2）有利于藜麦各营养器官生物量（茎重、叶重）的积累以及后期产量的形成，而根重等在 W_2P_3 组合最优。高水处理更有利于植株对茎、叶生物量的分配，低水处理有利于植株对根、序生物量的分配，在重度干旱胁迫（W_1）下，高的施磷量（P_2 与 P_3）均显著提高了植株对根重与序重的生物量分配。在 3 种灌水处理下，施磷量均在 P_2 水平下有利于植株顶穗的形成。分枝数、穗数、单株粒重与千粒重均表现出低磷促进，高磷抑制的单峰曲线，均在 P_2 水平达到峰值；各施磷水平下，单株粒重与千粒重均在正常灌水（W_3）达到最大。本试验结论是，适宜的施磷量 P_2 可以促进藜麦根系生长，增大根系与土壤的接触面积，提高根系活力，增强根系抗氧化能力，从而提高藜麦的抗旱能力；适宜的水磷耦合配比（W_3P_2）有利于藜麦各营养器官生物量的积累以及后期产量的形成。

甘肃黄土高原地区藜麦生长期间叶子发黄缺肥，有通过滴灌设施结合灌水给藜麦施肥的相关技术应用，利用滴灌带灌水的同时，在滴灌带接头处增施磷肥或微量元素，通过滴灌方式将肥料滴到根部周围，缓慢地渗入耕层，以保证藜麦茎秆营养充足，促使藜麦多发新枝，并在藜麦开花期或籽粒灌浆期结合灌水增施磷肥或微量元素。采用滴灌水肥耦合技术，实现了藜麦水肥一体化管理，实现了藜麦生产省时、省工和节约肥料，有效减少水分蒸发，水利用率高达 95%，肥料利用率高，氮利用率高达 90%，磷利用率可达 70%，钾利用率可高达 96%（李参，2020）。

3. 合理灌溉

（1）藜麦需水量和需水节律　藜麦极耐干旱，对水分需求量很少，但灌溉对籽实产量有显著影响（Oelke et al.，1992）。苗期过多灌溉会造成幼苗萎蔫，甚至枯萎，在茎秆生长后期过多灌溉会形成高大植株，但不会提高产量。藜麦对水分的低需求，表明了其耐干旱特性，使得藜麦在世界很多地方可以种植，尤其是对于不能灌溉、依赖季节性降水的地区（Bhargava et al.，2006），在沙壤土上使用128mm、208mm、307mm和375mm的水量灌溉，试验结果表明，208mm的水量（降水与灌溉）可达到最大产量1 439kg/hm^2（Flynn，1990）。Geerts等（2008）研究了灌溉对藜麦产量的影响，发现亏缺灌溉（DI）在许多试验点都表现出能够大幅提高产量。在干旱地区引进种植藜麦，亏缺灌溉（DI）已被应用到实际生产中（Martinez et al.，2009）。另外，藜麦在充足灌溉条件下生长不良，一方面可能是因为藜麦具有与其他作物不一样的特性，另一方面是由于潮湿环境下霜霉病发病率高，藜麦不能很好响应充足灌溉条件。通过对藜麦不同时期对水分需求的分析，可获得藜麦最优产值时的需水量（Garcia et al.，2003）。对藜麦需水量进行分析，也可明确藜麦在哪个生长阶段能更有效地利用水分而提高产量。

藜麦灌溉在安第斯山脉地区的农业生产中不是常用耕作方式（Geerts et al.，2008），但近期研究发现，亏缺灌溉非但没有造成产量的降低，且提高了水分利用效率，在南美藜麦主产区，生产者更愿意通过节水灌溉技术来提高产量（Taboada et al.，2011），尤其是玻利维亚高原，在干旱季节内亏缺灌溉，对藜麦产量稳定有重要作用（Garcia et al.，2003）。亏缺灌溉可明显影响藜麦的水分利用效率，在亏缺灌溉下，藜麦叶片的水势虽然低，但气孔开度仍能较好保持，气体交换仍可进行，以保持较高的叶片水分含量来抑制气孔气体交换水平下降（Vacher，1998），藜麦作物系数值低，蒸腾量小，水分利用效率高，植株有敏感的气孔关闭机制，能保持叶水势和最大光合作用（Gonzalez et al.，2003），藜麦的水分供应量不足全季需水量的55%时，其水分利用效率和灌溉水边际利用效率都较低（Geerts et al.，2006）。

姚有华等（2019）以青藜2号为供试材料，通过设置充分灌溉、轻度亏缺灌溉和重度亏缺灌溉3个处理，探索不同灌溉处理对藜麦光合特性，籽粒蛋白质、氨基酸含量和产量性状的影响。亏缺灌溉使藜麦植株在不同生育期的P_n、T_r和G_s显著降低，但C_i和WUE显著升高，且降、增幅随亏缺灌溉程度的加剧而增大；亏缺灌溉降低了藜麦籽粒的蛋白质含量、氨基酸总量和氨基酸各组分含量；亏缺灌溉显著降低藜麦的总分枝数、有效分枝数和主穗面积，相比于充分灌溉和重度亏缺灌溉处理，轻度亏缺灌溉可显著提升藜麦的主穗粒重、单穗粒重、千粒重和产量。亏缺灌溉负面影响藜麦植株的光合特性，但有助于提高 WUE；亏缺灌溉不利于藜麦籽粒蛋白质、氨基酸和氨基酸各组分含量的提高；轻度亏缺灌溉可有效控制和提高藜麦的主穗面积、单穗粒重、单株粒重、千粒重和最终产量；轻度亏缺灌溉在节约水资源和降低生产成本的同时，能显著提高藜麦的产量，且能维持相对较高的籽粒蛋白质和氨基酸含量。

（2）灌溉水源　以甘肃省黄土高原而论，整体上属于干旱、半干旱地区。基本上是雨养农业，依靠天然降水。但有水源可用，也可进行节水补充灌溉。灌溉水源主要是蓄住天然降水和利用径流。刘家峡、盐锅峡、八盘峡水电站和白龙江的碧口水电站，装机容量达 212.5 万 kW，占甘肃水力总蕴藏量的 37.4%，特别是刘家峡水电厂，是一座以发电为主，兼有防洪、灌溉、养殖综合利用效益的大型水利枢纽工程，水库容量 57 亿 m³。利用丰富的地表、地下、冰川及水能资源，甘肃省为发展农业，从 20 世纪 50 年代起就着手改建、扩建重点渠道，合渠并口，提高引水率；60 年代逐步改革配水制度和灌溉制度，如在河西试行"四改一建"，即改行政区划配水为渠系配水，改过分集中轮灌为分组轮灌，改大水串灌、漫灌为沟灌、畦灌、小块灌，改按灌溉面积收费为按灌水量收费，建立群众组织参与用水管理制度；70 年代在开展渠道防渗的同时，重点推行井渠配套、井渠混灌，开展地表水和地下水的综合利用；80 年代大力推行了渠道防渗，完善田间工程配套，实行科学用水，并试验示范喷灌、滴灌、低压管道输水灌溉等先进节水灌溉技术；90 年代以来节水灌溉进入高速发展阶段，节水灌溉规模不断扩大，水平不断提高，在推行常规节水措施的同时，大力推广高效节水灌溉技术，以重点示范为突破口，带动全省节水灌溉发展。近年来，建成了 12 个国家级节水增产重点示范县、36 个高标准节水示范区，对 14 个大中型灌区进行了以节水灌溉为中心的工程续建配套和更新改造。各级政府和水利部门因地制宜、合理规划、加大投入，大力兴建节水工程，每年实际完成的节水灌溉面积在 6.67 万 hm² 以上，节水灌溉面积达 66.7 万 hm²，占有效灌溉面积的 53.9%，其中，常规节水 56.2 万 hm²，管灌 6.7 万 hm²，喷灌 2.6 万 hm²，滴灌 1.2 万 hm²，同时实现集雨节灌 23.3 万 hm²。全省衬砌各级渠道 18 731km，以上节水工程年节约水量 4.68 亿 m³（刘韶斌，2006；张国平，2009）。

青海柴达木盆地虽降水稀少，但山区降水相对较多。雪线以上的山峰和沟壑终年覆盖着积雪冰川，发育大小河流水系 160 多条，其中，用于农田灌溉且多年均径流量超过 1 亿 m³ 的水系有格尔木河、香日德河、察汗乌苏河、诺木洪河和巴音河五大河流。此外，还有大格勒河、沙柳河和都兰河也是重要的灌溉水系，正常年份基本满足农作物生育期间用水需求。盆地的水源基本来自盆地周围的高山冰川融水。流向盆地的大小河流共 70 条，出山口后，大部分河水没入山麓洪积戈壁中；最后完全汇集于盆地中心的盐湖或沼泽之中。河水中的盐分及矿物质含量变化显著，仅上游、中游河水可供灌溉和饮用，下游则因矿化度高，不宜灌溉和饮用。柴达木盆地冰川水资源较丰富，主要分布在那仁郭勒河、格尔木河、哈尔腾河、塔塔棱河等河源区，冰川融水量6.542亿 m³，占盆地河流径量的14.8%以上，对上述各河的补给比较明显。在低温湿润年份，热量不足，盆地冰川消融微弱，大量固态水储存在"天然固体水库中"；而旱年，山区晴朗天气增多，气温高，冰川消融强烈，释放大量融水以调节因干旱而缺水的河流。因此，冰川对保证干旱少雨的盆地工农业和生态环境用水具有十分重要的意义。

（3）灌溉时期和方法　为了能够在作物最敏感阶段进行集中灌溉，同时获得最大水分利用率，科学家利用亏缺灌溉（DI）法进行研究。实验结果有显著差异，在不考虑种植地点的影响下，中等及以上产区的藜麦对水分最敏感的时期是灌浆期和开花期；此外，如图3-3，图3-4所示，维持藜麦开花期前后的水分蒸发平衡，灌溉重点放在花期后，对获得最大水分利用率（WUE）有积极影响，因此，建议在雨季开始时和在藜麦开花及种子灌浆期气候干燥时进行灌溉。在北方高原地区，藜麦田灌溉方法因地而异，基本灌溉方法有沟灌、畦灌、小块灌，近年来喷灌、滴灌、低压管道输水灌溉等先进节水灌溉技术得到了大量应用。

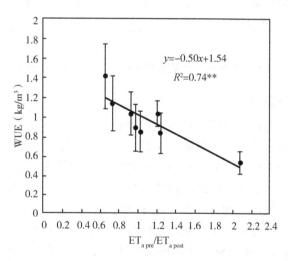

图3-3　水分利用效率（WUE）与藜麦花期前后水蒸发量比值之间的关系

4. 防病、治虫、除草

在北方高原地区藜麦全生育期需防治霜霉病和叶斑病两大病害（魏玉明等，2015；黄朝斌等，2018）；需在苗期重点防治黄曲条跳甲、地老虎、蛴螬、象甲虫、金针虫、蝼蛄等虫害，后期防治金线虫、甜菜潜叶蝇、宽胫夜蛾、蚜虫等虫害（李秋荣等，2017；姜庆国等，2017）；藜麦田间杂草以菊科、禾本科杂草为主，主要田间杂草类型为野燕麦、篇蓄、藜、苦苣菜、苣荬菜等（魏有海等，2017）。

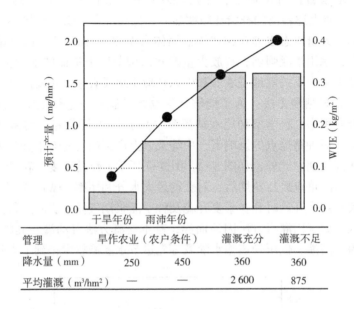

管理	旱作农业	（农户条件）	灌溉充分	灌溉不足
降水量（mm）	250	450	360	360
平均灌溉（m³/hm²）	—	—	2 600	875

图3-4　水分利用效率与产量及灌溉的关系（Geerts et al.，2008b）

（七）收获与晾晒

藜麦植株干枯与叶片脱落为籽实成熟期标志，通常叶片变黄色还是变红色，取决于品种，圆锥花序的种子清晰可见时，表明藜麦籽粒已经生理成熟；另外一种检测藜麦是否能够收获的方法是弹击植株圆锥花序顶端，如果种子开始脱落，就可以准备收获；还有一种传统的检测方法是藜麦成熟时籽粒变硬，用指甲难以掐破，叶片萎缩、脱落，即可收获（图3-5）。

藜麦收获方法主要以人工收获和机械收获为主。小块地以人工收获为主，蜡熟期，用镰刀在距地10~15cm高处割断植株，就地晾晒，晾晒7~15d，晾晒要均匀，每天翻晒3~5次，期间避雨避水，如遇雨水天气及时篷布遮盖，防治穗发芽；待晾晒干透后，人工敲打或碾压，或用脱谷机脱粒，人工捡拾植株残渣、碎枝叶、土块和石块，后将籽粒部分用小型风选机进行分选，去除杂质和空瘪粒；风选好的籽粒仓库阴干，阴干至含水量13%以下，装袋贮藏于阴凉、干燥、通风、无鼠的仓库。种植大户和大型农场以机械化收获为主，待藜麦完熟期，使用雷沃谷神 4LZL-9M 藜麦专业联合收割机进行收获，收获后清仓至大型晾晒场晾晒 1~2d，待籽粒含水量<13%时，拉运至加工车间，使用藜麦除杂、去石、色选成套加工设备对籽粒进行分离筛选，分离筛选后装袋贮藏于阴凉、干燥、通风、无鼠的仓库，待后续脱皮加工（图 3-6）。

图 3-5 藜麦成熟期植株形态特征（姚有华，2019）

图 3-6 藜麦机械收获流程（姚有华，2019）

三、特色栽培技术

（一）覆膜栽培

在北方高原地区，藜麦的覆膜栽培技术是有效的具有地域特色实用栽培技术。

王志奇等（2017）介绍了甘肃省会宁县藜麦的旱地留膜免耕穴播技术。选择上年采用全膜双垄沟播技术种植玉米，土壤肥沃、肥料投入充足、地膜保存完整、海拔在 1 500~2 100m，年降水量 320~460mm，无霜期超过 136d 的旱川地、旱塬地、沟坝地、梯田地和坡度小于 10%的缓坡地。保护地膜。为了确保地膜完整，玉米成熟后，采用人工掰棒，及时将玉米秸秆砍倒，覆盖在地膜上，在地块周围设障防止牲畜入内。冬季要及时检查、维护地膜完好，防止水分散失。春季播前 7d 将玉米秸秆运出地块，清扫残留茎叶，将地膜破损处铺展用细土压好。由于藜麦种子非常小，一般都采用精量穴播机穴播。用精量穴播机播种时，将精量穴播机播量调到每穴 3~4 粒，在全膜的大垄、小垄上各点 1 行，平均行距 50cm，穴距 30cm 左右，保苗 67 500 株 hm² 上下。播深 2cm 左右，精量穴播机播种后应及时在穴孔行洒上适量的细土，用柔软的扫把轻轻扫入穴孔封口。也可手工点播，但应必须保持每穴深浅和下籽量一致。田间管理基本同常规栽培。

魏玉明、杨发荣等（2018）总结了藜麦地膜覆盖栽培技术的研究成果，提出了藜麦覆膜栽培技术的比较优势，探讨了藜麦覆膜栽培技术增产的光、温、水、土效应和藜麦生长发育的响应，评价了藜麦地膜覆盖栽培技术的增产和增收效果。具体技术要点：①整地。整地要求深、松、细、平，否则会影响盖膜质量，从而无法保证地膜的增温、保水、除草作用。②覆膜时间以土壤墒情确定，土壤墒情较好时，可边整地边覆膜；土壤墒情差时，可待雨抢墒覆膜。旱地多以秋覆膜（10 月下旬到土壤封冻前）和顶凌覆膜（3 月上中旬土壤昼消夜冻时）为主，在前茬作物收获完成后，及时深松晒垡，耙糖收墒，整地铺膜，秋季覆膜在秸秆富余地区可应用秸秆覆盖护膜。③覆膜。选用 120cm 或 140cm 宽超薄膜覆盖，垄面宽 90cm 或 120cm，膜间距 20cm。覆膜要紧贴垄面，两边用土压实，每隔 3~4m 压 1 条土腰带。覆膜时要务必使地膜紧贴地面，不留空隙，一方面减少地表土壤水分流失，影响出苗；另一方面防止杂草生长。④播种方式：小面积或山旱地可用藜麦专用穴播机点播，每个膜面上种 3 行藜麦，行距 40cm，穴距 30cm，每穴下籽 5~8 粒，定苗时每穴留苗 1~2 株，留苗密度 8.3 万株/hm²。穴播机点播后镇压 1 次，使种子与土壤完全接触；规模化种植可用覆膜施肥播种一体机。⑤培土。由于藜麦高度可达到 1m 以上，因此从第 2 次除草开始给根系培土，防治后期倒伏。其他技术环节基本同常规栽培。

马成（2018）介绍了甘肃省泰安县藜麦全膜平铺穴播高产栽培技术。选用厚度在 0.01mm、幅宽 120cm 的地膜，采用人力或机械覆膜机进行全地面平铺地膜。覆膜时膜要拉紧，使其紧贴地面，下一幅膜与前一幅膜要紧靠对接，不留空隙，不重叠。在地膜对接处用土压实，并每隔 2m 横压一土腰带，防止大风揭膜。其他技术环节基本同常规栽培。

雒维萍（2020）等介绍了藜麦覆膜点播增温保墒栽培技术。地膜幅宽 120cm左右拉力好的地膜，每幅 2 行，播后膜采光面 100cm，边行与膜边距离 10cm；播量 0.2~0.3kg/亩，开春后，气温稳定通过 5℃±5℃，时机械或人工点播，播种深度 1.5~2.0cm，高海拔、冷凉地区建议栽培密度 5 000 株/hm² 左右，干旱半干旱及灌溉区建议栽培密度 6 000 株/hm² 左右；播种后立即检查地膜边缘是否压好，要压好膜边，防止风揭膜；每隔 5m 在膜上压一条防风腰带；对边行盖土过多的也要清除干净，以防压苗；膜下点播藜麦种植，进入分枝期可以把地膜一侧的覆土隔一段距离清除一些，使其能够通气降温，达到防高温的目的。

藜麦覆膜栽培在北方高原地区具有较好的效益。魏玉明、杨发荣等（2018）介绍，覆膜可有效地防止杂草生长，节约人工除草成本，增加单位经济收益，相比于传统技术节约人工除草成本 2 250~5 250 元/hm²；增产效果明显，覆膜栽培平均产量可达 6 082.50 kg/hm²，相比于传统方式的平均产量 5 269.5kg/hm²增产 15%。雒维萍（2020）等介绍，利用膜下点播藜麦栽培模式，平均每亩增收 19.1%，比传统种植每亩产量 283.67kg 增加 54.3kg，以 2019 年籽粒收购价 20 元/kg 计算，增加收入 1 086 元/hm²，扣除膜下点播增加的地膜、化控剂、人工覆膜人工费等成本费 3 300 元/hm² 左右，保墒的效益以及带来的增收效益 1 200 元/hm² 左右，仅藜麦籽粒净增收 15 000 元/hm² 左右。姚有华等（2017）对青海柴达木盆地藜麦覆膜栽培技术进行调研发现，覆膜栽培技术可亩节省除草成本 500 元（常规种植全生育期除草 3 次，每次成本 250 元），可亩节省灌水成本 120 元（常规种植全生育期灌水 4 次，每次成本 40 元），可显著提升亩产量，相比于传统露地平播技术产量提高 13% 左右（出苗均匀，生长势强，结实率提升，千粒重明显高于常规种植，籽粒饱满且均匀一致，商品性好）。

（二）化学调控

在藜麦生长的适宜时期施用一定剂量的化学调控剂，有一定的增产效果。从作用上分，有促进剂和抑制剂。从来源上分，有内源激素类、抗菌素类等物质，也有外源人工合成的化学物质。

任永峰等（2018）为探究降低藜麦倒伏率的有效农艺措施。对比 5 种不同化控剂（多效唑、金得乐、矮壮素、缩节胺和乙烯利）和打顶措施对藜麦植株生长发育和产量的影响。结果表明，与正常田间栽培的藜麦对照（CK）相比，喷施多效唑和矮壮素能够有效降低植株株高，提高植株叶片叶绿素含量。喷施矮壮素和打顶措施能增加藜麦单株叶面积，分别较 CK 高 18.2% 和 9.7%，缩节胺处理抑制植株叶面积的增长，较 CK 处理降低 12.1%。化控处理能够明显提高叶片光合速率和水分利用效率，其中，矮壮素效果最佳。打顶能显著促进一级分枝数的增加，但侧枝折断率较高，喷施矮壮素显著降低一级分枝数和侧枝折断率；喷施化控剂能促进植株茎秆增粗，且金得乐和缩节胺处理茎秆增粗效果优于其他处理。化控处理显著增加单株籽粒重和产量，以矮壮素处理下产量最高，较对照高 114.7%；喷施矮壮素、多效唑和打顶措施能显著提高藜麦千粒重。因此，喷施矮壮素能够显著控制株高，降低侧枝折断率，促进植株生长，提高叶片光合性能和产量，可作为藜麦高产栽培适宜的化控抗倒伏措施应用。藜麦矮壮素使用一般于显穗期之前，选择 50wt% 水剂矮壮素，用清水稀释 200~250 倍液，每亩用量 50kg 稀释液，于晴天午后进行茎叶喷施。

金茜、杨发荣等（2018）使用不同质量浓度外源植物生长调节剂喷施于初花期藜麦植株，结果表现为质量浓度为 24mg/L、36mg/L 的 ABA（脱落酸）溶液能有效的降低藜麦株高。不同质量浓度的 IAA（吲哚乙酸）、GA（赤霉素）溶液对藜麦植株没有显著的矮化作用，但于生殖生长期喷施对藜麦灌浆前、中期植株株高生长的上扬趋势有一定抑制作用，使上扬趋势变为平缓增高，可辅助促进植株同化营养向藜麦生殖生长分配，从而提高藜麦籽实品质和产量。

贺笑等（2018）为控制藜麦幼苗徒长导致的倒伏，提高幼苗质量，以藜麦 1 号为材料，利用不同质量浓度多效唑（50、100、150、200、300、400mg/L）和矮壮素（500、1 000、2 000、3 000、5 000、7 000mg/L）进行浸种处理，采用沙培的方法，通过测定藜麦幼苗的素质形态指标、茎秆抗折力、倒伏指数、壮苗指数和生理指标，分析不同质量浓度多效唑和矮壮素对藜麦幼苗质量的影响。结果表明，与蒸馏水浸种（对照）相比，200mg/L 多效唑浸种处理藜麦幼苗的株高降低 33.84%、茎粗增加 63.04%、茎秆抗折力增加 94.29%、根系活力增加 52.86%、叶绿素含量增加 101.15%、可溶性糖含量增加 27.59%，为多效唑浸种藜麦的最适质量浓度；3 000mg/L 矮壮素处理藜麦幼苗的株高降低 17.11%、茎粗增加 60.14%、茎秆抗折力增加 32.86%、根系活力增加 19.52%、叶绿素含量增加 49.43%、可溶性糖含量增加 10.34%，为矮壮素浸种藜麦的最适质量浓度。综合各指标可见，以 200mg/L 多效唑对藜麦进行浸种效果较好，可促进幼苗干物质的合成和积累，有利于培育壮苗。

马金龙（2019）采用单因素完全随机区组和和正交试验设计，研究 3 种植物生长调节剂（矮壮素、多效唑和缩节胺）对藜麦株高、茎粗和产量及其产量构成因素的影响。研究结果表明，3 种植物生长调节剂均能降低藜麦的株高同时增加茎粗，但对藜麦生长后期伸长生长的抑制效果不明显；使用 15% 多效唑 7.5g/L 在出苗后 15d 喷施对株高的抑制效果最佳，使用 50% 矮壮素 0.8ml/L 在出苗后 25d 对茎粗增粗效果最佳。3 种植物生长调节剂均能显著增加一级分枝数和单株粒重，对藜麦单株粒数的增加有促进作用；使用 15% 多效唑 2.5g/L 在出苗后 15d 喷施对增加一级分枝效果最佳，使用 10% 缩节胺 1g/L 在出苗后 25d 喷施是提高单株粒重和增加单株粒数的最佳组合。3 种植物生长调节剂均能提高藜麦的生物产量，其中，矮壮素和缩节胺效果显著；10% 缩节胺 1g/L 在出苗后 25d 喷施，可得到最佳生物产量。50% 矮壮素与 10% 缩节胺对藜麦产量的提高较 15% 多效唑有较好的效果；出苗后 15d 喷施药剂对藜麦的株高抑制、茎粗的增加和产量的提高有较好的效果。根据 $L_9(3^4)$ 正交试验结果，出苗后 5d 施用 15%

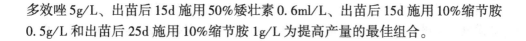

多效唑 5g/L、出苗后 15d 施用 50%矮壮素 0.6ml/L、出苗后 15d 施用 10%缩节胺 0.5g/L 和出苗后 25d 施用 10%缩节胺 1g/L 为提高产量的最佳组合。

第二节　中国西南高原地区藜麦栽培

一、西南高原环境特征和生态条件特点

(一) 地势地形

西南高原地区地处中国低纬度高原地带。以贵州、云南、川西高原为例。

1. 贵州

位于中国西南，北纬 24°35′~29°9′N，103°36′~109°36′E，东邻湖南、西连云南、北靠四川，南接广西，面积 176 128km²，占祖国土地面积的 1.8%。全省有耕地 5 724 万亩，占全省土地面积的 21.7%，其中，水田 1 807 万亩，旱地 3 917万亩，田土之比为 1：2.16。贵州是一个强烈岩溶化的高原山地，是习称的云贵高原的组成部分，处于祖国西南珠江水系和长江水系的分水岭地带，高耸于四川盆地和广西丘陵之间。贵州地势虽然平均海拔在 1 100m 左右，但地势的内部分异却很显著，主要表现在：地势由东到西，由南到北都有明显的变化，但大部分地区海拔在 600~1 800m，600m 以下地区占全省总面积的 10.9%，600~1 000m地区占 24.1%，1 000~1 400m 地区占 44.1%，1 400~1 800m 地区占 10.6%，1 800~2 200m地区占 5.5%，2 200m以上地区占 4.8%。

由于在地势上处于祖国西部高原山地的第二大梯级向东部丘陵平原第三大梯级过渡，因而地势由西向东变化明显，表现为一个梯级状的大斜坡，即由西部海拔 2 000~2 400m 以上向东逐渐降低到黔中的 1 400~1 000m和东部的 800~500m，实际上这也是贵州地势的三大梯级。大地貌类型在三大梯级上呈现很有规律的分布，西部（威宁、赫章一带）是高原，实际是云南高原的东延部分；中部是山原（黔北和黔南）和丘原（黔中），是贵州高原真正的主体部分；东部的低山丘陵与湖南低山丘陵连成一片。

在这一强烈切割的高原上，主要分布着五大山脉（岭），北有大娄山，呈北东—南西向分布，是乌江与赤水河的分水岭，一般海拔 1 200~1 500m，个别山峰可达 1 700m以上，如仙人峰高 1 795m，白云台高 1 722m；东有武陵山呈北北东走向，由湘延伸入黔，一般海拔 1 200~1 500m，最高峰梵净山凤凰顶海拔 2 572m，为黔东最高峰，高出江口县 2 214m，是乌江与沅江水系的分水岭；西有乌蒙山，呈南西、北东向由滇延伸入黔，是牛栏江、横江、北盘江、乌江及赤

水河诸水系的分水岭，一般海拔 2 400~2 600m，最高峰西凉山高 2 853m；苗岭则横亘于贵州中部，是珠江与长江的分水岭，一般海拔 1 200~1 600m，最高峰雷公山高达 2 178m；韭菜坪高 2 900m，属北西向老王山脉最高峰，也是贵州最高峰。该山脉西北自威宁，东南达望谟，一般海拔 1 300~2 200m，常有 2 500m以上山峰耸立。

　　贵州地貌属于中国西南部高原山地，境内地势西高东低，自中部向北、东、南三面倾斜，平均海拔在 1 100m 左右。贵州高原山地居多，素有"八山一水一分田"之说。全省地貌可概括分为：高原、山地、丘陵和盆地四种基本类型，其中，92.5% 的面积为山地和丘陵。境内山脉众多，重峦叠嶂，绵延纵横，山高谷深。北部有大娄山，自西向东北斜贯北境，川黔要隘娄山关高 1 444m；中南部苗岭横亘，主峰雷公山高 2 178m；东北境有武陵山，由湘蜿蜒入黔，主峰梵净山高 2 572m；西部高耸乌蒙山，属此山脉的赫章县珠市乡韭菜坪海拔 2 900.6m，为贵州境内最高点。而黔东南州的黎平县地坪乡水口河出省界处，海拔为 147.8m，为境内最低点。贵州岩溶地貌发育非常典型。喀斯特地貌面积 109 084km²，占全省国土总面积的 61.9%，境内岩溶分布范围广泛，形态类型齐全，地域分布明显，构成一种特殊的岩溶生态系统。

　　2. 云南

　　云南省介于 21°8′~29°15′N，97°31′~106°11′E，东部与贵州、广西为邻，北部与四川相连，西北部紧依西藏，西部与缅甸接壤，南部和老挝、越南毗邻。云南省总面积 39.41 万 km²，占全国国土总面积的 4.1%，居全国第 8 位。云南是全国边境线最长的省份之一，有 8 个州（市）的 25 个边境县分别与缅甸、老挝和越南交界。以形态为主的形态特征原则。根据此原则，将云南地貌类型分为高原、山地（包括丘陵）、盆地、河谷、特殊地貌五大类。

　　（1）高原　云南的高原是中国四大高原之一的云贵高原组成部分。东缘止于云南省境。南缘于广南、弥勒、绿春、思茅、勐遮、澜沧、耿马、镇康、龙陵、腾冲一线以北地区，北缘北纬 28° 为界。高原面从滇南 1 200~1 300m 开始逐渐向滇西北上升至中甸、德钦、贡山一带、呈波状起伏。并广布着宽谷、盆地、丘陵和低山；高原削平了不同时代的岩层；高原上广布着老第三纪沉积物，可视为夷平时期的相关沉积物；高原面上风化壳分布在不同纬度上；在高原面上，至今还存在着第三纪古植物。表明地壳开始抬升前、云南已处于低海拔的湿热气候环境，随着新构造运动的抬升、热带的植物和砖红壤土便保留下来。高原的夷平时代，始于燕山运动褶皱成陆之后，终于中新世末期。根据新构造运动和岩性差异，将云南高原分为：滇东喀斯特高原、滇中红色高原、滇西横断山三级三大块状地貌类型。

（2）盆地　云南称"坝子"，为复合类型。坝子面积在 $1km^2$ 以上，全省有 1 440个，面积为 $2.4×10^4km^2$，占全省总面积的6%。其中，滇中和滇东坝子占 2/3，滇西占1/3。坝子面积在 $100km^2$ 以上，有49个，总面积为 $11 705km^2$、占全省总面积的3%；面积在 $50~99km^2$ 的坝子有40个，总面积为 $2 744km^2$，占全省总面积的0.7%；坝子面积在 $20~49km^2$ 的有107个，总面积为 $3 291km^2$、约占全省总面积的0.84%。云南盆地，若按海拔高度分，可分为高、中、低3个层次；若按成因分，可分为断陷盆地、凹陷盆地、向斜盆地、侵蚀盆地、喀斯特盆地和堰塞盆地。

（3）河谷　指河流流经的长条形凹地，它由谷坡形态和物质组成。云南河谷地貌，主要有金沙江河谷地貌、澜沧江河谷地貌、怒江河谷地貌、红河河谷地貌和南盘江河谷地貌。根据河谷地貌形态，分为宽谷、峡谷、嶂谷3个三级类型。

（4）特殊地貌　包括腾冲火山、石林、土林以及白水台。

云南省地势呈现西北高、东南低，自北向南呈阶梯状逐级下降，属山地高原地形，山地面积占全省总面积的88.64%。地形以元江谷地和云岭山脉南段宽谷为界，分为东西两大地形区。东部为滇东、滇中高原，是云贵高原的组成部分，表现为起伏和缓的低山和浑圆丘陵；西部高山峡谷相间，地势险峻，形成奇异、雄伟的山岳冰川地貌。云南省地跨长江、珠江、元江、澜沧江、怒江、大盈江6大水系。

3. 川西高原

川西高原区域范围在北纬27°10′~34°19′，东经97°21′~106°3′，面积约27万 km^2，占四川全省面积的一半以上。南北两部分的分界大致沿稻城—理塘—雅江—马尔康—羊拱山—岷山一线。北部包括沙鲁里丘状高原、石渠、色达丘状高原和阿坝高原，三者合称川西北高原；南部则由一系列山河并列的山原、山地和峡谷组成。其地貌特点为：西北高东南低，地势起伏大。川西高原地势西北高达 4 500~4 700m，东南低至 2 500~3 000m，总体呈一西北向东南转向正南的一个倾斜面，这一趋势决定了山脉、河流的走向。区域内地势起伏大，尤其南部一带，相邻两地距离不出30km，而相对高度可以达到 2 500m，最大更达 6 400m。

北部高原面辽阔，起伏平缓。川西高原的层状地貌中，夷平面保存较好，主要有海拔 4 800~5 200m 的白垩纪准平原夷平面（雀儿山海拔 4 000~4 400m 的第三纪早期夷平面）；海拔 2 800~3 200m 的第三纪晚期夷平面，各期夷平面因各地断块上升幅度的差异而高度有所不同；而河流阶地发育与保存皆差，由于河流下切程度不同，北部最高阶地对河面高差仅 50m，南部则可达 350m（沈玉昌，

1965）。白垩纪到第三纪早期的夷平面经历了地壳抬升，流水剥蚀、冻融侵蚀，构成了北部辽阔、起伏的高原。它们中有的经历了流水轻度剥蚀、冻融侵蚀和冰盖刨蚀成为丘状高原，如石渠-色达丘状高原、沙鲁里丘状高原；有的经河湖沉积、水体浸渍成为沼泽，如若尔盖沼泽高原。

南部大河谷地与山原、高山相间排列，起伏崎岖川西高原南部，古准平原经流水侵蚀，破坏殆尽，仅余山原、高山与深邃的大河河谷并存。从西往东，依次是金沙江河谷、沙鲁里山原、雅碧江河谷、大雪山、大渡河、邛崃山，岷江、岷山。由于河流沿断裂急剧下切，大小河流的峡谷地貌十分普遍。

极高山山峰林立，川西高原海拔大于5 500m的极高山山峰林立，全区海拔大于5 500m的山峰有70座以上，其中，半数以上密集在号称"蜀山之王"海拔7 556m的贡嘎山周围。此外，雀儿山（6 168m）、格聂山（6 204 m）、仙乃日（6 032m）、夏塞（5 831m）等山的周围也较为密集。

冰川地貌与冰缘地貌广布川西高原现代雪线平均高度在海拔4 900~5 200m，在此高度以上的高山和级高山多有现代冰川分布，川西高原共有现代冰川174条，冰川面积572.1km^2（李吉均，1982）。贡嘎山、雀儿山、格聂山、仙乃日等都是冰川密集的地方，东部的雪宝顶有冰川3条，是中国冰川分布的最东端。大小冰川中以冰斗冰川和悬冰川为主，大型的山谷冰川较少，后者主要集中在海拔6 000m以上的山地。古冰川地貌则分布较广，冰斗、"U"形谷、冰碛等古冰川地貌，西北部可到海拔4 200m，东南部可到3 500m，大冰川下游谷地可到2 000m以下。冰碛、冰川刨蚀形成的湖泊在川西高原比比皆是，海子山因古冰帽形成的湖泊，在3 200多平方千米范围内，竟有湖泊1 145个之多。

川西高原西北一角存在大片永久冻土，其余大部分区域是季节性冻土。冰缘地貌的冻融泥流、多边形土、石环、石河等在永久冻土区与极高山的现代冰川下方，皆有不同程度的发育。

高寒喀斯特地貌特色突出。川西高原的喀斯特地貌主要集中分布在3处：木里、盐源的普通喀斯特地貌；金沙江北段的喀斯特峡谷地貌；岷山山地的高寒喀斯特地貌。后者以突出的钙华台地、边石坝、钙华瀑布、钙华滩等景观特色而著名。此外，在温泉出露的地方，常有钙泉华锥、钙泉华台地等的分布。高原内部局部碳酸盐岩区域有高原抬升前形成的喀斯特的残留，它们是一种特殊的高寒喀斯特地貌。

地质灾害地貌分布面广，地震、滑坡、泥石流等地质灾害地貌在川西高原的分布面很广，它们中因地震、滑坡形成的堰塞湖以岷江上游的叠溪海子最具有代表性。据湖泥的^{14}C测定，此堰塞湖持续了1 200年，不仅是1933年7.5级地震才形成此湖（王兰生，2005），由此说明这里的地震、滑坡的历史是很长的。

川西高原南部，古准平原经流水侵蚀，破坏殆尽，仅余山原、高山与深邃的大河河谷并存。从西往东，依次是金沙江河谷、沙鲁里山原、雅碧江河谷、大雪山、大渡河、邛崃山、岷江、岷山。由于河流沿断裂急剧下切，大小河流的峡谷地貌十分普遍。

川西高原为青藏高原东南缘和横断山脉的一部分，地面海拔4 000~4 500m，分为川西北高原和川西山地两部分。川西高原与成都平原的分界线便是今雅安的邛崃山脉，山脉以西便是川西高原。川西北高原地势由西向东倾斜，分为丘状高原和高平原。丘谷相间，谷宽丘圆，排列稀疏，广布沼泽。川西山地西北高、东南低。根据切割深浅可分为高山原和高山峡谷区。

(二) 气候

西南高原地区地处中国亚热带季风气候区。

贵州的气候温暖湿润，属亚热带湿润季风气候。气温变化小，冬暖夏凉，气候宜人。从全省看，通常最冷月（1月）平均气温多在3~6℃，比同纬度其他地区高；最热月（7月）平均气温一般是22~25℃，为典型夏凉地区。降水较多，雨季明显，阴天多，日照少。2002年，9个市州地所在城市中，降水量最多是兴义市，为1 480mm；最少的是毕节市，为687.9mm。受季风影响降水多集中于夏季。境内各地阴天日数一般超过150d，常年相对湿度在70%以上。受大气环流及地形等影响，贵州气候呈多样性，有"一山分四季，十里不同天"之说。另外，气候不稳定，灾害性天气种类较多，干旱、秋风、凝冻、冰雹等频度大，对农业生产危害严重。

云南气候基本属于亚热带高原季风型，立体气候特点显著，类型众多、年温差小、日温差大、干湿季节分明、气温随地势高低垂直变化异常明显。

滇西北属寒带型气候，长冬无夏，春秋较短；滇东、滇中属温带型气候，四季如春，遇雨成冬；滇南、滇西南属低热河谷区，有一部分在北回归线以南，进入热带范围，长夏无冬，一雨成秋。

在一个省区内，同时具有寒、温、热（包括亚热带）三带气候，一般海拔高度每上升100m，温度平均递降0.6~0.7℃，有"一山分四季，十里不同天"之说，景象别具特色。

川西高原位于青藏高原东侧，冬季主要受冷高压影响，天气晴朗，日照丰富。如果有较强的暖湿气流到过则可以形成降水（降雪）。否则，多以晴天为主。由于其特殊的地理位置所形成的立体气候，很大程度上弥补了时间上的四季不分明给农业生产造成的缺陷。经综合分析得出亚热带、温带、寒带3个经济发展气候带，对综合利用立体气候资源，进行产业结构调整具有应用价值。该区全年气温较高，干湿季节分明，降水量较少，全年有7个月为旱季。其河谷地区受焚风影响形成典型的干热河谷气候，山地形成显著的立体气候。该区云量少，晴天多，日照时间长，年日照多为 2 000~2 600h，较盆地区多 1 000~1 600h。

(三) 土壤

贵州自然条件复杂，土壤类型较多，从亚热带的红壤到暖温带的棕壤都有分布。其中，黄壤分布面积最多，遍及贵州高原的主体部分。同时，境内还广泛发育石灰土和紫色土等岩性土，其中又以石灰土分布最广，紫色土呈斑状或条带状零星分布在全省各地。在贵州耕地土壤中，无论稻田或旱地，15~20cm 耕层厚度的面积比例最大，分别 47.6% 与 58.0%；全省耕地土壤以微酸性（pH 值 5.5~6.5）所占面积比例最大，为 35.7%；其次为中性（pH 值 6.5~7.5）土壤，占 31.1%。贵州土壤有机质及全氮含量的总体水平较高，平均为 4.06% 和 0.204%。耕层有机质、全氮很丰富的分别占 27.1% 和 29.9%，中等和丰富的分别占 54.9% 和 54.1%；根据土层厚度、灌溉条件、肥力水平等指标，进行评级划分：一等地农业土壤面积占全省农业土壤总面积的 21.9%，二等地 43%，三等地 35%。

云南因气候、生物、地质、地形等相互作用，形成了多种多样土壤类型，土壤垂直分布特点明显。经初步划分，全省有 16 个土壤类型，占到全国的 1/4。其中，红壤面积占全省土地面积的 50%，是省内分布最广、最重要的土壤资源，故云南有"红土高原""红土地"之称。云南稻田土壤细分有 50 多种，其中，大的类型有 10 多种。成土母质多为冲积物和湖积物，部分为红壤性和紫色性水稻土。大部土壤分呈中性和微酸性，有机质在 1.5%~3%，氮磷养分含量比旱地高。山区旱地土壤约占全省的 64%，主要为红土和黄土。坝区旱地土壤约占 17%，主要为红土。旱地土壤分布比较分散，施肥水平不高，加之水土流失，土壤有机质普遍较水田低。常用耕地面积 423.01 万 hm²。云南农田土壤中速效 P、K 元素处于平衡，速效 Ca、Mg 亏缺，速效 Cu、Fe、Zn、Mn 等微量元素盈余。

川西地区分布有黄壤、红壤、褐土、棕壤、暗棕壤、亚高山草甸土、高山草甸土、水稻土等 19 个土类，33 个亚类。土壤中碱解氮含量普遍偏低，碱解氮含量处于极低和低等级的样品占 64.43%。而土壤中的速效磷和速效钾含量普遍偏高，土壤中的全磷含量较低，土壤中的全磷含量处于极低和低等级的样品占 67.99%；土壤中的全氮和全钾含量适中偏高，其中，土壤全氮和全钾含量处于中、高等级的样品分别占 74.31% 和 73.52%。土壤中有机质、全钾和有效钾含量丰富，全氮、碱解氮以及土壤有效硫含量过高，全磷、速效磷和水溶性氯含量偏低，土壤 pH 值较为适宜。

(四) 植被

贵州省地带性植被是亚热带常绿阔叶林，而且，在东、西部同时发育了湿润性常绿阔叶林和半湿润常绿阔叶林，二者之间又有过渡类型。植被相应地表现出大部分地区发育的是东部湿润性常绿阔叶林，仅西部地区发育了半湿润的常绿阔叶林，一些西部地区常见的种类均有分布。贵州植被丰厚，具有明显的亚热带性质，组成种类繁多，区系成分复杂。全省维管束植物（不含苔藓植物）共有269科、1 655属、6 255种（变种）。植物区系以热带及亚热带性质的地理成分占明显优势，如泛热带分布、热带亚洲分布、旧世界热带分布等地理成分占较大比重，温带性质的地理成分也不同程度存在。此外，还有较多的中国特有成分。由于特殊的地理位置，贵州植被类型多样，既有中国亚热带型的地带性植被常绿阔叶林，又有近热带性质的沟谷季雨林、山地季雨林；既有寒温性亚高山针叶林，又有暖性同地针叶林；既有大面积次生的落叶阔叶林，又有分布极为局限的珍贵落叶林。植被在空间分布上又表现出明显的过渡性，从而使各种植被类型在地理分布上相互重叠、错综，各种植被类型组合变得复杂多样。

云南是全国植物种类最多的省份，被誉为"植物王国"。热带、亚热带、温带、寒温带等植物类型都有分布，古老的、衍生的、外来的植物种类和类群很多。在全国近3万种高等植物中，云南占60%以上，分别列入国家一、二、三级重点保护和发展的树种有150余种。《云南省生物物种名录（2016版）》共收录云南省的物种2.54万个。2019年，云南森林面积为2 392.65万 hm²，森林覆盖率为62.4%，森林蓄积量19.7亿 m³。全省共有自然保护区161个，其中，国家级21个、省级38个、州市级55个、区县级47个，总面积约286万 hm²，占全省国土总面积的7.3%。云南树种繁多，类型多样，优良、速生、珍贵树种多，药用植物、香料植物、观赏植物等品种在全省范围内均有分布，故云南还有"药物宝库""香料之乡""天然花园"之称。云南植被分布的特点及其地带规律性，指出垂直带上主要植被类型以山地雨林为主而水平带上以湿润常绿阔叶林为主，在干热河谷地区植被是非地带性植被。云南植被分为雨林、季雨林、常绿阔叶林、硬叶常绿阔叶林、落叶阔叶林、暖性针叶林、温性针叶林、竹林、稀树灌木草丛、灌丛、草甸和湖泊水生植被等多个植被型。

川西高原地处长江中上游生态屏障区，是全国五大牧区之一的川西北牧区的重要组成部分，也是我国天然林的主要分布区域。该区生态环境特殊多样，植被资源丰富，其84.14%的土地面积分布着高寒草甸、高寒灌丛草甸、乔木林地和灌木林地。

（五）熟制和作物种类

贵州高原包括水田旱地二熟兼一熟农林区，平坝水田二熟制、旱地雨养粗放二熟制、经济林木制、烟作制。川鄂湘黔交界低高原山地水田旱地二熟农林区，平坝水田二熟制、旱地雨养粗放二熟制、经济林木制。

滇中高原盆地水田旱地二熟兼一熟农林区，平坝水田集约二熟兼一熟农林区，平坝水田集约二熟制、旱地雨养粗放二熟制、烟作制。滇南中低山宽谷炎热旱地水田二熟农区，旱地水田雨养粗放二熟制、原始生态农作制。

川西半湿润凉温作物一熟林农牧区，林农牧立体制、旱地一熟轮作制。

贵州农田生产布局划分为旱地作物与水田作物 2 个亚型。旱地作物亚型包括以荞麦、马铃薯、玉米为主的一年一熟组合型，以玉米、马铃薯和小麦、甘薯为主的二年三熟组合型，以玉米、小麦、马铃薯、豆类、烤烟、油菜等为主的一年二熟组合型，以玉米、马铃薯、小麦、油菜为主的一年三熟组合型，以宿根甘蔗为主的全年生作物组合型。水田作物包括单离水稻一年一熟组合型，以水稻、小麦、油菜或双熟稻为主的一年二熟作物组合型。

二、西南高原藜麦实用栽培技术

（一）选地整地

1. 选地

藜麦具有耐寒、耐旱、耐瘠薄、耐盐碱等特性，适宜生长在高海拔山区。对土壤要求不严格，壤土、沙壤土、沙土、瘠薄的沙性或石灰性土壤均可种植。为了不与主粮争地，宜选择高海拔、坡度较小的梯田、川地、沟坝地种植，西南海拔高于 500m，低于 2 600m 均可种植。

2. 茬口选择

藜麦一般不宜连作，可与荞麦、薯类、十字花科等作物进行轮作。贵州、云南可与玉米、高粱、烤烟、马铃薯等轮作，川西高原可以与荞麦轮作。

3. 整地

藜麦播种或移栽前 5d 左右整地。整地时要求土壤墒情较好，但也避免田间积水影响整地质量。由于藜麦属小粒作物，种子顶土能力极弱，整地质量直接影响到能否苗全苗壮，春播要提前犁耙整地，夏播要及时旋耕，达到"深、净、细、实、平"，不能有明暗坷垃。

（二）选用优良品种（品系）

以贵州省新育成藜麦新品系为例。

1. QL1

QL1 是贵州省农业科学院旱粮研究所用系统育种的方法选育而成。该品种突出特点是高产、耐旱、耐瘠薄、适应性广，尤其适合在贵州中、高海拔区域推广种植。该品种株高 121～157cm，穗色橙色。生育期 133～142d，分枝数 18～25

个，千粒重 2.1~2.9g，单株产量 44.7~77.4g。种植密度 60 000株/hm²，产量 2 625kg/hm² 左右。大田表现为总体抗病性好，落黄好。

2. QL2

QL2 是贵州省农业科学院旱粮研究所用系统育种的方法选育而成。该品种突出特点是高产、早熟、籽粒大、适应性广，抗倒伏，尤其适合在贵州中、低海拔区域推广种植。该品种株高 94~131cm，穗色红色，生育期 120~132d，分枝数 15~28 个，千粒重 2.1~3.2g，单株产量 46.5~68.8g，种植密度 67 500株，产量 3 000kg/hm²左右。该品种再生能力强，大田表现为抗霜霉病和叶斑病，落黄好。

3. QL3

QL3 是贵州省农业科学院旱粮研究所用系统育种的方法选育而成。该品种突出特点是高产、晚熟、耐旱、耐瘠薄，尤其适合在贵州高海拔区域推广种植。该品种株高 133~152cm，穗色棕色，生育期 132~150d，分枝数 19~25 个，千粒重 2~2.3g，单株产量 51.1~65.9g，种植密度 52 500株，产量2 475kg/hm²左右。大田表现为抗叶斑病，落黄好。

（三）播季和播期选择

在南方低纬度高海拔地区，鉴于南亚热带的气候环境，农作物基本上可以因地周年种植，多季播种。既可春播，夏播，也可秋、冬播。

代梦媛等（2017）曾探究了藜麦在云南昆明地区冬春季种植的适应性。对引进的 2 个藜麦品种（雨琪 6 号和黑种 1 号）进行生育期、株高、产量、田间表现观察试验。结果表明，2 个品种在山地种植的生育期较水田种植长，株高和产量较水田种植高，山地种植株高分别为 1.02m、0.74m；产量较水田高，亩产量分别为 150.75kg、100.51kg；雨琪 6 号的生长势较黑种 1 号整齐，黑种 1 号种源杂合度高；表明藜麦适宜在昆明地区冬春季种植，施肥对藜麦高产具有重要作用。

1. 播期

一般春播在 3 月上旬至 5 月下旬播种，秋冬播在 9 月下旬至 10 月中旬。春播播种层土温稳定在 10℃ 以上时，播种较为适宜，如提前播种，可采用覆膜栽培。播种时土壤必须保持良好的墒情，以播种层含水量 15%~20% 为宜，土壤过干播种，种子不能发芽或发芽后很快干死，但土壤也不能积水，否则会引起种子的霉烂。在无灌溉的条件的山坡地，可遇雨而播。

2. 播期对藜麦产量的影响

贵州省农业科学院以自育品系 QL1 和 QL2 为试验材料，在贵州安顺天龙基地 3 月 10 日、4 月 10 日以及 5 月 10 日分别播种。两个品系均以 3 月 10 日播种的产量最高，其中，QL1 和 QL2 产量分别达 269.5kg/亩和 226.8kg/亩。随着播期的推迟，两个品系产量下降较多，4 月 10 日播种的两个品系产量分别为 140.3kg/亩、168.4kg/亩。随着播期的推迟，5 月 10 日播种两个品种平均产量持续下降，108.4kg/亩、91.9kg/亩。通过试验结果表明，贵州黔中地区藜麦在 3 月份播种产量亩产可达 200kg 以上，在 4 月播种亩产在 150kg 左右，5 月以后播种亩产在 100kg 以下，所以尽量早播可以获得高产。

（四）播种

出苗好坏直接影响藜麦植株密度与最终产量。因此，播种方式和时间必须适宜，播种期墒情是种子萌发和获得足够株数的决定性因素（Rojas et al.，2004）。

1. 种子的播前处理

（1）精选种子 选用粒饱、粒重和大小整齐的种子，剔除混在种子中的草籽、杂质、虫瘿和病粒等。

（2）晒种 选择晴天 9—10 时晒种，促使种子发芽速率和发芽率提高。

2. 播种方法

常规播种有条播、穴播、育苗移栽等。

3. 播种方式

一般有平作或垄作等。

在贵州坡地，因排水较容易，可以进行平作直播或移栽，藜麦现蕾期后培一次土，以免后期倒伏。

在贵州坝地，有时会因长期降雨导致田间积水，需要进行垄作，可人工或机械起垄，垄面一般 60~100cm，垄深 30~40cm。

因贵州光照条件差，阴雨天气多，为了充分利用光能与田间通风好，宜采用宽窄行的栽培模式，一般宽行 50~60cm，窄行 30~40cm。

4. 合理密植

由于贵州的光照条件限制，一般早播情况下，种植密度应控制在 3 500~5 000株/亩，行距一般 50~60cm，株距 30~35cm。具体情况还要由品种特性、播种早晚、土壤肥力环境条件决定。

2020 年贵州省农业科学院在 5 月 14 日以自育品系 QL1、QL2 开展种植密度试验，设置 4 个密度，行距分别为 40cm、50cm、60cm、70cm，株距固定为 30cm，对应亩种植密度为 6 670株、5 336株、4 447株、3 811株。结果表明，随着种植密度的降低产量显著降低，QL1 亩产量分别为 121.54kg、117.18kg、

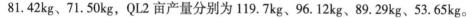

81.42kg、71.50kg，QL2 亩产量分别为 119.7kg、96.12kg、89.29kg、53.65kg。

(五) 田间管理

1. 科学施肥

(1) 施足基肥 播种前，亩用 15%毒死蜱·辛颗粒剂 4kg 与 1 000kg 农家肥、20kg 复合肥搅拌均匀，深施入地，防治地下害虫。

(2) 合理追肥 藜麦对氮肥敏感，在生长前期不宜追肥，否则植株过于高大，后期容易倒伏。在底肥施入不足的情况下，可根据土壤肥力、苗情长势适当追肥。追肥最佳时期为显穗至开花，可利用降雨追肥 1~2 次，每次追施复合肥 10kg/亩。追肥时给予根部培土，防止生育后期倒伏。

2. 合理灌溉

在天然降水基本能满足生育期间需求的情况下，不需灌溉。

3. 防病、治虫、除草

及时中耕除草，切勿草荒，严重影响藜麦生长。目前还没有藜麦专用型除草剂，双子叶类杂草需要人工拔除，其中，藜草俗称（灰灰菜）和藜麦苗相似，避免误除。禾本科杂草为主的地块可以采用专用除草剂，如高效氟吡甲禾灵，进行喷杀。也可采用全黑膜穴播栽培，可减少除草工作量。

(六) 收获与晾晒

藜麦种子活性很强，没有休眠期，成熟籽粒遇水 3~5h 即开始萌发，若成熟期不及时收获，遇连绵雨会导致未收获的藜麦种子发芽。过早收获会导致种子营养积累不完全，影响种子的产量及品质。所以在正常生理成熟时（籽粒变硬，指甲难以掐破，叶片枯萎、脱落，藜麦穗变黄变干），可以进行采收。收割后，及时晾晒风干，让籽粒有一个后熟的过程（这样籽粒更饱满，色泽更一致）。藜麦穗晒干后，一般可人工敲打或脱粒机脱粒，也可堆放在一起后采用收割机进行脱粒。脱粒后，籽粒必须晾干（籽粒含水量低于 12%）并进行精选、包装入库，可保证藜麦籽粒具有较好的商品性和加工品质。

本章参考文献

白永平，2000. 西北地区（甘宁青）农业生态气候资源量化与评价 [J]. 自然资源学报，15（3）：218-224.

程斌，高旭，曹宁，等，2017. 藜麦的生物学特性及主要栽培技术 [J]. 农技服务，34（13）：47.

崔宏亮，邢宝，姚庆，等，2019. 新疆伊犁河谷藜麦产业发展的 SWOTS 分析 [J]. 作物杂志 (1)：32-37.

崔增团，张瑞玲，孙大鹏，2003. 甘肃省几种主要农田土壤肥力监测结果 [J]. 土壤肥料 (5)：3-7.

代梦媛，李文昌，高梅，等，2017. 藜麦品种冬春季试种初报 [J]. 云南农业 (10)：50-52.

邓万云，周继华，黄琴，等，2016. 藜麦在北京地区适应性的初步研究 [J]. 中国农业大学学报，21 (12)：12-19.

杜丽芬，2017. 辽北地区藜麦高产优质栽培技术 [J]. 现代农业 (10)：48.

冯世杰，2019. 陇中黄土高原藜麦不同种植密度试验报告 [J]. 农业科技与信息 (5)：11-12.

贵州省农业地貌区划编写组，1989. 贵州省农业地貌区划 [M]. 贵阳：贵州人民出版社.

贺笑，庞春花，张永清，等，2018. 多效唑和矮壮素浸种对藜麦幼苗生长的影响 [J]. 河南农业科学，47 (1)：26-31.

黄朝斌，薛维芳，成明锁，等，2018. 藜麦品种青藜 1 号及高产栽培技术 [J]. 中国种业 (7)：84-85.

黄杰，李敏权，潘发明，等，2015. 不同播期对藜麦农艺性状及品质的影响 [J]. 灌溉排水学报，34 (S1)：265-267.

姜庆国，温日宇，郭耀，等，2017. 藜麦的种植栽培技术与病虫害防治 [J]. 农民致富之友，2 (22)：160.

金茜，杨发荣，魏玉明，等，2018. 外源植物生长调节剂作用下藜麦株高的响应性变化 [J]. 甘肃农业科技 (6)：50-52.

李参，2020. 甘肃寒旱藜麦节水生产机械化技术示范推广与应用 [J]. 农业工程，84 (10)：22-25.

李进才，2016. 藜麦的生物学特性及栽培技术 [J]. 天津农林科技 (3)：23-26.

李世英，汪安球，蔡蔚祺，等，1959. 柴达木盆地植被与土壤调查报告 [M]. 北京：科学出版社.

李素军，宋胜普，2016. 宣化县藜麦栽培技术 [J]. 现代农业科技 (1)：52.

刘春晓，吴静，李纯斌，等，2018. 基于 MODIS 的甘肃省土壤遥感分类 [J]. 草原与草坪，38 (6)：85-90.

刘敏国，王士嘉，陆姣云，等，2018. 河西走廊藜麦 C、N、P 生态化学计

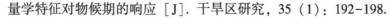

量学特征对物候期的响应 [J]. 干旱区研究，35（1）：192-198.

刘韶斌，2006. 甘肃省水资源现状与发展节水灌溉的思考 [J]. 甘肃农业科技（5）：37-38.

雒维萍，祁贵明，史广艳，等，2020. 格尔木藜麦覆膜点播增温保墒栽培技术 [J]. 青海农林科技（3）：107-109.

马成，2018. 泰安县藜麦全膜平铺穴播高产栽培技术 [J]. 农业科技与信息（23）：32-33.

马成，2019. 陇中黄土高原藜麦不同播期对比试验报告 [J]. 农业科技与信息，562（5）：42-43.

马文彪，2015. 吕梁山北段高寒山区藜麦高产栽培技术 [J]. 中国农业信息（4）：76-77.

倪瑞军，张永清，庞春花，等，2015. 藜麦幼苗对水氮耦合变化的可塑性响应 [J]. 作物杂志（6）：91-98.

庞春花，张紫薇，张永清，等，2017. 水磷耦合对藜麦根系生长、生物量积累及产量的影响 [J]. 草业学报，28（2）：156-167.

彭锋，尚永军，段亮，2017. 玉门市冷凉灌区藜麦栽培技术 [J]. 现代农业科技（15）：37，40.

彭锋，段亮，尚永军，2018. 藜麦新品种陇藜 1 号在玉门市冷凉灌区的密度试验初报 [J]. 甘肃农业科技（1）：8-9.

任永峰，黄琴，王志敏，等，2018. 不同化控剂对藜麦农艺性状及产量的影响 [J]. 中国农业大学学报，23（8）：8-16.

任永峰，黄琴，王志敏，等，2018. 藜麦植株养分积累对源库调节的响应 [J]. 华北农学报，33（5）：151-159.

任永峰，梅丽，杨亚东，等，2018. 播期对藜麦农艺性状及产量的影响 [J]. 中国生态农业学报，26（5）：643-656.

盛长存，2019. 高台县冷凉山区藜麦丰产栽培技术 [J]. 基层农技推广，7（7）：89-90.

石振兴，杨修仕，么杨，等，2017. 60 份国内外藜麦材料籽粒的品质性状分析 [J]. 植物遗传资源学报，18（1）：88-93.

时丕彪，耿安红，李亚芳，等，2018. 江苏沿海地区 12 个藜麦品种田间综合评价及优良品种的耐渍性分析 [J]. 江苏农业科学，46（15）：64-67.

汪绍铭，1986. 柴达木盆地气候特点和农业生产关系 [J]. 青海农林科技（1）：22-26.

汪绍铭，1990. 青海柴达木盆地气候生态资源特点和农业开发 [J]. 生态学杂志，9（3）：65-68.

王鹤龄，牛俊义，王润元，等，2007. 甘肃不同类型农区农业自然环境资源特点及农田生产力分析 [J]. 干旱地区农业研究，25（3），163-168.

王倩朝，张慧，刘永江，等，2020. 播期对藜麦主要农艺及品质性状的影响 [J]. 云南农业大学学报（自然科学），35（5）：737-742.

王新国，2016. 杂粮新宠——藜麦及其栽培技术 [J]. 科学种养（4）：15-17.

王志奇，2017. 旱地留膜免耕穴播藜麦栽培技术 [J]. 中国农技推广，33（11）：31-32.

魏玉明，黄杰，顾娴，等，2015. 藜麦规范化栽培技术规程 [J]. 甘肃农业科技，12（12）：77-80.

魏玉明，黄杰，刘文瑜，等，2018. 藜麦覆膜栽培技术研究与应用 [J]. 中国种业（1）：26-29.

熊国富，2007. 青海柴达木盆地春小麦高产条件与对策研究 [J]. 农业科技通讯（10）：45-47.

许秀娟，蒋骏，王俊鹏，1995. 甘肃省黄土高原区农耕期热量资源及其利用状况分析 [J]. 干旱地区农业研究，13（1）：105-109.

杨东，程军奇，李小亚，等，2012. 甘肃黄土高原各级降水和极端降水时空分布特征 [J]. 生态环境学报，21（9）：1 539-1 547.

杨发荣，2015. 藜麦新品种陇藜1号的选育及应用前景 [J]. 甘肃农业科技（12）：1-4.

杨振华，臧广鹏，2005. 甘肃省农业水资源现状及抗旱节水措施 [J]. 甘肃农业科技（1）：3-5.

姚有华，白羿雄，吴昆仑，2019. 亏缺灌溉对藜麦光合特性，营养品质和产量的影响 [J]. 西北农业学报，28（5）：713-722.

尤勇刚，杨庆华，王攀，等，2019. 柴达木盆地植被调查与研究 [J]. 干旱区资源与环境，33（2）：183-188.

张国平，2009. 甘肃省水资源现状与发展节水灌溉的对策 [J]. 甘肃农业（3）：70-71.

张晓玲，袁加红，何丽，等，2018. 云南省高海拔低温干旱山区藜麦种植技术探讨 [J]. 安徽农业科学，46（30）：45-46，50.

赵广熙，2017. 有机藜麦丰产栽培技术 [J]. 种子世界（5）：64-65.

赵婧，刘祎鸿，李博文，2020. 甘肃藜麦产业发展现状及对策建议 [J]. 甘肃农业，518（8）：70-72.

赵军, 唐峻岭, 李斌, 等, 2020. 天祝县旱作藜麦全膜双垄沟播栽培技术 [J]. 中国种业 (10): 102-103.

周英, 魏明锋, 2017. 新疆北疆地区藜麦栽培技术 [J]. 新疆农垦科技 (7): 20-21.

祝宗武, 2013. 甘肃省黄土高原地区水资源分布规律初探 [J]. 甘肃水利水电技术, 4 (9): 11-12.

BHARGAVA A, SHUKLA S, OHRI D, 2006. Chenopodium quinoa: an Indian perspective [J]. Industrial Crops and Products, 23: 73-87.

FLYNN R O, 1990. Growth characteristics of quinoa and yield response to increase soil water deficit. MSc. Thesis [D]. Colorado: Colorado State University.

GARCIA M, RAES D, JACOBSEN S E, 2003. Evapotranspiration analysis and irrigation requirements of quinoa (*Chenopodium quinoa*) in the Bolivian highlands [J]. Agricultural Water Management, 60: 119-134.

GEERTS S, RAES D, GARCIA M, et al., 2006. Agro-climatic suitability mapping for crop production inthe Bolivian Altiplano: a case study for quinoa [J]. Agricultural and Forest Meteorology, 139: 399-412.

GEERTS S, RAES D, GARCIA M, et al., 2008. Could deficit irrigation be a sustainable practice for quinoa (*Chenopodium quinoa* Willd.) in the Southern Bolivian Altiplano [J]. Agricultural Water Management, 95: 909-917.

GEERTS S, RAES D, GARDA M, et al., 2008. Introducing deficit irrigation to stabilize yields of quinoa (*Chenopodium quinoa* Willd.) [J]. European Journal of Agronomy, 28: 427-436.

GEERTS S, RAES D, 2009. Deficit irrigation as an on-farm strategy to maximize crop water productivity in dry areas [J]. Agricultural Water Management, 96: 1 275-1 284.

GEERTS S, RAES D, GARDA M, et al., 2008. Introducing deficit irrigation to stabilize yields of quinoa (*Chenopodiumquinoa* Willd.) [J]. European Journal of Agronomy, 28, 427-436.

GONZALEZ J A, GALLARDO M, HILAL M, et al., 2009. Physiological responses of quinoa (*Chenopodium quinoa* Willd.) to drought and waterlogging stresses: dry matter partitioning [J]. Botanical Studies, 50: 35-42.

MARTINEZ E, SAN MARTIN R, JORQUERA C, et al., 2009. Remtroduction of quinoa into arid Chile: cultivation of two low-land races under extremely low irrigation [J]. J Agron Crop Sci, 195: 1-10.

OELKE E A, PUTNAM D H, 1992. Alternative Field Crops Manual [D]. Madison: University of Wisconsin Cooperative Extension Service.

TABOADA C, MAMANI A, RAES D, et al., 2011. Farmer's willingness to adopt irrigation for quinoa in communities of the central Altiplano of Bolivia [J]. Revista Latinoamericana de Desarrollo Economico, 16: 7-28.

VACHER J J, 1998. Responses of two main Andean crops, quinoa (*Chenopodium quinoa* Willd.) and papa amarga (*Solanum juzepczukii* Buk) to drought on the Bolivian Altiplano: significance of local adaptation [J]. Agriculture, Ecosystems and Environment, 68: 99-108.

第四章　环境胁迫及其应对

第一节　生物胁迫及其应对

一、病害及其防治

（一）种类

藜麦为近年发展起来的作物，大规模连片种植较少，同时藜麦抗逆性较强，抵抗病原生物胁迫的能力较强，其遭受病原生物胁迫后补偿能力也较强，因此，目前藜麦遭受病原生物胁迫对藜麦的产量和品质影响较小。对藜麦产量和品质影响较大的病害主要有根腐病、霜霉病、灰霉病、病毒病、黑斑病、穗枯病、菌核病、褐斑病、黑秆病、根结线虫病等，其中，根腐病和霜霉病对藜麦生产影响较大。

1. 根腐病

藜麦常见病害，在藜麦产区均有发生，主要为害根部导致植株生长较差，发病严重时甚至全株死亡。

病原　藜麦根腐病主要由镰刀菌属真菌（*Fusarium* sp.）引起，部分产区也有报道由腐霉（*Pythium* sp.）引起。

症状　为害植株根部，造成根部腐烂，影响植株对水分和养分的吸收，从而形成全株症状。该病主要从根尖侵染，发病初期，仅仅是部分须根感病，逐渐向主根扩展，早期植株地上部分不表现症状；主根被侵染后，根部皮层逐渐腐烂，逐渐失去吸收水分和养分的能力，植株地上部分因水分养分供不应求，新叶首先发黄，在中午前后气温高、光照强、蒸发量大时，叶片出现萎蔫，早晚和夜间恢复。随着病情加重，萎蔫状况夜间也不能再恢复，整株叶片发黄、枯萎。此时，根部皮层变褐，并与髓部分离，最后全株死亡。

流行规律　病菌在土壤中和病残体上越冬，一般多在5月下旬至6月上旬发病，病菌开始侵染，6月中下旬开始发病，7月进入发病盛期。其发生与气候条件关系很大，一般土壤黏性大、易板结、通气不良致使根系生长发育不良，易发病，降雨多，地块排水不好，发病较重。此外，根部受到地下害虫、线虫的为害后，伤口多，有利病菌的侵入。

2. 霜霉病

藜麦常见病害，在藜麦产区均有发生，主要为害叶部。该病在印度及中国西藏、山西等藜麦产区为主要病害。发病较重的地块减产 30%~60%，在有利于病原体生存条件下，会导致藜麦绝收。

病原　藜麦霜霉病病原菌为 *Peronospora variabilis* Gaüm。孢囊梗从气孔伸出，单生或 2~7 枝束生，呈树枝状，高为 242.37~570.19μm；孢囊梗二叉分枝，分枝 4~5 次，第 1 分枝下部的主枝大小（132.01~176.99）μm×（10.89~11.07）μm；末端小枝呈直角或锐角分枝，顶端尖细、弯曲，长度 9.93~30.89μm，末端小枝基部宽度 2.89~3.34μm 孢子囊着生在孢囊梗上，卵圆形或椭圆形，少数近球形，单孢，淡褐色，表面光滑，大小（25.38~36.73）μm×（21.56~24.71）μm。成熟脱落的孢子囊基部有 1 个无色、铲状的孢囊梗残留物，残留梗大小（1.59~1.67）μm×（0.79~1.12）μm。

症状　霜霉病破坏植物叶片，引起叶片发黄或变红，严重情况下会导致叶片脱落。发病初期叶正面病斑形状不规则，淡黄色，病健交界清晰，直径约 1.5~6mm，叶背面偶尔有稀疏淡粉色或淡灰色的霉层。发病中期叶正面病斑呈粉红色，直径 13~22mm，叶背面病斑呈淡黄色，有明显粉红色霉层。发病后期病斑连片，整个叶片呈黄色，极易从叶柄处脱落，叶背面有灰黑色霉层。病斑不受叶脉限制，有的从叶缘，也有的从叶片中央出现扩展斑。

流行规律　该病多在阴凉湿润的山区发病，一般在湿度大于 80%，温度 5~20℃的条件下发生较重。干燥和高温季节病原菌主要潜伏在藜麦种子、土壤或病残组织中。当环境条件有利时开始侵染。

1947 年，藜麦霜霉病首次在秘鲁地区被报道。这种病原体在玻利维亚、智利、哥伦比亚、厄瓜多尔和秘鲁产生一种地方性病害。在安第斯山脉的大部分地区，雨季的气候条件有利于霜霉病生长（10 月至翌年 4 月）。在玻利维亚南部苏格兰高地的靠近咸水湖地区，由于年降水量较少，霜霉病很少发生，而丹麦的高湿和中等温度使霜霉病频繁发生，Kumar 等（2006）首次报道了印度栽培种藜麦中霜霉病的存在，2009 年首次报道了在加拿大藜麦植物中发生的霜霉病，发病叶片表现黄萎病症。

不同品种对藜麦霜霉病抗病性不同。Ochoa 等（1999）研究了藜麦对厄瓜多尔地区 20 种隔离种群霜霉菌的抵抗能力及发病类型，确定藜麦对霜霉菌的抗病性分 6 种反应类型，由免疫抗病型（等级为 0）至完全感病型（等级为 5）。通过对 60 个藜麦品系抗病性鉴定，有 22 个品系的植株对所有隔离种群霜霉菌有易感性，29 个品系为混合反应类型，即 1 个品系中有 3 株苗的叶片反应类型之间有显著差异。不同地区的霜霉病菌致病性不同，在厄瓜多尔的不同藜麦生长区，对致病力的分组是受限制的，厄瓜多尔南部藜麦尚未广泛种植，收集到的隔离菌株其致病力属于第 2 等级，毒性较弱。在中部，地方品种与新品种都有种植，但仅收集到分离菌株的为第 4 组致病力。厄瓜多尔北部是藜麦的传统种植区，第 1~4 组致病力的隔离种群。霜霉菌都能收集到。在那些有合适基因型的区域，致病力的分组受到了限制。在北部地区致病力的分组范围表明，真菌能够适应新的抗性因子。抗性因子 R3 主要存在于厄瓜多尔地区的 13 个高产藜麦品系，抗性因子 R3 对第 4 组（毒性最大）没有抗性，而对大多数毒性组具有抗性，R3 在多品系中的出现表明在藜麦育种进程中新的抗性因子正被应用。

叶片脱落是藜麦霜霉病造成减产的主要原因，例如，起源于玻利维亚盐碱地（年降水量 200mm）的 Utusaya 栽培种，受霜霉病严重影响，叶片全部脱落、早熟，产量损失达 99%，即使在多数抗性栽培种中减产也达 33%。Danielsen 等（2000）在自然条件下对 8 个藜麦栽培种分别使用与不使用杀菌剂进行了大田试验，以定量考察病害对产量的影响，根据致病程度评估（受感染叶面积百分率），计算病害流行曲线面积（AUDPC）值。研究表明，AUDPC 与产量呈显著负相关，这项研究也支持了后期栽培种与前期品种相比一般具有较好抗霜霉病特性的观点。Danielsen 和 Munk（2004）在秘鲁进行了大田试验，试验用 7 种病害评估方法确定霜霉病发病程度，通过杀真菌剂处理确定了 2 个水平霜霉病发生程度，计算霜霉病害评估方法的 AUDPC 值及与产量的关系。3 叶片方法（在植株的较低、中间和较高部位随机选取平均病害流行程度的 3 片叶）测定的 AUDPC 与产量显著负相关（$r=-0.736$），这是评估霜霉病引起产量损失的快速、简单的适宜方法。

Kumar 等（2006）在印度中东地区的亚热带气候区自然植物流行病条件下，对 34 份藜麦材料，进行了对霜霉病抗性的评估与筛选。基于 AUDPC 对病害鉴定的两种不同方法进行测试与比较，第一种方法是利用从整个流行病收集的数据点计算 AUDPC，第二种方法是仅使用两个评估日期来预测 AUDPC。据传播后 30d 的病症表现，高抗与高感材料的病害流行发展曲线均呈钟状（DAS）。在流行病发生初期曲线逐渐上升，直至达到最高严重度 6（65DAS），后期曲线逐渐降到 12（107DAS）。所用藜麦材料通过两种方法进行分组，根据抗病性的不同分为完全感病至免疫抗病不同等级，在材料中既有主效抗性基因存在，也有微效低抗性基因存在。病害评估的两点法简单而且适用，因此可应用于局部材料的筛选。在登记的材料中，有 4 份登记的藜麦材料对霜霉病具有抗性或免疫性，表明了病变型的生理学特性（Kurmretai，2006）。Aragon（1992）用事实证明，病原菌分离株的自然存在表明对霜霉病具有免疫性的野生种不存在交叉致病性，通过对花蕾形成初期的病害程度与发病期关系的模型构建，确定了病害达到最严重程度的临界生长期。这项研究推断，藜麦材料是导入高产基因的理想来源，但需通过回交育种或分子途径解决易感霜霉病的问题。

Pafika 等（2004）就在波兰选择的藜麦栽培种及品系对霜霉病的感染性进行了评估，24 个栽培种（品系）对霜霉病的感染性有显著差异，感染指数为 12.5%~80%，24 种材料中有 16 个栽培种表现没有显著感染性。这表明欧洲的栽培种与品系对霜霉病具有较强抗侵染性，起源于安第斯山脉地区的栽培种表现出较高的易感性。

3. 真菌性叶斑病

藜麦常见病害，在藜麦产区均有发生。主要为害叶部，形成斑点，严重的可引起落叶，对产量有较大影响。该病在中国西藏等地发生较重。

病原　链格孢菌（*Alternaria alternata*）培养 5d 时呈灰绿色，培养至 15d 时呈墨绿色，菌落疏松呈环形，气生菌丝多，分生孢子为单孢，多呈梨形、少数梭形，其横隔膜 1~7 个，少数分生孢子具 1~4 个纵（斜）隔膜，（14.8~56.8）$\mu m \times$（7~13.3）μm，喙较长，（6.2~29.6）$\mu m \times$（2.1~4.3）μm，菌丝为有隔菌丝，多呈直角分支，少数为锐角分支，菌丝宽度为（1.8~6.6）μm。

症状　发病初期病斑呈圆形、椭圆形，米黄色小斑点；中期病斑呈 2 圈轮纹，米黄色小斑点扩大成棕褐色干枯状病圈，病圈以外叶片组织颜色变淡；发病后期米黄色小病斑中央出现穿孔，病斑大小不一，直径 1.5~6.4mm，平均 4.6mm。

流行规律　病原菌在病残体上越冬，次年藜麦出苗后开始以分生孢子对藜麦叶片进行侵染。

4. 细菌性叶斑病

藜麦常见病害，在藜麦产区均有发生，主要为害叶部，形成斑点，严重的可引起落叶，对产量有较大影响。该病在中国四川等地发生较重。

病原　成团泛菌（*Pantoea agglomerans*）。病原菌在 LB 固体培养基上，28℃恒温培养，24h 后菌落为白色偏黄，圆形或不规则的椭圆形，表明光滑，微微凸起，边缘整齐，菌落呈透明状。48h 后菌落逐渐变为黄色，圆形或不规则的椭圆形菌落，菌斑变大，基本长满整个培养基，菌落表面光滑，微凸起，边缘整齐，透明，整个菌落比较黏稠，直径为 2~3mm。将菌落挑取放在紫外灯下观察无黄色荧光产生，说明该菌落并无荧光特性。菌落挑取在滴油无菌水的载玻片上后，盖上盖玻片置于显微镜下观察，观察结果显示，菌株的单个菌体呈直杆状，菌体大小（1~3）μm×（0.5~1）μm。

症状　发病初期，病斑颜色呈浅黄色，在叶片上分布稀疏，病斑直径通常小于1.5mm；当病情逐渐发展到中期时，病斑颜色加深，病斑变大，边缘不规整，一些病斑逐渐有融合现象，形成病团，整个叶片逐渐变浅黄色，有逐渐枯萎的趋势，发病后期，病斑几乎遍布在整个叶片上，颜色呈现深黄，叶片边缘开始枯萎，整个藜麦植株呈枯萎死亡。

流行规律　病原菌在病残体或土壤中越冬，翌年藜麦移栽后，病菌通过风雨传播到叶片，进行侵染，温度过高和过低均不利于病害的发生。

5. 黑秆病

藜麦常见病害，在藜麦产区均有发生。主要为害茎部，形成斑点，严重的可引起植株枯死，对产量有较大影响。该病在中国山西省等地发生较重。

病原　该病有茎点霉属真菌（*Phoma* sp.）引起。在PDA培养基上，菌落初为白色绒毛状，3d后在培养基背面接种点开始出现黑色，正面仍然为白色。培养7d后，边缘为0.5cm范围内新生菌丝为白色，中央灰褐色，背面为黑褐色，呈中心向外的发射状。菌丝平均生长速率为1.1cm/d。菌丝有隔，分生孢子器埋生在藜麦茎秆皮层内，近球形，具孔口，黑褐色。高68~108μm，直径67~156μm，壁厚5~8μm。内分生孢子梗，分生孢子卵形，单孢，无色，大小为（5.5~7.5）μm×（2.5~3.5）μm。

症状　通常在植株抽穗后发病，从藜麦茎部自下而上发展，发病初期，病斑灰白色，后颜色逐渐变深，随着病斑扩大，病部中央变为黑色边缘灰白色，病斑为不规则梭形，严重时病斑连片，整个茎秆变为黑色，植株枯死。

流行规律　该病以菌丝或分生孢子器在病残组织中越冬，翌年夏天侵染藜麦发病，该病在海拔较高的山坡凉爽地区较海拔较低的平原地区发病轻。低洼地较排水良好地块发病重。

6. 根结线虫病

藜麦常见病害，在气候较温暖的藜麦产区发生。主要为害根部，形成根结，严重的可引起植株矮小，产量减少。一般年份发生较轻，雨水较少年份发病较重。

病原　藜麦根结线虫病病原为根结线虫属线虫（*Meloidogyne* spp.），在贵州主要为南方根结线虫（*Meloidogyne incognita*）。

症状　植株地上部分一般不表现症状，发生较重时表现为生长迟缓、植株矮化的症状，在根部形成大小不一的根结。

流行规律　病原线虫以卵或幼虫在土壤或病残体中越冬，在土壤内无寄主植物存在的条件下，可存活 3 年以上。当气温达 10℃ 以上时，卵开始发育，长成一龄幼虫，呈 "8" 字形蜷曲在卵壳内，蜕皮后形成 2 龄幼虫，然后破壳出来，进入土壤中，并在土壤中短距离移动，寻找寄主的幼根，侵入时先用吻针刺穿细胞壁，插入细胞内，然后由食道腺分泌毒素破坏表皮细胞，然后向内移动，在根部伸长区定居，刺激植物根部的薄壁组织，使薄壁细胞过度发育，形成巨型细胞，幼虫刺吸巨型细胞的细胞质，进行生长发育，经过 4 次蜕皮后发育为成虫。由于线虫的影响寄主细胞分裂加快，最后形成根结。雌雄成虫发育成熟后交配，雄成虫交配后死亡，雌成虫交配后将卵产于阴门外的卵囊内，雌成虫产卵后死亡，卵在根结内或散落于土壤中孵化后继续为害。

气温达 10℃ 以上时，卵可孵化，温度 25~30℃ 时，25d 可完成一个世代，土温高于 40℃ 或低于 10℃ 很少活动。根结线虫生长适宜土壤湿度 40%~70%，土壤酸碱度 pH 值 4~8，土壤质地为疏松的沙土或沙壤土。

7. 病毒病

藜麦常见病害，在藜麦产区均有发生，多为系统性侵染，症状主要表现在地上部分。大多数病毒均可侵染藜麦，因此，藜麦常作为病毒病试验的指示性植物，但多数病毒对藜麦生长和产量影响较小。

病原　引起藜麦病毒病的病毒种类较多，一般烟草花叶病毒（TMV）、黄瓜花叶病毒（CMV）较为常见。

症状　藜麦病毒病症状田间表现复杂多样，常因品种感染病毒种类、株系感染时期和环境条件不同而表现不同症状，常见的症状主要有：①花叶，叶面出现淡绿、黄绿和浓绿相间的斑驳花叶（有轻花叶、重花叶、皱缩花叶和黄斑花叶之分），叶片基本不变小，或变小、皱缩，植株矮化。②卷叶，叶缘向上卷曲，甚至呈圆筒状，色淡，变硬革质化，有时叶背出现紫红色。③坏死，叶脉、叶柄、茎枝出现褐色坏死斑或连合成条斑，甚至叶片萎垂、枯死或脱落。④畸形，植株或块茎形态表现为与正常不一样，例如蕨叶化，分枝纤细而多，缩节丛生或束顶，叶小花少等。

流行规律　病毒病主要以病毒在杂草或其他植物上越冬，部分病毒可以在病残体上越冬（如 TMV），通过传播媒介进行传播，最常见的媒介是蚜虫。蚜虫一般一种种类只传播一种病毒，也有的可传播多种病毒；还有某一种病毒由多种蚜虫传播的。农事操作也是病毒病传播的重要途径。高温、干旱、蚜虫为害重，植株长势弱等，易引起该病的发生。

（二）防治措施

1. 加强栽培管理

合理密植，合理灌溉，控制湿度；增施有机肥，施足基肥，适时追肥，促进植株健壮，避免后期衰弱，增强抗病能力。

2. 种植抗（耐）病品种

在藜麦品种收集和选育种，注意抗病性资源的发掘和利用，为生产上提供优质、丰产、抗病良种。

3. 减少侵染

在藜麦种植区引种时尽量不要携带本地没有的危险性病原，藜麦采收后及时翻地，压埋病菌，减少病源。

4. 药剂防治

藜麦为近年发展起来的小宗作物，目前暂无登记药剂，以下推荐药剂为相关病害的常用药剂。①真菌病害主要药剂，11%小檗碱盐酸盐可湿性粉剂、1%申嗪霉素悬浮剂、10%苯醚甲环唑水分散粒剂 2 000 倍液，或 325g/L 苯甲·嘧菌酯悬浮剂、60%唑醚·代森联水分散粒剂、40%多菌灵悬浮剂、80%多菌灵可湿性粉剂、500g/L 甲基硫菌灵悬浮剂、25% 吡唑醚菌酯悬浮剂、42%肟菌·戊唑醇悬浮剂、70%丙森锌水分散粒剂 600~700 倍液。②卵菌病害主要药剂，10%氟噻唑吡乙酮可分散油悬浮剂、50%烯酰吗啉可湿性粉剂、60%百泰可分散粒剂、68.75%氟菌·霜霉威悬浮剂、52.5%噁酮·霜脲氰水分散粒剂、58%甲霜·锰锌可湿性粉剂。③细菌病害主要药剂，0.3%四霉素水剂、3%噻霉酮可湿性粉剂、3%中生菌素可湿性粉剂、36% 三氯异氰尿酸、1.2%辛菌胺醋酸盐水剂、20%噻菌铜悬浮剂、20%噻森铜悬浮剂、100 亿芽孢/g 枯草芽孢杆菌可湿性粉剂、60 亿芽孢/mL 解淀粉芽孢杆菌 LX-11 悬浮剂。④线虫病害主要药剂，70%噻唑膦乳油、20%丁硫克百威乳油和 1.8%阿维菌素乳油灌根或颗粒剂撒施。也可以采用淡紫拟青霉、厚孢轮枝菌和蜡质芽孢杆菌撒施。

二、虫害及其防治

（一）地上害虫

1. 甜菜龟叶甲

分类地位　甜菜龟叶甲（*Cassida nebulosa* Linnaeus）又称为甜菜大龟甲，属于鞘翅目（Coleoptera）叶甲总科（Chrysomeloidea）铁甲科（Hlspidae）龟甲亚科（Cassidinae）龟甲属（*Cassida*）龟甲亚属（*Nebulosa*）。

形态特征　甜菜龟叶甲卵体长 1~3mm，体呈长椭圆形，初期为淡黄色，后变为橙黄色；卵粒聚集形成卵块，整齐排列在叶片或叶背部，卵块初期附有粘液，之后凝结为半透明薄膜。幼虫体长 6~8mm，体扁平且宽，头宽尾细，体初期为淡绿色，后变为黄绿色；体两侧生有 17 对小刺，离尾部最近的 1 对最长。蛹体长 6~8mm，体扁平，头宽尾窄，体初期为淡绿色，后变为黄绿色；体两侧有突起物。蛹长 6.5mm，黄绿色。成虫体长 7~8mm，体扁平呈椭圆形，初期为淡绿色，后变为褐黄色；前胸背板和鞘翅较宽为盾形，头部隐藏于前胸背板下面，鞘翅上有不规则黑斑，且排列成纵列沟约 9 行，足藏于体下。

为害特点　甜菜龟叶甲 1 年发生 2 代。越冬代成虫在 5 月下旬至 6 月上旬开始活动，成虫出现 7d 左右后交配产卵，产卵期为 10~15d；成虫多产卵块于藜麦中下层叶片上。每天产 1 个卵块，少数可产 2 个卵块；每卵块有 8~15 粒卵，整齐排列；卵期为 5d 左右。初孵幼虫移动能力较弱，取食叶表面下叶脉间叶肉，幼虫期为 20d 左右。老熟幼虫在叶面上化蛹，蛹期为 5d 左右。在 7 月上中旬，蛹大量羽化后出现第一代成虫。成虫大量取食叶片，达到为害高峰期；成虫飞翔能力弱，主要靠爬行迁移，成虫取食约 10d 后产卵。第 2 代成虫在 9 月上旬出现，但为害较小，不再交配产卵，并在残株或杂草下越冬。此外，甜菜龟叶甲成虫多在藜麦叶背面产卵，此时正是藜麦生长旺盛期，叶丛繁茂、叶片生长快，产卵部位隐蔽，且幼虫一般在叶背面取食，这给甜菜龟叶甲防治带来很大困难。

防控措施　①农业措施，及时铲除田间藜科杂草。及时处理藜麦收获后的茎叶或采种株的母根等残余物，减少成虫越冬场所。由于幼虫具有假死性，因此严重时可以进行人工捕捉。②生物农药和植物源农药防治，按照 90ml/亩用量喷施金龟子绿僵菌 CQMa421、150g/亩用量喷施苏云金杆菌 G033A、0.5%印楝素乳油 600~800 倍液、2.5%鱼藤酮乳油 500~800 倍液防治成虫。③化学药剂防治，喷雾防治成虫可选用 40%氰戊菊酯乳油 8 000 倍液、4.5%高效氯氰菊酯微乳剂 2 500 倍液、20%氰戊菊酯乳油 3 000 倍液、5.7%三氟氯氰菊酯乳油 2 000 倍液、2.5%溴氰菊酯乳油 3 000 倍液、24%甲氧虫酰肼悬浮剂 2 000~3 000 倍液、20%虫酰肼悬浮剂 1 500~3 000 倍液。灌根防治幼虫可选用 20%氰戊菊酯乳油 3 000 倍液、10%高效氯氰菊酯乳油 1 500 倍液、5%氯虫苯甲酰胺悬浮剂 1 500 倍液、24%氰氟虫腙悬浮剂 900 倍液、10%虫螨腈悬浮剂 1 200 倍液等。7~10d 灌 1 次，交替使用，效果更好。

2. 甜菜筒喙象

分类地位　甜菜筒喙象（*Lixus subtilis* Boheman）又名甜菜茎象甲，属于鞘翅目（Coleoptera）象甲科方喙象亚科（Cleoninae）筒喙象族（Lixini）。主要为害甜菜，亦可为害藜科、蓼科、苋科的一些野生杂草。甜菜筒喙象国内外均有分布，中国外主要分布于欧洲、高加索、中亚细亚，以及伊朗、日本、叙利亚等国家和地区，为世界潜在入侵象虫网（*Potential Invasive* Weevils of the World）列入的主要象甲类害虫之一。在中国主要分布黑龙江、吉林、辽宁、北京、河北、内蒙古、山西、陕西、甘肃、新疆、上海、江苏、浙江、安徽、四川、湖南、江西等地。

形态特征 ①成虫，甜菜筒喙象成虫体色多变。初羽化时黄白色，6~7h后变为红棕色，渐而变为棕褐色或深褐色，甚至黑色。其前胸背面与腹面覆有棕褐色绒毛，此时成虫从羽化孔中爬出。成虫翅鞘上有黄色鳞粉，怕强光，在强光下喜躲藏于土粒、枯叶下或土缝间，有较强的假死性。成虫体长9~12mm，身体细长，覆很细的毛，鞘翅背面散布不明显的灰色毛斑，腹部两侧往往散布灰色或略黄的毛斑。触角和跗节赤锈色；喙略弯曲，散布距离不等的显著皱刻点，通常有隆线，一直到端部，披覆倒伏细毛；雄虫的喙长为前胸的2/3，雌虫喙长为前胸的4/5，几乎不粗于前足腿节。触角位于喙中部之前，不很粗，索节1略长而粗于2，索节2略长于粗，其他节粗大于长。眼卵圆形、扁。前胸圆锥形，两侧略拱圆，前缘后未缢缩，两侧披覆略明显的毛纹，背面散布大而略密的刻点，刻点间散布小刻点。鞘翅的肩不宽于前胸，基部有一明显的圆洼，肩略隆。两侧平行或略圆，行纹明显，刻点密，行间扁平，端部突出成短而钝的尖，略开裂。腹部散布不明显的斑点，足很细。②卵，甜菜筒喙象的卵圆柱形，两端略圆，初产时橘黄色，后变为棕褐色，常产在划破的作物主茎或分枝穴内，每穴1~3粒。③幼虫，幼虫胸足退化。初孵幼虫略带淡黄色，后变为白色；1龄和2龄幼虫多在产卵孔附近取食，平均体长分别约为1.8mm和3.1mm，半透明；3龄和4龄幼虫平均体长分别约为5.1mm和9.6mm。通常每株有幼虫1头，少数2~3头，严重者一株可达5头以上。老熟幼虫体柔软弯曲呈"C"形，乳白色，多皱纹。头部发达，黄色，明显深于体色；上颚发达，颜色深于头部其他部分；单眼一对，明显；前胸背板骨化；幼虫活泼，稍触迅即扭动。④蛹，幼虫老熟后在作物茎秆下部化蛹，裸蛹，翅芽透明；初化蛹为乳白色，之后头部和腹部背面逐渐变为棕褐色。羽化前可见黑色眼点，喙、口器变成棕红色。蛹室由食物残渣和粪便填成，1个蛹室只有1头蛹。由于雌虫寿命较长，产卵期亦较长，故幼虫化蛹极不整齐。

为害特点 ①年生活史，甜菜筒喙象在内蒙古等地每年发生1~2代，以成虫在背风向阳的堤埂或土缝中越冬，第1代幼虫发生数量最大，危害较重。在北京地区，5月左右越冬代成虫陆续出土，5月上旬至6月上旬成虫大量出现，并开始产卵，6月中下旬为产卵盛期。卵期4~6d；幼虫共计4个龄期，其中，1龄幼虫期3~4d，2龄6~9d，3龄3~5d，4龄3~4d，整个幼虫期共计15~22d；蛹期7~8d，化蛹时间主要集中在7月20日前后；当年一代成虫7月中旬始见，下旬为羽化盛期，8月初第1代成虫取食为害最为集中。第2代发生数量远不及第1代，且发生不整齐。此外，由于该象甲成虫羽化时间很长，产卵期亦较长，故田间世代重叠现象十分严重。②生活习性，春季越冬代成虫出土2~4d后即可交配，且可以多次交配。北京地区6月上旬越冬代成虫即可产卵，产卵前通常在作物茎秆上部咬成深洞，产卵后以食物残渣和碎屑遮蔽洞口，不久洞口形成小型黑斑；并进而导致组织增生、膨大、干裂，受害茎秆极易折断。雌虫每2~3min产1粒卵，一生可以产卵50~100粒，以中等粗细（4~6mm）的茎秆上着卵最多；成虫寿命较长，可存活40~60d。1龄和2龄幼虫主要在产卵孔附近取食；3龄幼虫开始蛀食作物茎秆，或向下蛀食，或先向上再向下蛀食；幼虫老熟后在作物茎秆下部化蛹，蛹室以食物残渣和粪便填充。成虫羽化后先在茎秆中停留数小时，方从羽化孔中爬出。成虫具有假死性，畏惧强光，飞行能力不强。

绿色防控防控措施　①植物检疫，根据其生活习性及其发生特点，甜菜筒喙象极有可能借助携带有卵和初孵幼虫的寄主植物种苗进行远距离传播扩散。因此，应加强藜科、苋科和蓼科植物包括藜麦以及食用型和观赏型甜菜、苋菜等种苗调运中的检验检疫工作，严防甜菜筒喙象传入及其进一步扩散蔓延。②农业防治，早春杂草是甜菜筒喙象的先期寄主，后期又成为其较安全的化蛹场所，因此秋季铲除并彻底销毁田边地头的杂草，尤其是苋科、藜科、蓼科的杂草，可以显著减少甜菜筒喙象的虫口数量；此外，适时冬耕冬灌也可明显降低越冬成虫的虫口基数，减轻来年的为害。

化学防治　①种子包衣，用高巧悬浮种衣剂2.4g/kg+立克秀悬浮种衣剂0.5g/kg对藜麦种子进行包衣，可有效降低甜菜筒喙象一代成虫和茎腐病对藜麦苗期的为害。②药剂防治，针对成虫，可以采用触杀兼胃毒的高效低毒药剂进行喷杀；选择药剂有氟虫氰、康宽和高效氯氰菊酯，要注意轮换用药；此外，亦可利用成虫的假死习性和畏惧强光的习性，于藜麦行间撒施毒土进行有效防治。针对钻蛀为害的各龄期幼虫，可在当年一代幼虫孵化盛期喷施内吸性杀虫剂，或以1:3的药油比例涂茎，以杀灭初孵幼虫。同时建议隐蔽施药，以保护自然天敌资源。

3. 黄曲条跳甲

分类地位　黄曲条跳甲（*Phyllotreta striolata* Fabricius）属鞘翅目叶甲科害虫，俗称狗虱虫、菜蚤子、跳虱、土跳蚤和黄跳蚤等，简称跳甲，常为害叶菜类蔬菜，以甘蓝、花椰菜、白菜、菜薹、萝卜、芜菁、油菜等十字花科蔬菜为主，但也为害茄果类、瓜类、豆类蔬菜。近几年，有报道该虫为害藜麦。

形态特征　①成虫，体长约 2mm，长椭圆形，黑色有光泽，前胸背板及鞘翅上有许多刻点，排成纵行。鞘翅中央有一黄色纵条，两端大，中部狭而弯曲，后足腿节膨大、善跳。②卵，长约 0.3mm，椭圆形，初产时淡黄色，后变乳白色。③幼虫，老熟幼虫体长 4mm，长圆筒形，尾部稍细，头部、前胸背板淡褐色，胸腹部黄白色，各节有不显著的肉瘤。④蛹，长约 2mm，椭圆形，乳白色，头部隐于前胸下面，翅芽和足达第 5 腹节，腹末有一对叉状突起。

为害特点　以成虫在田间、沟边的落叶、杂草及土缝中越冬，越冬成虫于 3 月中下旬开始出蛰活动，在越冬蔬菜与春菜上取食活动。4 月上旬开始产卵，卵多产于根部周围的土壤中。成虫寿命长，致使世代重叠，春季 1~2 代（5—6 月）和秋季 5~6 代（9—10 月）为主害代，为害严重，春季为害重于秋季，盛夏高温季节具蛰伏现象，发生为害较少。成虫产卵喜潮湿土壤，含水量低的极少产卵。相对湿度低于 90% 时，卵孵化极少。成虫具有明显的趋黄性和趋绿性。黄曲条跳甲的适温范围 21~30℃。一般十字花科蔬菜连作地区，终年食料不断，有利于大量繁殖，受害重；若与其他科蔬菜轮作，则发生为害轻。成虫和幼虫均能为害，以幼苗受害最重。成虫主要食叶，咬食叶肉，将叶片咬成许多小孔，幼苗被害后不能继续生长而死亡，造成缺苗毁种。幼虫生活在土中，蛀食根皮，咬断须根，致使地上部分的叶片变黄而萎蔫枯死，影响齐苗。除此，成虫和幼虫还可造成伤口，传播软腐病。

绿色防控措施　①农业防治，清园灭虫。清除菜园残株落叶，铲除杂草；播种前深耕晒土。②物理防治，防虫网隔离栽培可采用大棚覆盖、平棚覆盖、小拱棚覆盖等，采用不小于 40 目防虫网覆盖可有效隔离黄曲条跳甲为害。③化学防治，栽种前，可用 3% 辛硫磷颗粒剂 1.5kg/亩拌土处理；或 40% 辛硫磷乳油灌根 1~2 次，在早晨或傍晚进行灌根；蔬菜生长期防治成虫，可用 5% 氟虫脲乳油 1 000~1 500 倍液，4.5% 高效氯氰菊酯水乳剂 2 000 倍液，2.5% 溴氰菊酯（敌杀死）乳油 2 500 倍液等喷雾处理。喷药动作轻缓，避免惊扰成虫。

4. 甜菜夜蛾

分类地位　甜菜夜蛾（*Spodoptera exigua* Hübner）又名玉米夜蛾、玉米小夜蛾、玉米青虫，属鳞翅目夜蛾科。杂食性害虫，为害玉米、棉花、甜菜、芝麻、花生、烟草、大豆、白菜、大白菜、番茄、豇豆、葱、藜麦等 170 多种植物。

形态特征　成虫，体长 10~14mm，翅展 25~30mm，虫体和前翅灰褐色，前翅外缘线由 1 列黑色三角形小斑组成，肾形纹与环纹均黄褐色。卵，圆馒头形，卵粒重叠，形成 1~3 层卵块，有白绒毛覆盖。幼虫，体色多变，一般为绿色或暗绿色，气门下线黄白色，两侧有黄白色纵带纹，有时带粉红色，各气门后上方有 1 个显著白色斑纹。腹足 4 对。蛹，体长 1cm 左右，黄褐色。

为害特点 在长江流域一年发生 5~6 代，少数年份发生 7 代，越往南其每年发生代数会随之增加，广东地区一年可发生 10~11 代。主要以蛹在土壤中越冬，在华南地区无越冬现象，可终年发生为害。成虫有强趋光性，但趋化性弱，昼伏夜出，白天隐藏于叶片背面、草丛和土缝等阴暗场所，傍晚开始活动，夜间活动最盛。卵多产于叶背，苗株下部叶片上的卵块多于上部叶片。平铺一层或多层重叠，卵块上披有白色鳞毛。每雌可产卵 100~600 粒。卵期 2~6d。幼虫昼伏夜出，有假死性，稍受惊吓即卷成 "C" 形，滚落到地面。幼虫怕强光，多在早、晚为害，阴天可全天为害。虫口密度过大时，幼虫可自相残杀。老熟幼虫入土，吐丝筑室化蛹。长江流域各代幼虫发生为害的时间为：第 1 代高峰期为 5 月上旬旬至 6 月下旬，第 2 代高峰期为 6 月上中旬至 7 月中旬，第 3 代高峰期为 7 月中旬至 8 月下旬，第 4 代高峰期为 8 月上旬至 9 月中下旬，第 5 代高峰期为 8 月下旬至 10 月中旬，第 6 代高峰期为 9 月下旬至 11 月下旬，第 7 代发生在 11 月上中旬，该代为不完全世代。一般情况下，从第 3 代开始会出现世代重叠现象。山东以第 3~5 代为害较重，江西南昌 6 月幼虫发生较多，9 月中旬至 10 月为全年发生高峰。湖南长沙幼虫也以 6 月发生较多，9 月中旬至 11 月上旬发生最盛。适温（或高温）高湿环境条件有利于甜菜夜蛾的生长发育。一般 7—9 月是为害盛期，7—8 月，降水量少，湿度小，有利其大发生。

初孵幼虫结疏松网在叶背群集取食叶肉，受害部位呈网状半透明的窗斑，干枯后纵裂：三龄后幼虫开始分群为害，可将叶片吃成孔洞、缺刻，严重时全部叶片被食尽，整个植株死亡。四龄后幼虫开始大量取食，蚕食叶片，啃食花瓣，蛀食茎秆及果荚。

防控措施 ①农业防治，在蛹期结合农事需要进行中耕除草、冬灌，深翻土壤。早春铲除田间地边杂草，破坏早期虫源滋生、栖息场所，这样有利于恶化其取食、产卵环境。②物理防治，甜菜夜蛾的成虫具有趋光、趋化等特点，并喜欢在一些开花的蜜源作物上活动、取食、产卵，据此可以对其进行诱杀防治。目前，经常使用且有效的措施主要有以下几种：灯光诱杀、性诱剂诱杀、种植诱集植物、杨树枝把诱杀等。灯光诱杀通常采用 20W 黑光灯。③生物防治，保护利用腹茧蜂、叉角厉蝽、星豹蛛、斑腹刺益蝽、小花蝽等天敌进行生物防治。卵的优势天敌有黑卵蜂，短管赤眼蜂等；幼虫优势天敌有绿僵菌和苏云金芽孢杆菌。④化学防治，2.5% 甲维盐·茚虫威水分散粒剂 4 000 倍液，或 1.8 阿维菌素悬浮剂 1 000 倍液，或 4.5% 高效氯氰菊酯乳油 1 000 倍液、或 100 亿/ml 短稳杆菌悬浮剂 500 倍液，或 20 亿 PIB/mL 棉铃虫核型多角体病毒悬浮剂 500 倍液喷雾防治。由于甜菜夜蛾具有潜伏叶背、结网为害的特性。因此，在进行喷药防治时必须保证植株的上下、四周都应全面喷施；施用的时间也很重要，最好在清晨和傍晚进行，且必须在卵盛期至幼虫 3 龄以前进行防治。因为甜菜夜蛾一般昼伏夜出进行为害，且大龄幼虫具有极强的抗药性。

5. 豌豆蚜

分类地位 豌豆蚜（*Acyrthosiphon pisum* Harris），是蚜科无网管蚜属昆虫。

形态特征 豌豆蚜具有体色多态性，分为红、绿两种色型。豌豆蚜在 8℃ 的低温条件下几乎转变为绿色，而高温诱导可使麦长管蚜产生红色型。①无翅孤雌蚜，体纺锤形，长 4.9mm，宽 1.8mm。活体草绿色。玻片标本淡色，触角节 II 至 IV 节间及端部、节 V 端部 1/2 至节 VI 黑褐色；喙顶端、足胫节端部及跗节、腹管顶端黑褐色，其他部分与体同色。体表光滑，稍有曲纹，腹管后几节微有瓦纹。气门圆形关闭，气门片稍骨化隆起。节间斑淡色。中胸腹岔一丝相连或有短柄。体背毛粗短，钝顶，淡色；腹面毛长，尖顶，长为背毛的 3～5 倍；头部有中额毛 1 对，额瘤毛 2 对，头背毛 8～10 根；前胸背板有中、侧毛各 1 对，缺缘毛；中胸背板有毛 20～22 根；后胸背板有毛 8～10 根；腹部毛整齐排列，背片 I 至 VIII 毛数分别为 10、14、14、16、12、10、8、8 根；头顶毛、腹部背片 I 缘毛、背片 VIII 毛长分别为触角节 III 直径的 54%、27%、39%。中额平，额瘤显著外倾，额槽呈窄"U"形，额瘤与中额成钝角。触角 6 节，细长，有瓦纹；全长 4.8mm，约等于或稍短于体长：节 III 长 1.2mm，节 I 至 VI 长度比例为 19：10：100：71：68：（24+94）；触角毛短，节 I 至 VI 毛数：13～15、5～6、38～40、24～27、15～23、5～13 根，节 III 毛长为该节直径的 29%；节 III 基部有小圆形次生感觉圈 3～5 个。喙粗短，端部达中足基节，节 IV 和节 V 短锥状，长为基宽的 1.6 倍，为后足跗节 II 的 70%；有原生刚毛 3 对，次生刚毛 3 对。足股节及胫端部有微瓦纹；后足股节长 1.7mm；为触角节 III 的 1.4 倍；后足胫节长 3.1，为体长的 65%，毛长为该节直径的 72%；跗节 I 毛序为 3-3-3。腹管细长筒形，中宽不大于触角节 III 直径，基部大，有瓦纹，有缘突和切迹；长 1.1mm，为体长的 23%，为尾片的 1.6 倍，稍短于触角节 III。尾片长锥形，端尖，有小刺突横纹，有毛 7～13 根。尾板半圆形，有短毛 19～20 根。生殖板有粗短毛 20～22 根。②有翅孤雌蚜，体长纺锤形，长 4.1mm，宽 1.3mm。玻片标本头部、胸部稍骨化，腹部淡色。触角 6 节，长 4.4mm，为体长的 1.1 倍；节 III 长 1.1mm，节 I 至 VI 长度比例为 18：10：100：80：65：（22+102）；节 III 有小圆形次生感觉圈 14～22 个，分布于基部 2/3，排成 1 行，有时有数个位于列外。喙端部达前、中足基节之间。翅脉正常。腹管长 0.94mm，为体长的 24%。尾片长 0.56mm，有短毛 8～9 根。尾板有毛 16～18 根。其他特征与无翅孤雌蚜相似。

为害特点 豌豆蚜具有较为广泛的寄主植物，为害主要包括直接为害和间接为害两个方面：直接为害主要以成虫、若虫吸食植物叶片、茎秆、嫩头汁液，常导致叶片退绿和皱缩。间接为害指蚜虫在吸食植物汁液时，分泌蜜露覆盖在叶片上影响植株的光合作用，同时还可传播多种病毒。

防控措施　①农业措施，清洁田园，清除田间杂草；生长期及时拔除虫较多的苗，减少虫口数量。②物理防治，银灰膜驱避：厢面铺银灰色地膜。色板诱杀：在田间挂黄色色板诱杀，每亩地挂 20~25 张黄色色板，色板离地面高度 1~1.2m。③药剂防治，1%苦参素水剂 800~1 000 倍液、25%呋虫胺可分散油悬浮剂 2 000~2 500 倍、3%啶虫脒乳油 1 000~2 000 倍液、10%吡虫啉可湿性粉剂 1 000~2 000 倍液、50%抗蚜威可湿性粉剂 2 000~3 000 倍液、10%联苯菊酯悬浮剂 1 500~2 000 倍液等药剂喷雾处理。④生物防治，蚜虫发生初期，田间释放蚜茧蜂寄生蚜虫，或田间释放七星瓢虫或异色瓢虫捕食蚜虫。

（二）地下害虫

1. 蛴螬

分类地位　蛴螬是金龟子幼虫的统称，属地下害虫。

形态特征　蛴螬体肥大，较一般虫类大，体型弯曲呈"C"形，多为白色，少数为黄白色。头部褐色，上颚显著，腹部肿胀。体壁较柔软多皱，体表疏生细毛。头大而圆，多为黄褐色，生有左右对称的刚毛，刚毛数量的多少常为分种的特征。如华北大黑鳃金龟的幼虫为 3 对，黄褐丽金龟幼虫为 5 对。蛴螬具胸足 3 对，一般后足较长。腹部 10 节，第 10 节称为臀节，臀节上生有刺毛，其数目的多少和排列方式也是分种的重要特征。

生活习性　蛴螬 1~2 年 1 代，幼虫和成虫在土中越冬，成虫即金龟子，白天藏在土中，20—21 时进行取食等活动。蛴螬有假死和负趋光性，并对未腐熟的粪肥有趋性，喜欢生活在甘蔗、木薯、番薯等肥根类植物种植地。幼虫蛴螬始终在地下活动，与土壤温湿度关系密切。当 10cm 土温达 5℃时开始上升土表，13~18℃时活动最盛，23℃以上则往深土中移动，至秋季土温下降到其活动适宜范围时，再移向土壤上层。

发生规律　成虫交配后 10~15d 产卵，产在松软湿润的土壤内，以水浇地最多，每头雌虫可产卵 100 粒左右。蛴螬年生代数因种、因地而异。这是一类生活史较长的昆虫，一般 1 年 1 代，或 2~3 年 1 代，长者 5~6 年 1 代。例如，大黑鳃金龟两年 1 代，暗黑鳃金龟、铜绿丽金龟 1 年 1 代，小云斑鳃金龟在青海 4 年 1 代，大栗鳃金龟在四川甘孜地区则需 5~6 年 1 代。蛴螬共 3 龄。1~2 龄期较短，第 3 龄期最长。

为害特点　蛴螬对藜麦幼苗危害主要是春秋两季最重。蛴螬咬食幼苗嫩茎，当植株枯黄而死时，它又转移到别的植株继续为害。此外，因蛴螬造成的伤口还可诱发病害。

防控措施 ①农业防治,实行水、旱轮作;在藜麦生长期间适时灌水;不施未腐熟的有机肥料;精耕细作,及时镇压土壤,清除田间杂草;大面积春、秋耕,并跟犁拾虫等。发生严重的地区,秋冬翻地可把越冬幼虫翻到地表使其风干、冻死或被天敌捕食,机械杀伤,防效明显;同时,应防止使用未腐熟有机肥料,以防止招引成虫来产卵。②物理防治,有条件地区,可设置黑光灯诱杀成虫,减少蛴螬的发生数量。③生物防治,保护和利用茶色食虫虻、金龟子黑土蜂、白僵菌和金龟子绿僵菌等生防天敌和生防菌剂。④化学防治,药剂处理土壤用50%辛硫磷乳油每亩200~250g,加水10倍喷于25~30kg细土上拌匀制成毒土,顺垄条施,随即浅锄,或将该毒土撒于种沟或地面,随即耕翻或混入厩肥中施用;用2%甲基异柳磷粉每亩2~3kg拌细土25~30kg制成毒土;用3%甲基异柳磷颗粒剂、3%呋喃丹颗粒剂、5%辛硫磷颗粒剂或5%地亚农颗粒剂,每亩2.5~3kg处理土壤。药剂拌种用50%辛硫磷与水和种子按1∶30∶400的比例拌种;用25%辛硫磷胶囊剂或25%对硫磷胶囊剂等有机磷药剂或用种子重量2%的35%克百威种衣剂包衣,还可兼治其他地下害虫。毒饵诱杀每亩地用25%对硫磷或辛硫磷胶囊剂150~200g拌谷子等饵料5kg,或50%对硫磷、50%辛硫磷乳油50~100g拌饵料3~4kg,撒于种沟中,亦可收到良好防治效果。

2. 金针虫

分类地位 金针虫是叩甲(鞘翅目 Coleoptera 叩甲科 Elateridae)幼虫的通称,广布世界各地。除了为害藜麦外,还可为害小麦、玉米等多种农作物以及林木、中药材和牧草等。多以植物的地下部分为食,是一类极为重要的地下害虫。金针虫主要有沟金针虫和细胸金针虫两种。

形态特征 沟金针虫末龄幼虫体长20~30mm,体型扁平、黄金色,背部有一条纵沟,尾端分成两叉,各叉内侧有一小齿。成虫体长14~18mm,深褐色或棕红色,全身密被金黄色细毛,前脚背板向背后呈半球状隆起。细胸金针虫幼虫末龄幼虫体长23mm左右,体型圆筒形、淡黄色,背面近前缘两侧各有一个圆形斑纹,并有四条纵褐色纵纹。成虫体长8~9mm,体细长,暗褐色,全身密被灰黄色短毛,并有光泽,前胸背板略带圆形。

为害特点 沟金针虫一般3年完成1代,老熟幼虫于8月上旬至9月上旬在13~20cm土中化蛹,蛹期16~20d,9月初羽化为成虫,成虫一般当年不出土,在土室中越冬,第二年3—4月交配产卵,卵5月初左右开始孵化。由于生活历期长,环境多变,金针虫发育不整齐,世代重叠严重。细胸金针虫一般6月下旬开始化蛹,直至9月下旬。金针虫随着土壤温度季节性变化而上下移动,在春、秋两季,表土温度适合金针虫活动,上升到表土层为害,形成两个为害高峰。夏季、冬季则向下移动越夏越冬。如果土温合适，为害时间延长。当表土层温度达到6℃左右时，金针虫开始向表土层移动，土温7~20℃是金针虫适合的温度范围，此时金针虫最为活跃，土温是影响金针虫为害的重要因素。春季雨水适宜，土壤墒情好，为害加重，春季少雨干旱为害轻，同时对成虫出土和交配产卵不利；秋季雨水多，土壤墒情好，有利于老熟幼虫化蛹和羽化。

以幼虫长期生活于土壤中，主要为害禾谷类、薯类、豆类、甜菜、棉花及各种蔬菜和林木幼苗等。幼虫能咬食刚播下的种子，食害胚乳使其不能发芽，如已出苗可为害须根、主根和茎的地下部分，使幼苗枯死。主根受害部不整齐，还能蛀入块茎和块根。

绿色防控措施　①农业防治，合理水旱轮作可以淹死金针虫幼虫，是一种十分有效的农业防治方法，还能通过适时灌溉、合理施肥、精耕细作、翻土、合理间作或套种、轮作倒茬等农业措施减少其为害程度。发生严重的地区，秋冬翻地可把越冬幼虫翻到地表使其风干、冻死或被天敌捕食，机械杀伤，防效明显；同时，应防止使用未腐熟有机肥料，以防止招引成虫来产卵。②物理防治，物理防治方法对作物的伤害较小，并且容易实施，成本较低，但效果可能稍差些。最常用的方法为人工捕杀、翻土晾晒、利用成虫的趋光性进行灯光诱杀。金针虫对新枯萎的杂草有极强的趋性，可采用堆草诱杀。另外，羊粪对金针虫具有趋避作用。③生物防治，可以用绿僵菌、BT等生物农药拌土，然后撒施到藜麦根部田中，使金针虫感染而死，是以菌治虫的好方法。在田块周围保留天然林或者栽植灌木招引益鸟和刺猬取食成虫和幼虫。④化学防治，栽种前，可用50%辛硫磷乳油100~200g/亩拌土或煤渣15~20kg进行土壤处理，深耕耙平；地下害虫为害期，可用80%的敌百虫可湿性粉剂1kg或50%的辛硫磷乳油1kg+麦麸100kg，加水10kg拌匀，配成毒饵，于黄昏在受害作物田间每隔一定间隔撒一小堆，或在作物根际邻近围施，每亩用5kg；或50%的辛硫磷乳油1 000倍液，40%毒死蜱（乐斯本）乳油800~1 000倍液，2.5%溴氰菊酯（敌杀死）乳油2500倍等喷施作物根际周围土壤。

3. 小地老虎

分类地位　地老虎俗称地蚕、切根虫等，是鳞翅目（Lepidoptera）夜蛾科（Noctuidae）昆虫幼虫部分种类的俗称。其中，小地老虎（Agrotis ypsilon Rottemberg）是世界范围为害最重的一种害虫，也是为害藜麦的一种常见地下害虫。

形态特征　成虫体长21~23mm，翅展48~50mm。头部与胸部褐色至黑灰色，雄蛾触角双栉形，栉齿短，端1/5线形，下唇须斜向上伸，第1~2节外侧大部黑色杂少许灰白色，额光滑无突起，上缘有1黑条，头顶有黑斑，颈板基部色暗，基部与中部各有1黑色横线，下胸淡灰褐色，足外侧黑褐色，胫节及各跗

节端部有灰白斑。腹部灰褐色，前翅棕褐色，前缘区色较黑，翅脉纹黑色，基线
双线黑色，波浪形，线间色浅褐，自前缘达 1 脉，内线双线黑色，波浪形，在 1
脉后外突，剑纹小，暗褐色，黑边，环纹小，扁圆形，或外端呈尖齿形，暗灰
色，黑边，肾纹暗灰色，黑边，中有黑曲纹，中部外方有 1 楔形黑纹伸达外线，
中线黑褐色，波浪形，外线双线黑色，锯齿形，齿尖在各翅脉上断为黑点，亚端
线灰白，锯齿形，在 2~4 脉间呈深波浪形，内侧在 4~6 脉间有二楔形黑纹，内
伸至外线，外侧有二黑点，外区前缘脉上有 3 个黄白点，端线为一列黑点，缘毛
褐黄色，有一列暗点。后翅半透明白色，翅脉褐色，前缘、顶角及端线褐色。幼
虫头部暗褐色，侧面有黑褐斑纹，体黑褐色稍带黄色，密布黑色小圆突，腹部末
端肛上板有一对明显黑纹，背线、亚背线及气门线均黑褐色，不很明显，气门长
卵形，黑色。卵扁圆形，花冠分 3 层，第一层菊花瓣形，第二层玫瑰花瓣形，第
三层放射状菱形。蛹黄褐至暗褐色，腹末稍延长，有 1 对较短的黑褐色粗刺。

为害特点　在西北地区 2~3 代，长江以北一般年 2~3 代，长江以南黄河以
北 1 年 3 代，黄河以南至长江沿岸年 4 代，长江以南年 4~5 代，南亚热带地区
年六至七代。无论年发生代数多少，在生产上造成严重为害的均为第一代幼虫。
南方越冬代成虫 2 月出现，全国大部分地区羽化盛期在 3 月下旬至 4 月上中旬，
宁夏、内蒙古为 4 月下旬。成虫的产卵量和卵期在各地有所不同，卵期随分布地
区及世代不同的主要原因是温度高低不同所致。

小地老虎主要以幼虫为害幼苗，1~2 龄幼虫咬食子叶、嫩叶，吃成孔洞或
缺刻。3 龄以后幼虫咬断幼苗茎部，使植株枯死，造成缺苗断垄。小地老虎一
年发生 1~2 代。成虫昼伏夜出，在高温、无风、湿度较大的夜晚，活动尤盛；
成虫对黑光灯、糖醋等带酸甜味的汁液特别喜好，成虫需取食花蜜补充营养。
卵散产或成堆产在幼苗叶背和嫩茎或低矮的杂草上，也有产在田间枯枝上，每
头雌虫平均产卵 800~1 200 粒。幼虫共 6 龄，1~2 龄幼虫大多集中在嫩叶上，
咬成小米粒大小的孔洞，留下表皮如窗纸；进入 3 龄，白天藏在表土下，夜间
外出活动，将叶片吃成缺刻或黄豆大的孔洞；4 龄幼虫可咬断幼苗基部嫩茎，
并可将断苗拖入穴中；5~6 龄暴食期，取食量占整个幼虫期的 95%。3 龄后的
幼虫有假死和互相残杀的习性，老熟幼虫潜土筑土室化蛹。小地老虎喜温暖潮
湿，在地势低洼、土壤黏重、杂草丛生等地为害重，早春温暖少雨，有利小地
老虎的发生为害。

4. 绿色防控技术

①农业措施，早春清除藜麦田及周围杂草，防止小地老虎成虫产卵。②理化
诱控，利用黑光灯诱杀成虫；利用地老虎性信息素诱捕器诱捕成虫，每亩设置 1
套；配制糖醋液诱杀成虫。糖醋液配制方法：糖 6 份、醋 3 份、白酒 1 份、水 10

份、90%万灵可湿性粉剂1份调匀，在成虫发生期设置。某些发酵变酸的食物，例如甘薯、胡萝卜、烂水果等加入适量药剂，也可诱杀成虫。③生物防治，清晨在被害苗株的周围，找到潜伏的幼虫，每天捉拿，坚持10~15d。④化学防治，配制毒饵可于播种后即在行间或株间进行撒施。毒饵配制方法是豆饼（麦麸）20~25kg，压碎、过筛成粉状，炒香后均匀拌入40%辛硫磷乳油0.5kg，农药可用清水稀释后喷入搅拌，以豆饼（麦麸）粉湿润为好，然后按每亩用量4~5kg撒入幼苗周围；青草毒饵是将青草切碎，每50kg加入农药0.3~0.5kg，拌匀后成小堆状撒在幼苗周围，每亩用毒草20kg。药剂防治在小地老虎1~3龄幼虫期，可用5亿PIB/g甘蓝夜蛾核型多角体病毒800~1 200g/亩、5%辛硫磷颗粒剂4 200~4 800g/亩、0.2%联苯菊酯颗粒剂3 000~5 000g/亩穴施防治。

三、杂草及其防除

（一）中国杂草区系

中国自然条件较为复杂，地形、气候类型复杂多样。在地形上，地势西高东低成梯状分布；有高原、山脉、丘陵、盆地、平原等，山川密布、平原广阔。在气候上，从最北的寒温带到最南的热带，跨越温带、暖温带、亚热带和西南高寒气候带；主要气候类型有热带季风气候、亚热带季风气候、温带季风气候、温带大陆性气候、高原山地气候、热带雨林气候。不同的气候类型区域，杂草发生的组合亦有不同；同一气候地区，由于海拔的不同，杂草种类组合也有差异。根据不同的地形、地貌、气候特点，将中国杂草发生划分为热带、亚热带、暖温带、温带、温带（草原）、温带（荒漠）、寒温带、青藏高原高寒带八大杂草区系。

热带杂草区系是中国最南部的一个杂草区域，从台湾省南部至大陆的南岭以南到西藏的喜马拉雅山南麓，地形多样而复杂。有冲积平原、珊瑚岛、丘陵、山地和高原等。本区域具有热带气候的特点，水热条件优越，生长季节长，植物资源丰富，杂草种类众多。主要杂草有马唐、稗草、千金子、臭矢菜、香附子、碎米莎草、草决明、含羞草、水龙、圆叶节节菜、脉耳草、龙爪茅、四叶萍、日照飘拂草、尖瓣花等。

亚热带杂草区系位于中国东南部，北起秦岭、淮河一线，南到南岭山脉间，西至西藏东南部的横断山脉，包括台湾省北部在内，是世界独一的分布着亚热带大面积的陆地。自然条件优越，为中国主要产粮地区。杂草种类约占全国总数的1/2。主要杂草有马唐、千金子、稗草、牛筋草、稻稗、扁秆藨草、异型莎草、水莎草、碎米莎草、鳢肠、节节菜、牛繁缕、看麦娘、硬草、菵草、棒头草、萹蓄、春蓼、猪殃殃、播娘蒿、离子草、田旋花、刺儿菜、矮慈姑、双穗雀稗、空心莲子草、臭矢菜、粟米草、铺地黍、牛毛草、雀舌草、碎米荠、大巢菜、丁香蓼、鸭跖草。在中亚热带中，冬季杂草比夏季杂草明显减少。南亚热带还有草龙、白花蛇舌草、竹节菜、两耳草、凹头苋、臂形草、水龙、圆叶节节菜、四叶萍、裸柱菊、芫荽菊、腋花蓼等分布。

暖温带杂草区系主要包括东北辽东半岛，华北地区大部分，南到秦岭、淮河一线，略呈西部狭窄东部广宽的三角形。位于冀北山地与秦岭两大山体之间，全区西高而东低，明显分为山地、丘陵和平原三部分。气候特点是夏季酷热，冬季严寒而晴燥。主要和常见杂草有马唐、牛筋草、稗草、狗牙根、看麦娘、千金子、双穗雀稗、扁秆蘑草、香附子、水莎草、离子草、萹草、田旋花、酸模叶蓼、荠菜、萹蓄、小藜、葶苈、播娘蒿、反枝苋、马齿苋、茨藻、野慈姑、藜、牛繁缕、空心莲子草等。

温带杂草区系包括东北松嫩平原以南、松辽平原以北的广阔山地，地形复杂，河川密布，范围广大，山峦重叠，形起伏显著，由于纬度较北，年平均气温较低，冬季长而夏季短，愈北冬季愈长。由于南北相距甚远，水热条件不同，影响杂草组合上的差异。可分北部和南部两个亚地带。北部亚地带主要杂草有野燕麦、狗尾草、稗草、卷茎蓼、柳叶刺蓼、藜、问荆、大刺儿菜、眼子菜等分布。南部亚地带典型杂草有胜红蓟、黄花稔及圆叶节节菜等。

温带（草原）杂草区系主要分布在东北松辽平原，以及内蒙古高原等地，面积十分辽阔；一小部分在新疆北部，地形比较平缓，海拔由东向西逐渐上升，松辽平原中部 130～400m，内蒙古高原 800～1 300m，个别山地在 2 000m 以上。属于半干旱性气候，越至西部，干燥程度越是增加。温带（草原）杂草主要有狗尾草、稗草、藜、野燕麦、蔗草、扁秆蘑草、卷茎蓼、问荆、柳叶刺蓼、大刺儿菜、凤眼莲、紫背浮萍等。

温带（荒漠）杂草区系位于西北部，包括新疆、青海、甘肃、宁夏和内蒙古等省和自治区的大部或部分地区，包括沙漠和戈壁等部分。气候具有明显的强大陆性特点，全区域较干旱或十分干旱，不但冬夏温差大，每天温度变化也很大，年降水量都在 250mm 以下。杂草极为稀少，主要有狗尾草、野燕麦、卷茎蓼、问荆、藜、柳叶刺蓼等。

寒温带杂草区系为大兴安岭北部山地，地形不高，海拔 700～1 100m，是中国最寒冷的地区。年平均温度低于 0℃，绝对低温达－45℃，夏季最长不超过一个月。年降水量平均为 360～500mm，90%以上集中在 7—8 月。主要杂草有野燕麦、苦荞麦、刺藜、鼬瓣花、北山莴苣及叉分蓼等。

青藏高原高寒带杂草区系位于我国西南部，平均海拔 4 000m 以上，是举世闻名的最大最高的高原。地形主要有高山、高原、沿湖盆地和谷地。气候为气温低，年变化小，日变化大，干湿季和冷暖季变化分明等特点。主要及常见杂草有野燕麦、野荞麦、薄蒴草、卷茎蓼、田旋花、藜、密穗香薷、大刺儿菜、猪殃殃、苣荬菜、野芥菜、萹蓄、大巢菜、遏兰菜等。

（二）杂草的生物学特性

1. 多实性、连续结实性和落粒性

在长期的选择进化下，杂草结实一般比农作物多，杂草的种子一般都较小，一株杂草的种子量往往是农作物种子的几倍、百倍甚至成千上万倍。其种子繁殖的数量非常大，例如荠菜每株可结实 3 500~4 000 粒，但每株稗草能结种子 13 000 粒，单株黄凤结籽量可高达 13.5 万粒，1 株藜（灰条）单株结实量可高达 20 万粒。一年生杂草的营养生长与生殖生长一般同时进行，所以其结实可从其伴生植物生育中期开始一直持续到生长季节末期，这些杂草的种子成熟后一经风吹草动即会从母体脱落进入土壤，或随风、水传播到其他地块，且农作物田间杂草不会因为作物收获时而被清除到田外。

2. 多种繁殖、传播方式

农田杂草不仅可以依靠种子繁殖，还可以通过营养器官繁殖成为新的植株；通常多年生杂草以无性繁殖为主，如空心莲子草可依靠越冬的水下或地下根茎即可萌发生长，其茎段曝晒 1~2d 仍能存活，狗牙根、双穗雀稗可依靠地上根茎与地下根茎快速繁殖蔓延。杂草的传播途径多种多样，其中，人为活动起到了主要作用。在农业生产中，从引种、播种、灌水、施肥、耕作运输等农业活动都可以直接或间接的将杂草从一个区域传播到另一区域。此外，杂草还可通过风、水、鸟类、牲畜等传播；许多杂草具有适于传播的植物学性状，一般杂草种子细小且重量轻，有些还有特殊的结构和附属物，易于传播，如菊科杂草，其种子上有冠毛形似降落伞极易被风吹至数百千米以外；马唐和苔属杂草种子长有浮毛，易随水传播；还有的草籽种皮具有蜡质，易悬于水中或浮于水面传播蔓延；苍耳、鬼针草等的果实具有倒钩，可附着在动物的皮毛或人的衣服上进行传播。杂草种子还会与农田种子混合后经过动物消化道后不受破坏，随着农家肥再次进入到农田，如荠菜、车前、早熟禾、繁缕的种子经动物消化后仍有发芽能力。

3. 多种授粉途径

与农作物单一授粉方式不同，杂草一般既能异花授粉又能自花授粉，对传粉媒介要求不严格，花粉一般通过风、水、昆虫等动物或人类活动即可从一株传到另一株上。杂草多具有远缘杂草亲和性和自交亲和性。异花授粉有利于为杂草种群创造新的变异和生命力更强的变种，自花授粉则可保证杂草单株生存的特殊环境下仍可正常结实，以保证基因的延续。杂草的这一特性为防除杂草增加了难度。

4. 种子的寿命长

许多杂草种子在土壤或水中能保持发芽能力达数年之久，有的甚至达数百、数千年，如稗草和狗尾草在土壤中可保持发芽能力 10~15 年，龙葵 20 年，藜 1700 年。不少杂草种子能够抵抗动物消化液的侵蚀，如有的杂草种子通过家畜、家禽消化道后仍有部分种子发芽，有的杂草种子在厩肥中仍能保持生活力达 1 个月之久。

5. 种子的成熟度与萌发时期参差不齐

荠菜、藜及打碗花等，即使其种子没有成熟，也可萌发长成幼苗。很多杂草从土壤中拔出来后，其植株上的种子仍能继续成熟。作物的种子一般都是同时成熟的，而杂草种子的成熟却参差不齐，呈梯递性、序列性。同一种杂草，有的植株已开花结实，而另一些植株则刚刚出苗，有的杂草在同一植株上，一面开花，一面继续生长，种子成熟期延绵达数月之久。杂草与作物通常同时结实，但成熟期比作物早。种子陆续成熟，分期分批散落在田间，由于成熟期不一致，第二年杂草的萌发时间也不整齐，这为清除杂草带来了困难。

6. 营养方式多样性

杂草的营养方式多种多样，绝大多数杂草是光合自养的，但也有不少杂草属于寄生性。寄生性杂草分全寄生性和半寄生性两类。寄生性杂草在其种子发芽后，历经一定时期的生长，其必须依赖于寄主的存在和寄主提供足够有效的养分才能完成生活史全过程。例如，全寄生性杂草菟丝子类是大豆、苜蓿和洋葱等植物的茎寄生性杂草；列当是一类根寄生性杂草，主要寄生和为害瓜类、向日葵等作物。

7. 独特的抗逆能力和生态适应性

从进化的角度看，杂草多数具有 r 选择性，又有 k 选择性，它们往往是 r、k 选择的中间型。r 选择型是在变化多端的环境条件下选择下来的植物类型。这类植物抗逆性强、个体小、生长快，生命周期短，群体不饱和，一年一更新，繁殖快，生产力高，如繁缕、反枝苋等一年生杂草。k 选择型是在比较稳定的环境条件下选择下来的植物类型，其个体大、竞争力强、生命周期长，在一个生命周期内可多次重复生殖，群体饱和稳定，如田旋花、芦苇等多年生杂草。杂草具有很强的抗逆能力和生态适应性，表现在对盐碱、旱涝、热害、冷害、贫瘠和人工干扰具有比作物更强的忍耐力。

8. 杂草与作物间的竞争

杂草与作物的竞争实质上是为了争夺有限的生长空间和生活资源。

（1）地上部的竞争　主要是杂草与作物对光照和CO_2的竞争。光合作用是杂草与作物赖以生存的基础。光合作用的场所主要位于叶片。因此，阳光能否到达叶片就成为能否进行正常光合作用的关键。所以，杂草与作物地上部分存在着对光的激烈竞争。杂草与作物的生物学特性在三维空间上影响它们的竞争能力。叶面积系数影响到吸收光的能力和对光的竞争力；叶的伸张角和空间排列方式也影响对光的竞争力，平行于地面的叶片比竖立叶片能截取更多的阳光；螺旋状排列叶片要优于对生叶；植株高度影响到叶片在空间的位置，也显著影响到对光的竞争力；此外对不同光质的利用能力也是决定竞争力的要素。生产实践中，力保作物全苗、壮苗、早发封行，就是为了使作物在与杂草竞争阳光过程中，处于优势地位。CO_2是光合作用合成有机物的原材料之一，通常情况下，大气中CO_2的供给不会有太大的问题，但是，在光合作用旺盛的浓密植物冠层中间，CO_2浓度往往比正常值要低，这时，由于C_4植物对CO_2的亲和力高于C_3植物，在利用CO_2方面就会表现出明显的优势，而许多恶性杂草在光竞争处于优势正是因为它们大多为C_4植物，如马唐、狗尾、稗草、反枝苋、碎米莎草、香附子等。

（2）地下部分的竞争　地下部的竞争主要是植物的根系对水、矿质营养元素的吸收竞争。植物维持生命活动，需不断从土壤中吸收水分，供植物的蒸腾作用和光合作用。蒸腾作用是植物最重要的生理活动之一，需要消耗较多的水分。杂草与作物的植株密度、根系发育程度、根系扎入土壤的深度、蒸腾作用的时期和强度、对水分的利用率等均影响它们对水分的竞争力。C_4植物的水分利用率通常要高于C_3植物，因而在对水分竞争中具有一定的优势。水分竞争是杂草造成作物减产的一个重要因素。干旱条件下，这种为害更为明显。

杂草与作物竞争矿质营养物质，特别是对氮的竞争，是造成作物减产的又一重要因素。影响竞争能力的因素主要有根部的相对体积和在土壤中的分布状态。此外，对养分的利用率也影响到竞争。许多杂草的耗氮量比作物高数倍，对其他养分如磷和钾的消耗量也高于作物。豆科杂草在氮分缺乏的情况下，表现出较强的竞争能力，加施氮肥，则有利于作物的生长，而抑制此类杂草的生长。

（三）藜麦田常见杂草种类

1. 马唐 *Digitaria sanguinalis*（L.）Scop.

禾本科、马唐属植物，一年生。秆直立或下部倾斜，膝曲上升，高 10～80cm，直径 2～3mm，无毛或节生柔毛。叶鞘短于节间，无毛或散生疣基柔毛；叶舌长 1～3mm；叶片线状披针形，长 5～15cm，宽 4～12mm，基部圆形，边缘较厚，微粗糙，具柔毛或无毛。总状花序长 5～18cm，4～12 枚成指状着生于长 1～2cm 的主轴上；穗轴直伸或开展，两侧具宽翼，边缘粗糙；小穗椭圆状披针形，长 3~3.5mm；第一颖小，短三角形，无脉；第二颖具 3 脉，披针形，长为小穗的 1/2 左右，脉间及边缘大多具柔毛；第一外稃等长于小穗，具 7 脉，中脉平滑，两侧的脉间距离较宽，无毛，边脉上具小刺状粗糙，脉间及边缘生柔毛；第二外稃近革质，灰绿色，顶端渐尖，等长于第一外稃；花药长约 1mm。花果期 6—9 月。

马唐是一种生态幅相当宽的广布中生植物。在中国分布于西藏、四川、新疆、陕西、甘肃、山西、河北、河南及安徽等地。它的种子传播快，繁殖力强，植株生长快，分枝多。从温带到热带的气候条件均能适应。它喜湿、好肥、嗜光照，对土壤要求不严格，在弱酸、弱碱性的土壤上均能较好地生长。它的种子传播快，繁殖力强，植株生长快，分枝多。因此，它的竞争力强，广泛生长在田边、路旁、沟边、河滩、山坡等各类草本群落中，甚至能侵入竞争力很强的狗牙根、结缕草等群落中。

2. 狗尾草 *Setaria viridis*（L.）Beauv.

禾本科狗尾草属植物，一年生。根为须状，高大植株具支持根。秆直立或基部膝曲，高 10~100cm，基部径达 3~7mm。叶鞘松弛，无毛或疏具柔毛或疣毛，边缘具较长的密绵毛状纤毛；叶舌极短，缘有长 1~2mm 的纤毛；叶片扁平，长三角状狭披针形或线状披针形，先端长渐尖或渐尖，基部钝圆形，几呈截状或渐窄，长 4~30cm，宽 2~18mm，通常无毛或疏被疣毛，边缘粗糙。圆锥花序紧密呈圆柱状或基部稍疏离，直立或稍弯垂，主轴被较长柔毛，长 2~5cm，宽 4~13mm（除刚毛外），刚毛长 4~12mm，粗糙或微粗糙，直或稍扭曲，通常绿色或褐黄到紫红或紫色；小穗 2~5 个簇生于主轴上或更多的小穗着生在短小枝上，椭圆形，先端钝，长 2~2.5mm，铅绿色；第一颖卵形、宽卵形，长约为小穗的 1/3，先端钝或稍尖，具 3 脉；第二颖与小穗等长，椭圆形，具 5~7 脉；第一外稃与小穗第长，具 5~7 脉，先端钝，其内稃短小狭窄；第二外稃椭圆形，顶端钝，具细点状皱纹，边缘内卷，狭窄；鳞被楔形，顶端微凹；花柱基分离；叶上、下表皮脉间均为微波纹或无波纹的、壁较薄的长细胞。颖果灰白色。花果期 5—10 月。

产全国各地；生于海拔 4 000m 以下的荒野、道旁，为旱地作物常见的一种杂草。原产欧亚大陆的温带和暖温带地区，现广布于全世界的温带和亚热带地区。

3. 牛筋草 *Eleusine indica*（L.）Gaertn.

禾本科穇属植物，一年生草本。根系极发达。秆丛生，基部倾斜，高 10~90cm。叶鞘两侧压扁而具脊，松弛，无毛或疏生疣毛；叶舌长约 1mm；叶片平展，线形，长 10~15cm，宽 3~5mm，无毛或上面被疣基柔毛。穗状花序 2~7 个指状着生于秆顶，很少单生，长 3~10cm，宽 3~5mm；小穗长 4~7mm，宽 2~3mm，含 3~6 小花；颖披针形，具脊，脊粗糙；第一颖长 1.5~2mm；第二颖长 2~3mm；第一外稃长 3~4mm，卵形，膜质，具脊，脊上有狭翼，内稃短于外稃，具 2 脊，脊上具狭翼。囊果卵形，长约 1.5mm，基部下凹，具明显的波状皱纹。鳞被 2，折叠，具 5 脉。花果期 6—10 月。

多生于荒芜之地、田间、路旁，秋熟作物田为害较重的恶性杂草。分布几乎遍及全中国，以黄河流域和长江流域及其以南地区发生为多。主要分布于温带和热带地区。

4. 千金子 *Leptochloa chinensis*（L.）Nees.

禾本科千金子属植物，一年生。秆直立，基部膝曲或倾斜，高 30~90cm，平滑无毛。叶鞘无毛，大多短于节间；叶舌膜质，长 1~2mm，常撕裂具小纤毛；叶片扁平或多少卷折，先端渐尖，两面微粗糙或下面平滑，长 5~25cm，宽 2~6mm。圆锥花序长 10~30cm，分枝及主轴均微粗糙；小穗多带紫色，长 2~4mm，含 3~7 小花；颖具 1 脉，脊上粗糙，第一颖较短而狭窄，长 1~1.5mm，第二颖长 1.2~1.8mm；外稃顶端钝，无毛或下部被微毛，第一外稃长约 1.5mm；花药长约 0.5mm。颖果长圆球形，长约 1mm。花果期 8—11 月。

分布于产陕西、山东、江苏、安徽、浙江、台湾、福建、江西、湖北、湖南、四川、云南、广西、广东等省（区）；生于海拔 20~200m 潮湿之地。亚洲东南部也有分布。

5. 旱稗 *Echinochloa hispidula*（Retz.）Nees.

禾本科稗属植物，一年生。秆高 40~90cm。叶鞘平滑无毛；叶舌缺；叶片扁平，线形，长 10~30cm，宽 6~12mm。圆锥花序狭窄，长 5~15cm，宽 1~1.5cm，分枝上不具小枝，有时中部轮生；小穗卵状，长圆形，长 4~6mm；第一颖三角形，长为小穗的 1/2~2/3，基部包卷小穗；第二颖与小穗等长，具小尖头，有 5 脉，脉上具刚毛或有时具疣基毛，芒长 0.5~5cm；第一小花通常中性，外稃草质，具 7 脉，内稃薄膜质，第二外稃革质，坚硬，边缘包卷同质的内稃。花果期 7—10 月。

产黑龙江、吉林、河北、山西、山东、甘肃、新疆、安徽、江苏、浙江、江西、湖南、湖北、四川、贵州、广东及云南；生于田野水湿处。朝鲜、日本、印度也有分布。

6. 野燕麦 *Avena fatua* L.

禾本科燕麦属植物，一年生。须根较坚韧。秆直立，光滑无毛，高 60~

120cm，具2~4节。叶鞘松弛，光滑或基部者被微毛；叶舌透明膜质，长1~5mm；叶片扁平，长10~30cm，宽4~12mm，微粗糙，或上面和边缘疏生柔毛。圆锥花序开展，金字塔形，长10~25cm，分枝具棱角，粗糙；小穗长18~25mm，含2~3小花，其柄弯曲下垂，顶端膨胀；小穗轴密生淡棕色或白色硬毛，其节脆硬易断落，第一节间长约3mm；颖草质，通常具9脉；外稃质地坚硬，第一外稃长15~20mm，背面中部以下具淡棕色或白色硬毛，芒自稃体中部稍下处伸出，长2~4cm，膝曲，芒柱棕色，扭转。颖果被淡棕色柔毛，腹面具纵沟，长6~8mm。花果期4—9月。

广布于中国南北各省。生于荒芜田野或为田间杂草。也分布于欧洲、亚洲、非洲的温寒带地区，并且北美也有输入，印第安人以其种子供食用。本种植物除为粮食的代用品及牛、马的青饲料外，常为小麦田间杂草，其消耗的水分较小麦多1倍余，同时种子大量混杂于小麦粒内，使小麦的质量降低，也是小麦黄矮病寄主。

7. 反枝苋 *Amaranthus retroflexus* L.

苋科苋属一年生草本植物。高20~80cm，有时达1m；茎直立，粗壮，单一或分枝，淡绿色，有时具带紫色条纹，稍具钝棱，密生短柔毛。叶片菱状卵形或椭圆状卵形，长5~12cm，宽2~5cm，顶端锐尖或尖凹，有小凸尖，基部楔形，全缘或波状缘，两面及边缘有柔毛，下面毛较密；叶柄长1.5~5.5cm，淡绿色，有时淡紫色，有柔毛。圆锥花序顶生及腋生，直立，直径2~4cm，由多数穗状花序形成，顶生花穗较侧生者长；苞片及小苞片钻形，长4~6mm，白色，背面有1龙骨状突起，伸出顶端成白色尖芒；花被片矩圆形或矩圆状倒卵形，长2~2.5mm，薄膜质，白色，有1淡绿色细中脉，顶端急尖或尖凹，具凸尖；雄蕊比花被片稍长；柱头3，有时2。胞果扁卵形，长约1.5mm，环状横裂，薄膜质，淡绿色，包裹在宿存花被片内。种子近球形，直径1mm，棕色或黑色，边缘钝。花期7—8月，果期8—9月。

分布于黑龙江、吉林、辽宁、内蒙古、河北、山东、山西、河南、陕西、甘肃、宁夏、新疆等省（区、市）。生在田园内、农地旁、人家附近的草地上，有时生在瓦房上。原产美洲热带，现广泛传播并归化于世界各地。

8. 胜红蓟 *Ageratum conyzoides* L.

菊科藿香蓟属植物，又名藿香蓟。一年生草本。高50~100cm，有时又不足10cm。无明显主根。茎粗壮，基部径4mm，或少有纤细的，而基部径不足1mm，不分枝或自基部或自中部以上分枝，或下基部平卧而节常生不定根。全部茎枝淡红色，或上部绿色，被白色尘状短柔毛或上部被稠密开展的长茸毛。叶对生，有时上部互生，常有腋生的不发育的叶芽。中部茎叶卵形或椭圆形或长圆形，长3~8cm，宽2~5cm；自中部叶向上向下及腋生小枝上的叶渐小或小，卵形或长圆形，有时植株全部叶小形，长仅1cm，宽仅达0.6mm。全部叶基部钝或宽楔形，基出三脉或不明显五出脉，顶端急尖，边缘圆锯齿，有长1~3cm的叶柄，两面被白色稀疏的短柔毛且有黄色腺点，上面沿脉处及叶下面的毛稍多有时下面近无毛，上部叶的叶柄或腋生幼枝及腋生枝上的小叶的叶柄通常被白色稠密开展的长柔毛。头状花序4~18个在茎顶排成通常紧密的伞房状花序；花序径1.5~3cm，少有排成松散伞房花序式的。花梗长0.5~1.5cm，被尘球短柔毛。总苞钟状或半球形，宽5mm。总苞片2层，长圆形或披针状长圆形，长3~4mm，外面无毛，边缘撕裂。花冠长1.5~2.5mm，外面无毛或顶端有尘状微柔毛，檐部5裂，淡紫色。瘦果黑褐色，5棱，长1.2~1.7mm，有白色稀疏细柔毛。冠毛膜片5或6个，长圆形，顶端急狭或渐狭成长或短芒状，或部分膜片顶端截形而无芒状渐尖；全部冠毛膜片长1.5~3mm。花果期全年。

原产中南美洲。作为杂草已广泛分布于非洲全境、印度、印度尼西亚、老挝、柬埔寨、越南等地。由低海拔到2 800m的地区都有分布。中国广东、广西、云南、贵州、四川、江西、福建等地有栽培，也有归化野生分布的；生山谷、山坡林下或林缘、河边或山坡草地、田边或荒地上。在浙江和河北可见栽培。

9. 牛膝菊 *Galinsoga parviflora* Cav.

菊科牛膝菊属植物，一年生草本。高10~80cm。茎纤细，基部径不足1mm，或粗壮，基部径约4mm，不分枝或自基部分枝，分枝斜升，全部茎枝被疏散或上部稠密的贴伏短柔毛和少量腺毛，茎基部和中部花期脱毛或稀毛。叶对生，卵形或长椭圆状卵形，长2.5~5.5cm，宽1.2~3.5cm，基部圆形、宽或狭楔形，顶端渐尖或钝，基出三脉或不明显五出脉，在叶下面稍凸起，在上面平，有叶柄，柄长1~2cm；向上及花序下部的叶渐小，通常披针形；全部茎叶两面粗涩，被白色稀疏贴伏的短柔毛，沿脉和叶柄上的毛较密，边缘浅或钝锯齿或波状浅锯齿，在花序下部的叶有时全缘或近全缘。头状花序半球形，有长花梗，多数在茎枝顶端排成疏松的伞房花序，花序径约3cm。总苞半球形或宽钟状，宽3~6mm；总苞片1~2层，约5个，外层短，内层卵形或卵圆形，长3mm，顶端圆钝，白色，膜质。舌状花4~5个，舌片白色，顶端3齿裂，筒部细管状，外面被稠密白色短柔毛；管状花花冠长约1mm，黄色，下部被稠密的白色短柔毛。托片倒披针形或长倒披针形，纸质，顶端3裂或不裂或侧裂。瘦果长1~1.5mm，3棱或中央的瘦果4~5棱，黑色或黑褐色，常压扁，被白色微毛。舌状花冠毛毛状，脱落；管状花冠毛膜片状，白色，披针形，边缘流苏状，固结于冠毛环上，正体脱落。花果期7—10月。

牛膝菊生于林下、河谷地、荒野、河边、田间、溪边或市郊路旁。喜冷凉气候条件，不耐热。广州10月播种，11月采收，可连续采收到翌年5月。夏季温度高时整株枯死。生长在庭园、废地、河谷地、溪边、路边和低洼的农田中，在土壤肥沃而湿润的地带生长更多。产四川、云南、贵州、西藏等省（区）。原产南美洲。

10. 鬼针草 *Bidens pilosa* L.

菊科鬼针草属植物，一年生草本。茎直立，高30~100cm，钝四棱形，无毛或上部被极稀疏的柔毛，基部直径可达6mm。茎下部叶较小，3裂或不分裂，通常在开花前枯萎，中部叶具长1.5~5cm无翅的柄，3出，小叶3枚，很少为具5（-7）小叶的羽状复叶，两侧小叶椭圆形或卵状椭圆形，长2~4.5cm，宽1.5~2.5cm，先端锐尖，基部近圆形或阔楔形，有时偏斜，不对称，具短柄，边缘有锯齿，顶生小叶较大，长椭圆形或卵状长圆形，长3.5~7cm，先端渐尖，基部渐狭或近圆形，具长1~2cm的柄，边缘有锯齿，无毛或被极稀疏的短柔毛，上部叶小，3裂或不分裂，条状披针形。头状花序直径8~9mm，有长1~6（果时长3~10）cm的花序梗。总苞基部被短柔毛，苞片7~8枚，条状匙形，上部稍宽，开花时长3~4mm，果时长至5mm，草质，边缘疏被短柔毛或几无毛，外层托片披针形，果时长5~6mm，干膜质，背面褐色，具黄色边缘，内层较狭，条状披针形。无舌状花，盘花筒状，长约4.5mm，冠檐5齿裂。瘦果黑色，条形，略扁，具棱，长7~13mm，宽约1mm，上部具稀疏瘤状突起及刚毛，顶端芒刺3~4枚，长1.5~2.5mm，具倒刺毛。

产于中国华东、华中、华南、西南各省区。生于村旁、路边及荒地中。广布于亚洲和美洲的热带和亚热带地区。鬼针草喜长于温暖湿润气候区，以疏松肥沃、富含腐殖质的沙质壤土及黏壤土为宜。为一年生晚春性杂草。以种子繁殖，一般4月中旬至5月种子发芽出苗，发芽适温为15~30℃，5月上中旬大发生高峰期，8—10月为结实期。种子可借风、流水与粪肥传播，经越冬休眠后萌发。

11. 小蓬草 *Conyza canadensis*（L.）Cronq.

菊科白酒草属植物，一年生草本。根纺锤状，具纤维状根。茎直立，高50~100cm或更高，圆柱状，多少具棱，有条纹，被疏长硬毛，上部多分枝。叶密集，基部叶花期常枯萎，下部叶倒披针形，长6~10cm，宽1~1.5cm，顶端尖或渐尖，基部渐狭成柄，边缘具疏锯齿或全缘，中部和上部叶较小，线状披针形或线形，近无柄或无柄，全缘或少有具1~2个齿，两面或仅上面被疏短毛边缘常被上弯的硬缘毛。头状花序多数，小，径3~4mm，排列成顶生多分枝的大圆锥花序；花序梗细，长5~10mm，总苞近圆柱状，长2.5~4mm；总苞片2~3层，淡绿色，线状披针形或线形，顶端渐尖，外层约短于内层之半背面被疏毛，内层长3~3.5mm，宽约0.3mm，边缘干膜质，无毛；花托平，径2~2.5mm，具不明显的突起；雌花多数，舌状，白色，长2.5~3.5mm，舌片小，稍超出花盘，线形，顶端具2个钝小齿；两性花淡黄色，花冠管状，长2.5~3mm，上端具4或5个齿裂，管部上部被疏微毛；瘦果线状披针形，长1.2~1.5mm稍扁压，被贴微毛；冠毛污白色，1层，糙毛状，长2.5~3mm。花期5—9月。

原产北美洲，中国南北各省（区）均有分布。常生长于旷野、荒地、田边和路旁，为一种常见的杂草。已列入中国外来入侵物种名单（第三批）。

12. 鳢肠 *Eclipta prostrata*（L.）

菊科鳢肠属植物，一年生草本。茎直立，斜升或平卧，高达60cm，通常自基部分枝，被贴生糙毛。叶长圆状披针形或披针形，无柄或有极短的柄，长3~10cm，宽0.5~2.5cm，顶端尖或渐尖，边缘有细锯齿或有时仅波状，两面被密硬糙毛。头状花序径6~8mm，有长2~4cm的细花序梗；总苞球状钟形，总苞片绿色，草质，5~6个排成2层，长圆形或长圆状披针形，外层较内层稍短，背面及边缘被白色短伏毛；外围的雌花2层，舌状，长2~3mm，舌片短，顶端2浅裂或全缘，中央的两性花多数，花冠管状，白色，长约1.5mm，顶端4齿裂；花柱分枝钝，有乳头状突起；花托凸，有披针形或线形的托片。托片中部以上有微毛；瘦果暗褐色，长2.8mm，雌花的瘦果三棱形，两性花的瘦果扁四棱形，顶端截形，具1~3个细齿，基部稍缩小，边缘具白色的肋，表面有小瘤状突起，无毛。花期6—9月。

世界热带及亚热带地区广泛分布。中国全国各省区均有分布。生于河边，田边或路旁。喜湿润气候，耐阴湿。以潮湿、疏松肥沃，富含腐殖质的砂质坎土或壤土栽培为宜。

13. 鼠麴草 *Gnaphalium affine* D. Don.

菊科鼠麴草属植物，一年生草本。茎直立或基部发出的枝下部斜升，高10~40cm或更高，基部径约3mm，上部不分枝，有沟纹，被白色厚棉毛，节间长8~20mm，上部节间罕有达5cm。叶无柄，匙状倒披针形或倒卵状匙形，长5~7cm，宽11~14mm，上部叶长15~20mm，宽2~5mm，基部渐狭，稍下延，顶端圆，具刺尖头，两面被白色棉毛，上面常较薄，叶脉1条，在下面不明显。头状花序较多或较少数，径2~3mm，近无柄，在枝顶密集成伞房花序，花黄色至淡黄色；总苞钟形，径2~3mm；总苞片2~3层，金黄色或柠檬黄色，膜质，有光泽，外层倒卵形或匙状倒卵形，背面基部被棉毛，顶端圆，基部渐狭，长约2mm，内层长匙形，背面通常无毛，顶端钝，长2.5~3mm；花托中央稍凹入，无毛。雌花多数，花冠细管状，长约2mm，花冠顶端扩大，3齿裂，裂片无毛。两性花较少，管状，长约3mm，向上渐扩大，檐部5浅裂，裂片三角状渐尖，无毛。瘦果倒卵形或倒卵状圆柱形，长约0.5mm，有乳头状突起。冠毛粗糙，污白色，易脱落，长约1.5mm，基部联合成2束。花期1—4月，8—11月。

分布于中国台湾、华东、华南、华中、华北、西北及西南各省区。生于低海拔干地或湿润草地上，尤以稻田最常见。也分布于日本、朝鲜、菲律宾、印度尼西亚、中南半岛及印度。

14. 苦苣菜 Sonchus oleraceus L.

菊科苦苣菜属植物，一年生或二年生草本。根圆锥状，垂直直伸，有多数纤维状的须根。茎直立，单生，高40~150cm，有纵条棱或条纹，不分枝或上部有短的伞房花序状或总状花序式分枝，全部茎枝光滑无毛，或上部花序分枝及花序梗被头状具柄的腺毛。基生叶羽状深裂，全形长椭圆形或倒披针形，或大头羽状深裂，全形倒披针形，或基生叶不裂，椭圆形、椭圆状戟形、三角形、或三角状戟形或圆形，全部基生叶基部渐狭成长或短翼柄；中下部茎叶羽状深裂或大头状羽状深裂，全形椭圆形或倒披针形，长3~12cm，宽2~7cm，基部急狭成翼柄，翼狭窄或宽大，向柄基且逐渐加宽，柄基圆耳状抱茎，顶裂片与侧裂片等大或较大或大，宽三角形、戟状宽三角形、卵状心形，侧生裂片1~5对，椭圆形，常下弯，全部裂片顶端急尖或渐尖，下部茎叶或接花序分枝下方的叶与中下部茎叶同型并等样分裂或不分裂而披针形或线状披针形，且顶端长渐尖，下部宽大，基部半抱茎；全部叶或裂片边缘及抱茎小耳边缘有大小不等的急尖锯齿或大锯齿或上部及接花序分枝处的叶，边缘大部全缘或上半部边缘全缘，顶端急尖或渐尖，两面光滑毛，质地薄。头状花序少数在茎枝顶端排紧密的伞房花序或总状花序或单生茎枝顶端。总苞宽钟状，长1.5cm，宽1cm；总苞片3~4层，覆瓦状排列，向内层渐长；外层长披针形或长三角形，长3~7mm，宽1~3mm，中内层长披针形至线状披针形，长8~11mm，宽1~2mm；全部总苞片顶端长急尖，外面无毛或外层或中内层上部沿中脉有少数头状具柄的腺毛。舌状小花多数，黄色。瘦果褐色，长椭圆形或长椭圆状倒披针形，长3mm，宽不足1mm，压扁，每面各有3条细脉，肋间有横皱纹，顶端狭，无喙，冠毛白色，长7cm，单毛状，彼此纠缠。花果期5—12月。

生于田野、路旁、村舍附近。分布于全球、欧、亚洲、温带及亚热带地区，生长于海拔170~3 200m的地区，多生长在林下、山坡、平地田间、空旷处、山谷林缘或近水处。

15. 苣荬菜 *Sonchus arvensis* L.

菊科苦苣菜属植物，多年生草本。根垂直直伸，多少有根状茎。茎直立，高30~150cm，有细条纹，上部或顶部有伞房状花序分枝，花序分枝与花序梗被稠密的头状具柄的腺毛。基生叶多数，与中下部茎叶全形倒披针形或长椭圆形，羽状或倒向羽状深裂、半裂或浅裂，全长6~24cm，高1.5~6cm，侧裂片2~5对，偏斜半椭圆形、椭圆形、卵形、偏斜卵形、偏斜三角形、半圆形或耳状，顶裂片稍大，长卵形、椭圆形或长卵状椭圆形；全部叶裂片边缘有小锯齿或无锯齿而有小尖头；上部茎叶及接花序分枝下部的叶披针形或线钻形，小或极小；全部叶基部渐窄成长或短翼柄，但中部以上茎叶无柄，基部圆耳状扩大半抱茎，顶端急尖、短渐尖或钝，两面光滑无毛。头状花序在茎枝顶端排成伞房状花序。总苞钟状，长1~1.5cm，宽0.8~1cm，基部有稀疏或稍稠密的长或短茸毛。总苞片3层，外层披针形，长4~6mm，宽1~1.5mm，中内层披针形，长达1.5cm，宽3mm；全部总苞片顶端长渐尖，外面沿中脉有1行头状具柄的腺毛。舌状小花多数，黄色。瘦果稍压扁，长椭圆形，长3.7~4mm，宽0.8~1mm，每面有5条细肋，肋间有横皱纹。冠毛白色，长1.5cm，柔软，彼此纠缠，基部连合成环。花果期1—9月。

苣荬菜几遍全球分布。中国陕西、甘肃、宁夏、新疆、福建、湖北、湖南、广西、四川、云南、贵州、西藏有分布。生长在海拔300~2 300m的山坡草地、林间草地、潮湿地或近水旁、村边或河边砾石滩。

16. 苍耳 *Xanthium sibiricum* Patrin ex Widder.

菊科、苍耳属植物，一年生草本，高20~90cm。根纺锤状，分枝或不分枝。茎直立不枝或少有分枝，下部圆柱形，径4~10mm，上部有纵沟，被灰白色糙伏毛。叶三角状卵形或心形，长4~9cm，宽5~10cm，近全缘，或有3~5不明显浅裂，顶端尖或钝，基部稍心形或截形，与叶柄连接处成相等的楔形，边缘有不规则的粗锯齿，有三基出脉，侧脉弧形，直达叶缘，脉上密被糙伏毛，上面绿色，下面苍白色，被糙伏毛；叶柄长3~11cm。雄性的头状花序球形，径4~6mm，有或无花序梗，总苞片长圆状披针形，长1~1.5mm，被短柔毛，花托柱状，托片倒披针形，长约2mm，顶端尖，有微毛，有多数的雄花，花冠钟形，管部上端有5宽裂片；花药长圆状线形；雌性的头状花序椭圆形，外层总苞片小，披针形，长约3mm，被短柔毛，内层总苞片结合成囊状，宽卵形或椭圆形，绿色、淡黄绿色或有时带红褐色，在瘦果成熟时变坚硬，连同喙部长12~15mm，宽4~7mm，外面有疏生的具钩状的刺，刺极细而直，基部微增粗或几不增粗，长1~1.5mm，基部被柔毛，常有腺点，或全部无毛；喙坚硬，锥形，上端略呈镰刀状，长 1.5~2.5mm，常不等长，少有结合而成 1 个喙。瘦果 2，倒卵形。花期 7—8 月，果期 9—10 月。

广泛分布于东北、华北、华东、华南、西北及西南各省区。苏联、伊朗、印度、朝鲜和日本也有分布。常生长于平原、丘陵、低山、荒野路边、田边。此植物的总苞具钩状的硬刺，常贴附于家畜和人体上，故易于散布。为一种常见的田间杂草。

17. 马兰 *Kalimeris indica*（L.）Sch. -Bip.

菊科马兰属植物，根状茎有匍枝，有时具直根。茎直立，高 30~70cm，上部有短毛，上部或从下部起有分枝。基部叶在花期枯萎；茎部叶倒披针形或倒卵状矩圆形，长 3~6cm 稀达 10cm，宽 0.8~2cm 稀达 5cm，顶端钝或尖，基部渐狭成具翅的长柄，边缘从中部以上具有小尖头的钝或尖齿或有羽状裂片，上部叶小，全缘，基部急狭无柄，全部叶稍薄质，两面或上面有疏微毛或近无毛，边缘及下面沿脉有短粗毛，中脉在下面凸起。头状花序单生于枝端并排列成疏伞房状。总苞半球形，径 6~9mm，长 4~5mm；总苞片 2~3 层，覆瓦状排列；外层倒披针形，长 2mm，内层倒披针状，矩圆形，长达 4mm，顶端钝或稍尖，上部草质，有疏短毛，边缘膜质，有缘毛。花托圆锥形。舌状花 1 层，15~20 个，管部长 1.5~1.7mm；舌片浅紫色，长达 10mm，宽 1.5~2mm；管状花长 3.5mm，管部长 1.5mm，被短密毛。瘦果倒卵状，矩圆形，极扁，长 1.5~2mm，宽 1mm，褐色，边缘浅色而有厚肋，上部被腺及短柔毛。冠毛长 0.1~0.8mm，弱而易脱落，不等长。花期 5—9 月，果期 8—10 月。

性喜肥沃土壤，耐旱亦耐涝，生活力强，生于菜园、农田、路旁，为田间常见杂草。马兰广泛分布于我国的东部、中部、西部、南部以及东北以南地区。中国北方也有马兰分布，在山东东营等地有大量种植，此地区的品种耐碱性能好，是碱地绿化的优良作物。

18. 野艾蒿 *Artemisia lavandulaefolia* DC.

菊科蒿属植物，多年生草本，有时为半灌木状，植株有香气。主根稍明显，侧根多；根状茎稍粗，直径 4~6mm，常匍地，有细而短的营养枝。茎少数，成小丛，稀少单生，高 50~120cm，具纵棱，分枝多，长 5~10cm，斜向上伸展；茎、枝被灰白色蛛丝状短柔毛。叶纸质，上面绿色，具密集白色腺点及小凹点，初时疏被灰白色蛛丝状柔毛，后毛稀疏或近无毛，背面除中脉外密被灰白色密绵毛；基生叶与茎下部叶宽卵形或近圆形，长 8~13cm，宽 7~8cm，二回羽状全裂或第一回全裂，第二回深裂，具长柄，花期叶萎谢；中部叶卵形、长圆形或近圆形，长 6~8cm，宽 5~7cm，（一至）二回羽状全裂或二回为深裂，每侧有裂片

2~3枚，裂片椭圆形或长卵形，长3~5（7）cm，宽5~7（9）mm，每裂片具2~3枚线状披针形或披针形的小裂片或深裂齿，长3~7mm，宽2~3（5）mm，先端尖，边缘反卷，叶柄长1~2（3）cm，基部有小型羽状分裂的假托叶；上部叶羽状全裂，具短柄或近无柄；苞片叶3全裂或不分裂，裂片或不分裂的苞片叶为线状披针形或披针形，先端尖，边反卷。头状花序极多数，椭圆形或长圆形，直径2~2.5mm，有短梗或近无梗，具小苞叶，在分枝的上半部排成密穗状或复穗状花序，并在茎上组成狭长或中等开展，稀为开展的圆锥花序，花后头状花序多下倾；总苞片3~4层，外层总苞片略小，卵形或狭卵形，背面密被灰白色或灰黄色蛛丝状柔毛，边缘狭膜质，中层总苞片长卵形，背面疏被蛛丝状柔毛，边缘宽膜质，内层总苞片长圆形或椭圆形，半膜质，背面近无毛，花序托小，凸起；雌花4~9朵，花冠狭管状，檐部具2裂齿，紫红色，花柱线形，伸出花冠外，先端2叉，叉端尖；两性花10~20朵，花冠管状，檐部紫红色；花药线形，先端附属物尖，长三角形，基部具短尖头，花柱与花冠等长或略长于花冠，先端2叉，叉端扁，扇形。瘦果长卵形或倒卵形。花果期8—10月。

分布于中国黑龙江、吉林、辽宁、内蒙古、河北、山西、陕西、甘肃、山东、江苏、安徽、江西、河南、湖北、湖南、广东（北部）、广西（北部）、四川、贵州、云南等省（区）；日本、朝鲜、蒙古及苏联（西伯利平东部及远东地区）也有。多生于低海拔或中海拔地区的路旁、林缘、山坡、草地、山谷、灌丛及河湖滨草地等。野艾对气候的适应性强，以阳光充足的湿润环境为佳，耐寒。对土壤要求不严，一般土壤可种植，但在盐碱地中生长不良。

19. 尼泊尔蓼 *Polygonum nepalense* Meisn.

蓼科蓼属植物，一年生草本。茎外倾或斜上，自基部多分枝，无毛或在节部疏生腺毛，高20~40cm。茎下部叶卵形或三角状卵形，长3~5cm，宽2~4cm，顶端急尖，基部宽楔形，沿叶柄下延成翅，两面无毛或疏被刺毛，疏生黄色透明腺点，茎上部较小；叶柄长1~3cm，或近无柄，抱茎；托叶鞘筒状，长5~10mm，膜质，淡褐色，顶端斜截形，无缘毛，基部具刺毛。花序头状，顶生或腋生，基部常具1叶状总苞片，花序梗细长，上部具腺毛；苞片卵状椭圆形，通常无毛，边缘膜质，每苞内具1花；花梗比苞片短；花被通常4裂，淡紫红色或白色，花被片长圆形，长2~3mm，顶端圆钝；雄蕊5~6，与花被近等长，花药暗紫色；花柱2，下部合生，柱头头状。瘦果宽卵形，双凸镜状，长2~2.5mm，黑色，密生洼点。无光泽，包于宿存花被内。花期5—8月，果期7—10月。

除新疆外，全国有分布。生山坡草地、山谷路旁，海拔200~4 000m。朝鲜、日本、俄罗斯（远东）、阿富汗、巴基斯坦、印度、尼泊尔、菲律宾、印度尼西亚及非洲也有。

20. 藜 *Chenopodium album* L.

藜科藜属植物，一年生草本，高 30~150cm。茎直立，粗壮，具条棱及绿色或紫红色色条，多分枝；枝条斜升或开展。叶片菱状卵形至宽披针形，长 3~6cm，宽 2.5~5cm，先端急尖或微钝，基部楔形至宽楔形，上面通常无粉，有时嫩叶的上面有紫红色粉，下面多少有粉，边缘具不整齐锯齿；叶柄与叶片近等长，或为叶片长度的 1/2。花两性，花簇于枝上部排列成或大或小的穗状圆锥状或圆锥状花序；花被裂片 5，宽卵形至椭圆形，背面具纵隆脊，有粉，先端或微凹，边缘膜质；雄蕊 5，花药伸出花被，柱头 2。果皮与种子贴生。种子横生，双凸镜状，直径 1.2~1.5mm，边缘钝，黑色，有光泽，表面具浅沟纹；胚环形。花果期 5—10 月。

生长于海拔 50~4 200m 的地区，分布遍及全球温带及热带，中国各地均产。生于路旁、荒地及田间，为很难除掉的杂草。

21. 打碗花 *Calystegia hederacea* Wall. ex. Roxb.

旋花科打碗花属植物，一年生草本。全体不被毛，植株通常矮小，高 8~30（40）cm，常自基部分枝，具细长白色的根。茎细，平卧，有细棱。基部叶片长圆形，长 2~3（5.5）cm，宽 1~2.5cm，顶端圆，基部戟形，上部叶片 3 裂，中裂片长圆形或长圆状披针形，侧裂片近三角形，全缘或 2~3 裂，叶片基部心形或戟形；叶柄长 1~5cm。花腋生，1 朵，花梗长于叶柄，有细棱；苞片宽卵形，长 0.8~1.6cm，顶端钝或锐尖至渐尖；萼片长圆形，长 0.6~1cm，顶端钝，具小短尖头，内萼片稍短；花冠淡紫色或淡红色，钟状，长 2~4cm，冠檐近截形或微裂；雄蕊近等长，花丝基部扩大，贴生花冠管基部，被小鳞毛；子房无毛，柱头 2 裂，裂片长圆形，扁平。蒴果卵球形，长约 1cm，宿存萼片与之近等长或稍短。种子黑褐色，长 4~5mm，表面有小疣。

全国各地均有，生长于海拔 100~3 500m 的地区，为农田、荒地、路旁常见的杂草。分布于东非的埃塞俄比亚，亚洲南部、东部以至马来亚。打碗花喜欢温和湿润气候，也耐恶劣环境，适应沙质土壤。打碗花总是作为沙质、沙砾质、砾石质土地的优势种或伴生种出现在海滨地带，在靠近海岸的花岗岩、片麻岩或片岩组成的砾石土上，特别是海水浪花经常可以到达的山坡上，有时以单一群落出现。是中国温和气候区沿海地带盐碱土的指示植物。

（四）防除措施

以农艺防除为主。

1. 深耕翻土除草

草害严重的农田，经深翻耕作，可将大量种子埋入土层深处，有效消灭许多种草，大大减轻一年生和多年生杂草的为害；同时，将大量杂草的根、茎等翻到地表干死和冻死等，从而显著减轻杂草为害。如马齿苋、苋菜、马唐、狗尾草、播娘蒿、蒺藜、灰灰菜等，杂草种子在 0~3cm 的土层中，只要温、湿度适宜就可出土，如将它们翻入土层深处，就难以出苗和造成草害。芦苇、白茅莎草和刺儿菜等，深翻可破坏其根茎，不少还翻到地表，经过风吹日晒和人工捡拾等可大量减少杂草发生，明显降低为害。野燕麦种子只要深翻在土层 15cm 以下，就难以萌芽，即使出土也生长不良；若其种子深翻在 30cm 以下土层，基本上就不能发芽。大豆菟丝子在 15~20cm 土层，基本不能出苗；如其在 10~15cm 土层，出苗率也只有 1%~3%，且出土后长势弱、扭曲，不久即死亡，此外还可提早翻耕，诱发杂草种子萌发，减少耕作层杂草数量。

2. 人工除草与机械除草

人工除草是传统的农田杂草去除方式，采用手拔和农具铲除 2 种方式进行除草，及时清除田边、路旁的杂草，防止杂草侵入农田，及时对田间杂草进行拔除或铲除，降低田间杂草密度，培育作物优势度，人工除草工作效率不高，在较大面积农田中开展人工除草会耗费较大的人力。机械除草采用农业机械设备如除草机进行除草作业，根据藜麦种植的行间距对其行间进行机械除草，机械除草工作效率也不高，经常使用机械除草会使土壤产生板结。

3. 物理除草与化学除草

物理除草主要通过采用深色塑料薄膜对土壤进行覆盖，这样可以遮挡阳光的照射并可提高地表温度，抑制杂草种子萌发或杀死已出土的杂草。化学除草是防除藜麦田杂草简便而有效的手段，而且可以节省人力、物力，达到降低生产成本的目的，但目前尚未有在藜麦上登记使用的除草剂，在藜麦田禾本科杂草发生严重的田块，可选择防除禾本科杂草的选择性除草剂进行防除。

4. 精选种子播种

减少杂草种子侵染和杜绝远距离传播、扩散；减少秸秆还田带来杂草种子传播；使用充分腐熟的有机肥，减少杂草种子向农田输入；合理密植，增强藜麦对杂草的竞争力等。

第二节　非生物胁迫及其应对

一、温度胁迫及其应对

（一）对藜麦生长的影响

由于藜麦种植在高海拔地区冷凉季节，生长过程中，一般可不考虑高温胁迫问题。对于低温胁迫，也鲜有研究报道。温日宇等（2019）介绍，为探究低温胁迫对藜麦幼苗生理生化特性的影响，以红藜、白藜、黑藜 3 种不同藜麦为实验材料，采取小盆暗萌发、营养土育苗的方法，在人工模拟低温胁迫环境下（4℃）分别处理不同的时间。结果表明，白藜和红藜游离脯氨酸含量随着低温胁迫时间的延长先上升后下降，黑藜的脯氨酸含量随着时间的变化逐渐上升。不同藜麦的丙二醛含量随时间的变化均呈先上升再下降的趋势，出现最大值的时间不同，但波动都比较小，恢复条件之后含量均相对上升。不同藜麦幼苗过氧化物酶（POD）的活性在低温期间持续上升，解除胁迫后活性下降。随着低温胁迫时间的延长，不同藜麦幼苗的超氧化物歧化酶（SOD）活性先上升后下降，在48h 达到最大值。实验表明：低温胁迫不同的时间对 3 种藜麦生理生化指标影响程度不同，随着时间的延长，各指标的变化趋于稳定。抗寒性强弱依次为：黑藜、白藜、红藜。

藜麦原产于安第斯山脉高海拔地区，经常受到低温霜冻的影响，但藜麦在生长过程中表现出较强的低温适应的能力。因此，由于藜麦种植在高海拔地区冷凉季节，生长过程中，一般可不考虑高温胁迫问题。

1. 对藜麦生理指标的影响

（1）低温对膜物相、膜结构的影响　Baid 等（1994）介绍，藜麦细胞膜主要是由脂类和蛋白质组成的流动镶嵌结构，藜麦在遭遇低温胁迫时，细胞内会发生一系列生理、生化和物理特性的变化，而这些变化会进一步引起膜透性的变化，使膜的流动性下降，膜脂发生相变，由原来的无序状态变为有序状，由液晶态变为凝胶态，膜脂双分子层中的有些区域变为固相，从膜脂中分离出来，使膜脂的结构发生改变，脂质中蛋白构型以及细胞膜酶系功能改变，从而使细胞代谢发生变化和功能紊乱，最终使细胞受伤而导致组织坏死，破坏组织和功能的统一性。

（2）低温对膜脂组分的影响　王钦等（1993）介绍，高等植物类囊体膜由基粒膜和间质膜组成，基粒是由许多密闭的类囊体膜垛叠形成的，基粒间靠间质膜连接，形成连续的膜体系。脂类双分层是组成细胞膜的骨架，极性脂肪酸是双分层的主要组分。低温冷害时，膜脂会发生相应的变化，以适应低温环境。关于膜脂与抗寒性的关系研究，主要集中在两个方面，一是膜脂的不饱和脂肪酸含量与抗寒性的关系。低温胁迫下，脂肪酸脱饱和酶发生作用能代谢产生更多的不饱和脂肪酸。

2. 对藜麦幼苗的影响

（1）对藜麦幼苗脯氨酸含量的影响　赵福庚等（2004）的研究表明，逆境胁迫引发植物体内游离氨酸的含量大幅增加。此外，正常环境下，抗逆性好的植物品种体内游离脯氨酸的含量高。由图4-1可知，在低温胁迫0~72h期间，白藜幼苗游离脯氨酸含量先下降再上升，红藜幼苗的脯氨酸含量持续下降。白藜在48h降至最低，而红藜的最小值则出现在72h，在低温72h时，白藜与对照相比下降了0.5%，差异不显著，红藜减小了27.3%，黑藜幼苗的脯氨酸含量稳定上升，低温72h时显著大于对照（$P<0.05$），3种藜麦幼苗恢复24h时的脯氨酸含量均比低温处理72h时高。

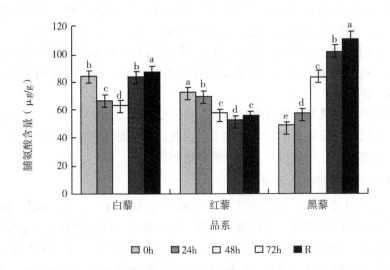

图4-1　种藜麦幼苗在不同低温胁迫时间下脯氨酸含量（$P<0.05$）（温日宇等，2019）

由此可以得出结论，低温胁迫0~72h期间，白藜幼苗游离脯氨酸的含量先下降后上升，红藜幼苗的脯氨酸含量呈稳定下降的趋势，黑藜幼苗的脯氨酸含量趋于稳定上升，且与对照相比均有变化。这说明在低温胁迫期间，白藜和黑藜的游离脯氨酸含量均出现上升，有利于缓解低温胁迫对这2种藜麦幼苗造成的伤害，增强了这2种藜麦幼苗的抗逆性。这与邵怡若等（2013）关于低温胁迫时间对不同植物体内脯氨酸含量变化的研究结果基本一致。且从脯氨酸含量的变化可分析出黑藜的抗寒性最强，白藜次之，红藜最弱。

（2）对藜麦幼苗丙二醛含量的影响　Chen 等（1997）研究表明，低温胁迫严重影响植物细胞内有关活性氧代谢反应的平衡，也会对植物细胞膜造成一定程度的损害，使胞内主要产物丙二醛的含量增加。由图 4-2 可知，在低温胁迫 0～72h 期间，不同藜麦幼苗的丙二醛含量均呈先上升再下降。白藜和黑藜的丙二醛含量在 24h 时上升到最大，红藜的最大值在 48h。不同藜麦幼苗恢复 24h 的丙二醛含量相比低温胁迫 72h 时均有上升。白藜相比对照上升了 2.6%，红藜和黑藜上升了 11.11% 和 11.83%，差异不显著。低温胁迫 72h 时不同藜麦的丙二醛含量与对照相比均呈上升趋势。

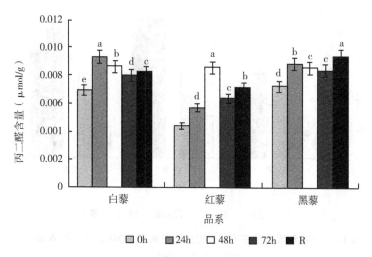

图 4-2　3 种藜麦幼苗在不同低温胁迫时间下丙二醛含量（$P<0.05$）（温日宇等，2019）

由此可以得出结论，在低温胁迫 0～72h，3 种藜麦幼苗的丙二醛含量均呈先上升再下降的趋势。在上升阶段红藜幼苗的上升幅度最大且最大值出现在 48h。说明红藜幼苗胁迫期间的膜脂过氧化程度强且持续时间长，呈现出较弱的抗寒性。从黑藜与白藜的上升幅度以及丙二醛含量的大小可以得出黑藜的抗寒性大于白藜。但是随着胁迫时间的延长，丙二醛含量的下降，说明胁迫后期不同藜麦幼苗的细胞膜在一定程度均起到了保护植物免受低温危害的作用。恢复 24h 时与低温胁迫 72h 时的丙二醛含量相比变化不大，表明低温胁迫恢复后，不同藜麦幼苗胞膜的过氧化程度并没有明显改善。从丙二醛含量的变化可以分析出在抗寒能力的方面红藜小于白藜小于黑藜。

（3）对不同藜麦幼苗 POD 活性和 SOD 活性的影响　Liu 等（2004）研究证

明，SOD 是植物重要的耐冷保护酶系统。王小娟等（2016）介绍 SOD 和 POD 的活性与植物抗寒性密切相关，SOD、POD 等酶参与了清除活性氧反应的过程，并在其中起着最主要的抗氧化作用，从而使植物在相当程度上增强了对低温胁迫的抗逆性，减弱其对植株自身造成的伤害。

由图 4-3 可知，在低温胁迫 0~72h 期间，不同藜麦幼苗的 POD 活性均呈稳定上升趋势，且最大值均出现在胁迫 72h 时，此时的 POD 活性相比对照分别上升了 2.27 倍、2.36 倍和 3.02 倍。解除低温胁迫时的 POD 活性相比胁迫 72h 时均下降。

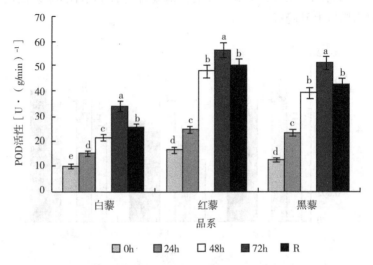

图 4-3　3 种藜麦幼苗在不同低温胁迫时间下 POD 含量（$P<0.05$）
（温日宇等，2019）

由图 4-4 可知，在低温胁迫 0~72h 期间，不同藜麦幼苗的 SOD 活性均先上升后下降，且最大值均出现在 48h 时。胁迫 72h 时的不同藜麦幼苗的 SOD 活性相比对照分别上升了 3 倍、0.43 倍和 0.42 倍。恢复 24h 之后的 SOD 活性相比胁迫 72h 不同藜麦均呈下降趋势。

由此可以得出结论：在低温处理 0~72h 期间，3 种藜麦幼苗的 POD 活性均呈稳定上升的趋势，SOD 的活性虽然呈先上升后下降的趋势，但均高于对照，这表明低温胁迫下藜麦幼苗细胞中活性氧的含量比常温水平高，耐冷系统针对其含量变化开始发挥作用，使胞内的 POD 和 SOD 活性提高，进而使幼苗细胞清除自由基的能力增强。随着低温胁迫时间的延长，黑藜 POD 活性的升幅高于红藜和白藜，说明长时间的低温处理对其细胞内清除自由基的能力影响不大，黑藜的

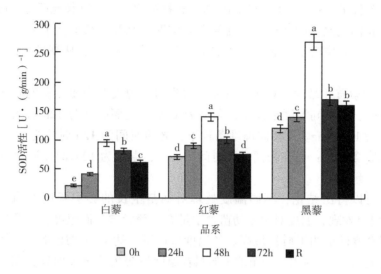

图 4-4　3 种藜麦幼苗在不同低温胁迫时间下 SOD 含量（*P*<0.05）

（温日宇等，2019）

抗寒能力高于红藜和白藜。不同藜麦幼苗 SOD 活性的最大值均出现在低温胁迫 48h 时，且黑藜的 SOD 活性出现了不同藜麦中的最大值，差异均达到了显著水平，可以得出黑藜面对低温胁迫时具有更强的耐受能力。

综上所述，低温胁迫处理不同的时间能使 3 种藜麦幼苗的生理生化指标发生变化，游离脯氨酸的含量出现了 3 种不同的变化，丙二醛的含量先上升后下降，而 POD 和 SOD 活性均呈稳定上升的趋势，并且随着低温时间的延长，指标的变化趋于稳定。

3. 对藜麦其他指标的影响

（1）对藜麦种子萌发率的影响　曲波等（2018）对种子进行不同温度的处理，并进行萌发率试验，最终得出结论，温度对藜麦种子萌发无显著影响。藜麦种子在不同温度下均能萌发，25℃条件下，不同光照时间藜麦幼苗的萌发率均高于 10℃时的对应值，最高萌发率为 78%。

（2）对藜麦幼苗鲜质量、干质量和含水量的影响　为了研究温度对藜麦幼苗鲜质量、干质量和含水量的影响，曲波等（2018）进行了不同条件下藜麦的鲜质量、干质量和含水量测定试验，根据实验结果可知，在 25℃条件下，藜麦幼苗的鲜质量和干质量均较 10℃条件下高，温度为 25℃时，藜麦幼苗鲜质量和干质量均最大；温度对藜麦幼苗叶片含水量影响不显著。

（3）对幼苗株高和根长的影响　不同温度对藜麦株高和根长均有显著影响。

相同温度条件下，短时间的光照均促进了植株的生长，而延长光照时间可促进根的生长。相同光照时间条件下，温度为25℃时株高和根长均优于10℃时的对应值。两因素相互作用条件下，温度25℃和光照时间8h时，株高最高，12h根长最长。

（4）对幼苗叶绿素含量和根系活力的影响　温度对藜麦幼苗的叶绿素含量有显著影响，在不同温度条件下，温度为10℃和光照时间为12h时的叶绿素含量最高，为1.315mg。在相同温度条件下，光照时间为12h时比光照时间为8h时的叶绿素含量高；而在相同光照时间条件下，温度为10℃时比温度为25℃时的叶绿素含量高。

由此可以得出结论，不同温度处理对幼苗生长的影响程度不同。曲波等（2018）研究发现，温度对藜麦幼苗含水量有显著影响；而温度、光照时间两因素互作时藜麦幼苗的干质量最高。各温度条件下，幼苗的鲜质量在温度为25℃和光照时间为8h时最大，幼苗的干质量在温度为25℃和光照时间为8h时最大，幼苗含水量在温度为10℃和光照时间为8h时最大。并且不同温度、光照和两因素的相互作用对藜麦幼苗长势有影响，植株在温度为25℃时生长的最高。而温度和光照两因素相互作用对根长无显著影响。叶绿素的含量是植物能否健康发育的重要依据。叶绿素含量可以反映藜麦幼苗的发育情况。在温度为10℃和光照时间为12h条件下叶绿素含量最高。在温度、光照和两因素的相互作用下，藜麦幼苗叶绿素含量和根系活力显著提高。王晨静等（2014）研究发现，植物根系不仅是固定植物的主要器官，而且可以从土壤中吸收水分和无机盐。植物的根系是活跃的吸收器官和合成器官，根的生长情况和代谢情况即根系活力直接影响植物地上部分的生长和营养状况以及产量。藜麦幼苗在温度为10℃和光照时间为12h时的根系活力最大，根的吸收与合成能力最强。

（二）应对措施

藜麦可在不同农业气候地区生长，生长气温为2~35℃，生长适温14~20℃，在营养生长阶段可耐轻度霜冻（-1℃~0℃），在种子结实之后可耐-6℃低温。

1. 选择合适的种植地区

相对于耐高温性来说，藜麦的耐寒性还是比较强的，所以藜麦一般比较适合种植在温度较低的地方，适宜生长在夏季气候冷凉、阳光充足、昼夜温差大、降水较少的高海拔干旱山区，海拔1 800~4 500m的地区适宜种植，最适宜种植在海拔3 000~4 000的山地或高原上。藜麦种子在萌发的时候需要的温度比长出来之后生长的温度要低。在把藜麦的种子种进土里之后，就要等着种子的萌发，一般种子破土的温度大概是在5℃左右，有利于种子的生长。长出地面之后，藜麦需要的温度就要高一些，但是藜麦的抗寒性是比较好的，所以在低温中也是可以生长的，最低可以忍受的温度是 0℃。

2. 搭建大棚种植

藜麦生长最快的温度是在 25℃ 左右。这就对气温的要求比较苛刻，如果是在田间自然种植，满足藜麦生长温度的地方就比较少，所以温度在藜麦的生长上也是有一定限制的。如果想要种植藜麦，可以在大棚里，用调节温度的方法来种植藜麦，这样比较有利于增加藜麦的产量和质量。

3. 根据地区选择适宜的品种

姜庆国等（2017）介绍，挑选高产、抗倒伏、耐旱、耐寒的饱满、健康无病虫害的藜麦种子。特别要注意的是藜麦在不同地区适合不同的品种，每个地区在进行藜麦种植时要结合当地的实际条件做好试验工作，切不可盲目进行大面积种植。

二、水分胁迫及其应对

水分胁迫（Water Stress）植物水分散失超过水分吸收，使植物组织含水量下降，膨压降低正常代谢失调的现象。在藜麦生长的关键时期缺水，会在一定程度上影响其生长发育和某些生理特性。

（一）对藜麦生长的影响

除因土壤中缺水引起水分胁迫外，干旱、淹水、冰冻、高温或盐碱条件等不良环境作用于植物体时，都可能引起水分胁迫。不同植物及品种对水分胁迫的敏感性不同，影响不一。在淹水条件下，有氧呼吸受抑制，影响水分吸收，也会导致细胞缺水失去膨压，冰冻引起细胞间隙结冰，特别是在严重冰冻后遇晴天，细胞间隙的冰晶体融化后又因蒸腾大量失水，易引起水分失去平衡而萎蔫。高温及盐碱条件下亦易引起植物水分代谢失去平衡，发生水分胁迫。干旱缺水引起的水分胁迫是最常见的，也是对藜麦产量影响最大的。水分胁迫对藜麦的影响在水分亏缺时，反应最快的是细胞伸长生长受抑制，因为细胞膨压降低就使细胞伸长生长受阻，因而叶片较小，光合面积减小，随着胁迫程度的增高，水势明显降低，且细胞内脱落酸含量增高，使净光合率亦随之下降，水分亏缺时细胞合成过程减弱而水解过程加强，淀粉水解为糖，蛋白质水解形成氨基酸，水解产物又在呼吸中消耗；水分亏缺初期由于细胞内淀粉、蛋白质等水解产物、呼吸底物增加，促进了呼吸，时间稍长，呼吸底物减少，呼吸速度即降低，且因氧化磷酸化解联，形成无效呼吸，导致正常代谢进程紊乱，代谢失调。由于水分胁迫引起脱水，导致细胞膜结构破坏。在正常情况下，由于细胞膜结构的存在，细胞内有一定的区域化，不同的代谢过程在不同的部位进行而彼此又相互联系；如果膜结构破坏就引起代谢紊乱。在生产上应注意合理施肥，提高藜麦抗旱性的问题，例如钾有渗透调节功能，在施肥时应适当配合钾肥，发挥其渗透调节功能，提高作物抗旱性。

当今全球有13%以上的土地处于干旱和半干旱地区，其他地区在作物生长季节也发生不同程度的干旱。人类早期在农业方面的各种措施，特别是在干旱地区农业生产方面的各种措施，无法减少干旱带来的损失。所以，无论从农业发展或是植物生理生态学理论的发展来说，作物的水分胁迫特别是干旱胁迫都是非常重要的，事实上，也确实有一大批的中外科学家置身于这方面的研究。

藜麦对水分胁迫的反应与适应性的研究中有两个主要方面：一是藜麦形态解剖对水分胁迫的反应和适应性，主要包括：叶片和根系的生长、排列和结构的变化；二是藜麦对水分胁迫的生理生化反应和适应性，主要包括：渗透调节、光合和呼吸代谢、蒸腾作用、氮代谢气孔反应、活性氧代谢、糖代谢、核酸代谢和内源激素等。

1. 藜麦形态解剖对水分胁迫的反应和适应性

根系是植物的吸水器官，根冠比在衡量植物抗旱性上有很重要的价值。调控土壤水分可明显改变根、冠比。适宜的土壤水分胁迫可促进藜麦根系发育，土壤水分高更有利于地上部生长，藜麦的水分散失主要由叶子来承担，因此，水分胁迫对叶子的影响也很大。藜麦叶片对水分胁迫的适应性变化表现在两个方面：第一，叶面积减少。叶面积的减少可减少失水，从而保存土壤水分，维持有利的水势；减少土壤—植物系统内单位水压通道横截面积的蒸发表面，从而减少土壤水势以下的下降。第二，叶片发生运动，导致叶片发生萎蔫、叶片方位的改变和叶角度的改变。

2. 水分胁迫对藜麦生理生态的影响

气孔反应适应性关键在于水分胁迫时，既要保住水分，又要获得自身所需的CO_2，在空气湿度和叶水势变化的一定范围内保持一定的气孔导度（Gs），叶片Gs为0时的水势越低，表示气孔对水分胁迫的忍耐力越大。

（1）对光合作用的影响　在严重水分胁迫下，藜麦光合作用受到抑制或完全抑制。在短期快速水分胁迫下，净光合速率并不随叶水势的下降而立即下降，而是维持着与原来差不多的水平，直到出现叶水势阈值时，净光合速率才发生陡降，直至它为负值。随着水分胁迫发展，藜麦通常表现出净光合速率和气孔导度平行下降的现象。因而有人认为气孔关闭、空气中CO_2通过气孔向叶肉扩散受阻是水分胁迫下植物Pn下降的主要原因。在水分胁迫下，气孔关闭也被认光合作用下降的限制因子。

（2）对碳水化合物代谢的影响　水分胁迫引起藜麦淀粉含量减少，可溶性糖增加，某些特殊糖类（Specific Sugars）也发生累积，其主要生理作用是参加渗透调节。水分胁迫使可溶性糖增加的原因可能是：淀粉等糖主动水解；水分胁迫造成伤害，使光合产物不能被植物正常利用而造成可溶性糖的累积。

水分过度亏缺对植物造成的伤害称旱害，它是全球性的农业生产中的重大灾害。干旱分为地区干旱和季节干旱，是世界上限制农作物产量提高的重要因素之一。土壤积水或土壤过湿对植物的伤害称为涝害。

3. 藜麦受旱症状

水分亏缺是藜麦常遭受的环境胁迫之一，当藜麦耗水大于吸水时，就使组织内水分亏缺。过度水分亏缺的现象，称为干旱。干旱可分大气干旱、土壤干旱和生理干旱。大气干旱的特点是大气温度高而相对湿度低（10%~20%），蒸腾大大加强，于是破坏水分平衡。土壤干旱是指土壤中缺乏植物能吸收的水分，植物生长困难或完全停止，受害情况比大气干旱严重。生理干旱指由于土壤温度过低、土壤溶液离子浓度过高（如盐碱土或施肥过多）或土壤缺氧（如土壤板结、积水过多等）或土壤存在有毒物质等因素的影响，使根系正常的生理活动受到阻碍，不能吸水而使植物受旱的现象。

藜麦受到旱害后，细胞失去紧张度，叶片和幼茎下垂的现象即称为萎蔫。萎蔫可分为两种类型：一种是暂时萎蔫，夏季炎热的中午，蒸腾强烈，水分暂时供应不上，叶片与嫩茎萎蔫，到夜晚蒸腾减弱根系又继续吸水，萎蔫消失，植物恢复挺立状态；另一种是永久萎蔫，土壤已无可供植物利用的水分引起藜麦整体缺水，根毛死亡，即使经过夜晚也不会恢复。永久萎蔫会造成原生质严重脱水，如果时间持续过久，就会导致植物死亡。水分不足时，藜麦不同器官或不同组织间的水分，按各部分水势大小重新分配。例如，干旱时，幼叶从老叶夺取水分，促使老叶的枯萎死亡，使光合面积下降；地上部分从根系夺水，造成根毛死亡；幼叶从花蕾或果实中吸水，造成空壳瘪粒和落花落果等现象。

（二）藜麦旱害的机理

1. 细胞膜结构遭到破坏

正常状况下膜脂分子呈双分子排列，这种排列靠磷脂极性头部与水分子相互连接，所以膜内必须有一定的束缚水，才能保持这种膜脂分子的双层排列。干旱后，细胞严重失水，膜脂分子结构即呈无序的放射状排列，膜上出现空隙和龟裂，透性增大，电解质、氨基酸、可溶性糖等向外渗漏。其原因是干旱条件下，植物体内活性氧累积，导致膜脂过氧化，引起膜伤害。

2. 细胞分裂与伸长受抑制

干旱可改变藜麦内源激素平衡，总趋势是促进生长的激素减少，而延缓或抑制生长的激素增多，主要表现为 ABA 大量增加，乙烯合成加强，CTK 合成受抑。分生组织细胞分裂减慢或停止，细胞伸长速率大大降低。故遭受干旱胁迫后的植株个体低矮，光合叶面积明显减少，导致产量显著降低。

3. 细胞原生质损伤

活细胞的原生质体和细胞壁紧紧贴在一起，当细胞失水或再吸水时，原生质体与细胞壁均会收缩或膨胀，但由于它们弹性不同，因此两者的收缩程度和膨胀速度不同，致使原生质被拉破。失水后尚存活的细胞如再度吸水，尤其是骤然大量吸水时，由于细胞壁吸水膨胀速度远远超过原生质体，使黏附在细胞壁上的原生质体被撕破，再次遭受机械损伤，最终可造成细胞死亡。

4. 光合作用减弱

随着土壤水势降低，光合速率显著下降。一方面，水分亏缺使气孔开度减小，气孔阻力逐步增大，最终导致气孔完全关闭，这样，在减少水分丢失的同时，也明显限制对 CO_2 的吸收，因而光合作用减弱。另一方面，水分胁迫使叶绿体的片层结构受损，希尔反应减弱，光系统 II 活性下降，电子传递和光合磷酸化受抑，RuBP 羧化酶和 PEP 羧化酶活力下降，叶绿素含量减少，光合活性下降。

5. 呼吸作用先升后降

水分亏缺下，呼吸作用在一段时间内加强，这是由于干旱使水解酶活性增强，合成酶活性降低，细胞内积累许多可溶性呼吸底物，同时氧化磷酸化解偶联，PO 比值下降，ATP 产出减少，呼吸能量大多以热的形式散失，有机物质消耗过速。随着水分亏缺程度加剧，呼吸速率逐渐降到正常水平以下。

干旱胁迫下，细胞内酶系统总的变化趋势为合成酶类活性下降，而水解酶类及某些氧化还原酶类活性增高。由于核酸酶活性提高，多聚核糖体解聚及 AP 合成减少，使蛋白质合受阻。同时一些特定的基因被诱导，合成新的多水分胁迫蛋白。干旱使植物体内游离氨基酸显著增多，特别是脯氨酸。水分胁迫下，细胞内也积累多胺类物质，特别是腐胺。目前，认为多胺可作为细胞内的渗透调节剂，调节细胞的水分平衡，抑制核酸酶和蛋白酶的活性，保护原生质。

6. 引起乙烯含量增加

在淹水条件下，藜麦体内乙烯含量增加。水涝促使植物根系大量合成乙烯的前体物质氨基环丙烷-1-羧酸（ACC）运到茎叶后接触空气即转变为乙烯。

7. 对藜麦代谢的影响

涝害使藜麦的光合作用显著下降，其原因可能与阻碍 CO_2 的吸收及同化产物运输受阻有关。水主要影响植物的呼吸，有氧呼吸受抑，无氧呼吸加强，ATP合成减少，同时积累大量的无氧呼吸产物（如丙酮酸、乙醇、乳酸等）。

8. 引起藜麦营养失调

遭受水涝的藜麦常发生营养失调，由于根系受水涝伤害后根系活力下降，同时无氧呼吸导致 ATP 供应减少，阻碍根系对离子的主动吸收；缺氧使嫌气性细菌（如丁酸菌）活跃，增加土壤溶液酸度，降低其氧化还原势，土壤内形成有害的还原物质（如 H_2S 等），使必需元素 Mn、Zn、Fe 等易被还原流失，造成植株营养缺乏。

（三）应对措施

1. 选用抗（耐）旱品种

黄杰等（2017）在陇东旱作区测定 4 个藜麦品种幼苗株高、根长、生物量及叶片可溶性糖、脯氨酸、MDA、抗氧化酶活性等生理生化指标，结果表明，4个供试藜麦品种抗旱的生理生化指标陇藜 1 号适应性表现最优，陇藜 4 号表现次之。

吕亚慈等（2018）用不同浓度聚乙二醇（PEG-6000）溶液模拟干旱胁迫，研究 5 个藜麦品种萌发期抗旱情况，测定发芽率、发芽势、发芽指数、活力指数等指标。结果表明，低浓度（5%）PEC-6000 处理对藜麦种子的萌发起促进作用，随着 PEG-6000 浓度的增加，对藜麦种子的萌发的抑制作用也逐渐增强，且不同品种之间种子萌发所受抑制程度有显著差异。

刘文瑜等（2019）为研究干旱胁迫和复水对不同品种藜麦幼苗叶片叶绿素荧光参数和活性氧代谢的影响，以陇藜 1 号（L-1）、陇藜 2 号（L-2）、陇藜 3号（L-3）和陇藜 4 号（L-4）为供试品种，干旱处理 10d 后进行复水处理 24h，测定叶片叶绿素荧光参数、丙二醛（MDA）、O_2^- 产生速率及抗氧化酶活性。采用主成分分析法筛选耐旱性评价指标，并采用隶属函数法对不同品种藜麦耐旱性进行综合评价。结果表明，干旱胁迫处理下，藜麦品种 L-1、L-3 和 L-4 幼苗叶片叶绿素荧光参数 F_o 和 F_m 较对照（CK）分别下降了 18.03%、18.22%、7.72%和 16.25%、18.96%、10.64%，供试 4 个藜麦品种幼苗叶片 F_v/F_m 和 F_v/F_o 分别较 CK 下降了 5.00%、10.43%、8.06%、4.78% 和 16.84%、30.71%、25.44%、15.76%，非光化学淬灭系数（NPQ）得到显著提高，MDA 含量和 O_2^- 产生速率均较 CK 显著升高了 105.88%、62.86%、58.13%、156.20% 和 112.51%、

66. 45%、130. 45%和88. 2%，同时叶片内超氧化物歧化酶（SOD）、过氧化物酶（POD）、过氧化氢酶（CAT）和抗坏血酸过氧化物酶（APX）活性显著增强。复水后，不同品种藜麦幼苗叶片 F_o、F_m、F_v/F_m、F_v/F_o 及 NPQ 均恢复至干旱胁迫处理前水平，MDA 含量和 O_2^- 产生速率较干旱胁迫处理虽有下降，但未恢复至干旱胁迫处理前水平，抗氧化酶 SOD 活性弱于 CK，POD、CAT 和 APX 活性仍高于处理前水平。说明复水处理后植株通过调节体内抗氧化酶水平，清除活性氧的积累，从而增强叶片光合作用，缓解干旱对藜麦幼苗生长造成的有害影响。隶属函数法分析显示，4 个供试品种中陇藜 1 号耐旱性最优。

2. 进行抗旱锻炼

在苗期对藜麦进行水涝胁迫忍耐性锻炼，可以提高藜麦可抗涝性。种子萌发期或幼苗期进行适度的干旱处理，使藜麦在生理代谢上发生相应的变化，增强对干旱的适应能力。例如，将吸水 24h 的种子在 20℃下萌发，然后风干，反复 3 次后播种，可明显提高藜麦抗旱能力。生产上常采用"蹲苗"法提高作物的抗旱性，即在作物的苗期给予适度的缺水处理，起到促下（根系）控上（抑制地上）的作用，经过蹲苗的作物根系发达，抗旱性提高。

3. 合理施肥

合理施用磷、钾，适当控制氮肥，可提高植物的抗旱性，磷促进有机磷化合物的合成，提高原生质的水合度，增强抗旱能力。钾肥能改善作物的糖类代谢，降低细胞的渗透势，促进气孔开放，有利于光合作用。钙能稳定生物膜的结构，提高原生质的黏度和弹性，在干旱条件下能维持原生质膜的选择透性。

4. 施用生长延缓剂及抗蒸腾剂

应用生长延缓剂提高藜麦的抗旱性。例如，矮壮素（CCC）能增加细胞的保水能力；外源 ABA 可促进气孔关闭，减少蒸腾。

5. 增加土壤输送程度

深翻土壤结合增施优质有机肥料，使根系利于发达和下扎。

6. 采用不同根区交替灌水

采用交替灌水，以肥调水，提高水分利用效率；采用地膜覆盖保墒；掌握作物需水规律，合理用水。

三、盐碱胁迫及其应对

土壤盐碱化成为当今全球农业所面临的一个重大挑战。中国盐碱土资源总面积约为 $3\,467\times10^4\,hm^2$，居世界第三位。此外，中国耕地的盐碱化面积达到

920.9×10⁴hm²，约占耕地总面积的 6.62%。盐碱地作为未来发展的重要后备土地资源，具有巨大的经济、环境和生态等价值。通过引种、筛选和种植耐盐植物来改善和利用盐碱土耕地资源是盐碱地改良的有效措施之一。

植物种子萌芽的前提条件是具备一定的耐盐碱性，这是植物萌芽生长过程中的抑制因子。植物种子随着盐碱胁迫程度的增加，种子萌芽率显著性下降，导致植物种子出苗率低。因此，在盐碱胁迫之下，植物种子的萌芽受到影响，并且基于盐碱胁迫，植物"子根"等的生成会受到不同程度的抑制，进而导致种子萌发受到抑制。

混合盐碱胁迫下，植物体整个生长过程都受到影响，导致植物发育缓慢，组织与器官的生长和分化受到抑制，营养期与开花期缩短，发育进程提前。盐碱胁迫对植物的抑制作用与盐分的组成及其浓度以及植物暴露在盐分环境中的时间长短密切相关。植物的叶面积在盐胁迫初期，叶片增大速率降低，随着胁迫时间延长，植物体中的含盐量增加，叶面积停止增大，此外，根、茎和叶的干鲜重降低。盐度能通过抑制小孢子发生、延长雄蕊花丝、加速细胞程序性死亡、促进受精胚胎衰老和胚珠败育来影响生殖发育。

（一）对藜麦生长的影响

时丕彪等（2017）为研究不同浓度盐胁迫对藜麦种子萌发特性的影响，对不同浓度 NaCl 处理下藜麦种子的各项发芽指标进行了差异分析。结果表明，随着 NaCl 浓度的增加，藜麦种子的初始发芽时间和萌发高峰均随之推迟，发芽率、发芽势、发芽指数、活力指数、根长、苗高及幼苗鲜重均呈逐渐下降的趋势，而相对盐害率逐渐升高。1%的 NaCl 胁迫下，藜麦种子的发芽率、发芽势、活力指数、相对盐害率及根长与对照相比差异不显著；当 NaCl 浓度高于2%时，藜麦种子的发芽率、发芽势、发芽指数、活力指数、根长、苗高及幼苗鲜重均显著低于对照，而相对盐害率显著高于对照；3%盐胁迫下种子萌发完全受到抑制。试验结果表明，藜麦能在1%的盐浓度范围内生长良好，是一种高耐盐作物。

1. 盐碱胁迫对藜麦种子的影响

修好等（2018）为研究混合盐碱胁迫对藜麦种子萌发的影响，将中性盐（NaCl、Na₂SO₄）和碱性盐（NaHCO₃、Na₂CO₃）按不同比例混合，按照碱浓度增加的原则设定 4 个处理组，每组又设 5 个浓度（25、50、100、150、200mmol/L），测定 20 种混合盐碱胁迫下藜麦种子发芽率、发芽势、胚芽和胚根长等生长指标。结果表明，混合盐碱浓度与发芽势、发芽率呈现负效应，且对发芽势达到极显著负相关（$P<0.01$）；随着盐碱浓度的增加，种子发芽势和发芽率均呈下降趋势，碱性越强，下降幅度越大，且发芽势受浓度影响较大，发芽率受

影响不显著，说明藜麦具有较强的适应盐碱的能力。盐碱浓度对于胚芽长和胚根长呈极显著相关（$P<0.01$），随浓度增加，胚芽长与胚根长呈现不同趋势，胚芽长逐渐减低，胚根长则先增加后降低，并且碱性越大，下降幅度越大。

种子萌发是植物对盐胁迫最敏感的时期，而生活在盐渍环境中的植物是否能够萌发出苗，是植株在盐碱条件下生长发育的前提。藜麦种子的累积萌发率、发芽率、发芽势及发芽指数在同一盐组分条件下，随着盐浓度的增高均降低；在盐浓度相同条件下，藜麦种子的萌发率因盐组分的不同表现出差异性。赵颖等（2019）研究表明，在小于 300mmol/LNaCl 胁迫下藜麦种子的萌发率均达到65.36%，混合盐碱胁迫对藜麦种子萌发的影响比单盐胁迫更严重。盐浓度是决定藜麦种子萌发的主要因素，盐组分对藜麦种子萌发影响次之，这可能是由于不同植物在种子阶段适应自然生态环境的能力不同。

2. 盐碱胁迫对藜麦苗期的影响

修好等（2020）通过研究藜麦苗期植株及根系对混合盐碱胁迫的影响，探讨藜麦对混合盐碱胁迫的适应特点，以期为在盐碱地种植藜麦提供理论根据。以采自山西省静乐县的藜麦为试验材料，用沙培的方式进行培育，将 2 种中性盐 NaCl 和 Na_2SO_4 及 2 种碱性盐 $NaHCO_3$ 和 Na_2CO_3 按照 1：4：4：1 的比例混合，浓度梯度设定为 0（CK）、100、150、200、250、300mmol/L 共 6 个混合盐碱处理。结果表明，随着混合盐碱浓度的增大，茎、叶及总生物量呈现下降的趋势，而根生物量则表现为先增后降；由根、茎和叶生物量分配可以看出，随着浓度的增大，叶生物量比率呈现先降后增的趋势，而根生物量比率则是先增后降，茎生物量比率变化不明显；混合盐碱胁迫抑制了藜麦株高的生长，当浓度达到200mmol/L 时与对照相比显著降低；根冠比与对照相比均有不同程度的增加，并且在100mmol/L、150mmol/L 时增加显著；藜麦的地上部和根部的盐敏感指数和耐性指数随混合盐碱浓度的增加而明显下降；根表面积、根体积、根长和根尖数都呈现下降的趋势，而根直径变化不明显；根系活力随着盐碱浓度的增加而增加，并且当浓度达到 250mmol/L 时，与对照相比达到显著水平。

盐胁迫下，植物的生理和形态都会发生很大的变化，浓度越高，变化越强烈。随着混合盐碱浓度的增加，藜麦总生物量、茎生物量和叶生物量均呈现逐渐下降的趋势，而根生物量则随着浓度增加先增加后降低。可见当浓度较低时，植株会增加生物量在根系上的分配来应对不利环境对它的损害。

在混合盐碱胁迫下，根、茎和叶生物量分配不同，根对盐碱的敏感性远大于茎和叶，在较高浓度下，根生物量比率下降较明显；而在盐碱胁迫下，植株为了对抗不利影响，逐渐增加生物量在叶上的分配，也是植物应对逆境的一个自我保护机制的体现。研究证明，不同植物应对逆境时生物量分配模式不同，有的植物如芦荟会通过减少生物量在根中的分配来降低盐分的吸收，有的植物如芙蓉葵会通过增加生物量在根中的分配来增加根对水分和营养的获取，达到减少盐分对根伤害的目的。藜麦在叶上的生物量分配，随着盐碱浓度的升高逐渐增加，生物量在根上的分配反而逐渐降低，这说明植物在高浓度时会通过增强叶片的功能比如呼吸作用、光合作用、养分转化作用等来抵抗盐分的损害。株高随着浓度的增加呈现逐渐下降的趋势，而且浓度越高，这种下降趋势越明显，说明盐碱胁迫显著抑制了植物的生长。根冠比呈现先增后降的趋势，说明根冠比的增加是由地上部的减少引起的。通过藜麦不同部位对混合盐碱的敏感性和耐受性得知，随着混合盐碱浓度的增加，地上部和根的盐敏感指数和盐耐受指数逐渐降低，且根下降的幅度要大于地上部。在高浓度下，根敏感性下降得要比地上部快，盐碱胁迫对根的影响要强于地上部。

刘文瑜等（2017）以国内首个藜麦自育品种陇藜 1 号为材料，采用温室盆栽法，以蒸馏水处理作为共同对照（CK），分别用 100mmol/L、200mmol/L、300mmol/L、400mmol/L 和 500mmol/L NaCl 水溶液处理藜麦种子和盆栽幼苗，通过测定种子萌发指标及处理后第 5d、10d、15d 藜麦幼苗叶片叶绿素、可溶性糖、脯氨酸、MDA 含量及抗氧化酶活性，分析 NaCl 胁迫对藜麦生长发育及其生理特性的影响，探讨藜麦的耐盐生理机制。结果表明，随 NaCl 浓度的升高，藜麦种子发芽率、发芽势、发芽指数和活力指数先升高后下降，且在 200mmol/L 的 NaCl 处理下种子各发芽指标均达到最高，比 CK 分别升高了 6.40%、28.18%、20.77% 和 30.91%。随 NaCl 浓度的升高，藜麦幼苗根部和茎部生长均受到抑制，且茎部生长受到抑制程度大于根部。随 NaCl 浓度的升高和处理时间的延长，藜麦幼苗叶片叶绿素含量先升高后下降，可溶性糖、脯氨酸和 MDA 含量逐渐升高，SOD、POD、CAT 和 APX 活性增强。研究发现，低浓度盐胁迫处理可增加藜麦幼苗叶片内渗透调节物质含量，增强抗氧化酶活性，清除多余活性氧，从而促进幼苗根系生长，提高幼苗耐盐性；初步推断藜麦耐盐阈值为 200~300mmol/L NaCl。

3. 不同浓度的盐碱对藜麦的影响

（1）不同浓度碱环境对藜麦的影响 周静等（2017）以藜麦为材料，用不同浓度 $NaHCO_3$ 模拟碱胁迫环境，处理浓度分别是 50mmol/L、100mmol/L、150mmol/L 和 200mM。通过测定生长指标（RGR、RWC、FW/DW、根冠比）、光合指标（Pn、Tr、Gs、Ci、气孔密度、光合色素含量）、抗氧化物酶活性（SOD、POD、CAT、MDA）、渗透调节物（脯氨酸、可溶性糖、阳离子、阴离子、有机酸）等生理指标，分析藜麦对 $NaHCO_3$ 胁迫环境的响应机制。结果表明，在低浓度（50~100mmol/L NaHCO₃）胁迫处理条件下，叶绿素含量变化不显著，而气孔因素对光合作用影响较小，因此，藜麦可以保持较高的光合速率；此外，CAT 和 POD 活性显著增加，清除过量的自由基，有效维持了活性氧代谢平衡和膜系统的稳定性，减轻了氧化胁迫对藜麦的危害作用；胁迫处理中 K⁺/Na⁺ 保持相对稳定，满足藜麦的新陈代谢需求；有机酸在维持离子平衡和 pH 稳定过程中起到重要作用。植物组织为了调节渗透平衡，地上部分原用于生长的物质和能量大多数被用于有机渗透调节物质的合成和积累等生理代谢过程，导致地上部分生物量减少，使相对生长率降低。在高浓度 NaHCO₃ 胁迫处理条件下，Mg含量、叶绿素含量明显降低，非气孔因素显著影响了藜麦的光合能力，藜麦的生长受到显著抑制；同时，CAT 活性有所降低，而 POD 持续发挥重要作用，清除活性氧物质，维持细胞代谢稳定；脯氨酸和可溶性糖在高强度胁迫处理下起到重要的渗透调节作用，缓解了 NaHCO₃ 胁迫对藜麦的危害作用。虽然高浓度NaHCO₃ 胁迫下，藜麦生长势进一步降低，但藜麦仍可以继续存活，这说明藜麦对 NaHCO₃ 胁迫具有较强的抗性。

（2）不同浓度盐环境对藜麦的影响 邱璐等（2018）研究对藜麦进行 3 种不同盐分处理，分别在中性盐 NaCl、碱性盐 NaHCO₃ 以及混合盐（NaCl：NaHCO₃=1:1）下培养藜麦种子。实验包括种子萌发阶段和幼苗生长阶段。在第一阶段，通过测定发芽率、50% 萌发率时间、发芽指数、幼苗长度以及幼苗活力指数 5 个指标，分析种子萌发阶段藜麦对盐碱胁迫的响应；第二阶段，通过分析渗透调节物质（阳离子、阴离子、有机酸、脯氨酸）、可溶性糖以及抗氧化能力（SOD、CAT、POD、MDA）等生理指标，分析幼苗生长阶段藜麦对盐碱胁迫的响应。实验结果表明，种子萌发阶段低浓度盐碱胁迫会显著延迟藜麦种子的萌发，高浓度 NaCl 胁迫则明显抑制藜麦种子的萌发，在高浓度 NaCl 胁迫下，藜麦可以保持一种非萌动状态，以避免高浓度盐离子的危害，在高浓度 NaHCO₃ 及混合盐胁迫下，藜麦种子虽然可以萌发，但萌发后的幼苗活力显著降低，在一定程度上严重影响了藜麦幼苗的生长。幼苗生长阶段 NaCl 胁迫处理下，藜麦幼苗可以大量积累 Na⁺、Cl⁻，以维持细胞内的渗透平衡；NaHCO₃ 胁迫处理下，藜麦幼苗主要依靠积累 Na⁺ 和有机酸（草酸、柠檬酸、苹果酸）以维持细胞渗透势及pH 稳定；混合盐胁迫下，藜麦幼苗则同时积累 Na⁺、Cl⁻ 以及有机酸（草酸、柠檬酸、苹果酸），并在 3 者协同作用下，进而缓解盐碱胁迫造成的危害。在藜麦生长初期的耐盐碱过程中，脯氨酸的作用不大，主要原因可能是合成有机渗透调节物质的能量消耗较大。在生长初期，低浓度盐碱胁迫对藜麦幼苗中碳水化合物代谢的影响较小，其水解产物（可溶性糖）不仅可以参与渗透调节，还可以为细胞代谢提供能量；而高浓度盐碱胁迫则抑制了藜麦幼苗中碳水化合物的代谢，水解产物（可溶性糖）对藜麦种子萌发及幼苗的渗透调节等作用不明显。NaCl胁迫下，藜麦幼苗中 SOD、CAT 活性增加，二者共同作用，提高了藜麦幼苗的耐盐性；混合盐胁迫下，SOD、CAT 活性维持不变，一定程度上降低了盐碱胁迫的危害；而 $NaHCO_3$ 胁迫显著降低了抗氧化酶活性，引起细胞内 ROS 大量积累，导致了较为严重的氧化胁迫。综上所述，当种子萌发时，在 NaCl 胁迫下，藜麦可以通过延迟萌发、保持非萌动状态避免盐胁迫的危害；$NaHCO_3$ 和混合盐胁迫对藜麦最终萌发率的影响较小，但会严重破坏藜麦幼苗的活力。种子萌发后，在 $NaHCO_3$ 胁迫下，藜麦主要依靠 Na^+ 和有机酸的积累以抵抗盐碱胁迫，此时藜麦幼苗的损伤程度最大；在混合盐胁迫下的藜麦幼苗可通过渗透调节、积累有机酸同时保持抗氧化酶活性以缓解盐碱胁迫，此时藜麦幼苗的损伤程度较小；而在 NaCl 胁迫下，藜麦可通过渗透调节、提高抗氧化酶活性以保证幼苗的正常发育，此时藜麦幼苗的损伤程度最小。

权有娟等（2020）利用不同浓度的 NaCl 溶液，对来自青海省海东市乐都区的 LD-13（低盐地区）和来自青海省海西州乌兰县的 WL-192（高盐地区）的 2个藜麦品种种子和幼苗进行盐胁迫处理，研究种子萌发指标（发芽率、发芽势、发芽指数）、生长指标（鲜重、根长、茎长）及生理指标（MDA 含量及 SOD、POD、CAT 活性）等的变化。结果表明，低盐浓度（NaCl 浓度小于 250mmol/L）胁迫下，2 个藜麦品种种子的萌发、幼苗生长及生理活性表现均较适宜；但中、高盐浓度（NaCl 浓度>250mmol/L）胁迫下，其种子萌发、生长及幼苗生理活性均受到不同程度的抑制。从耐盐性综合评价值 D 值看，虽然同为山谷型的藜麦品种，适应盐碱地栽培的 WL-192 品种比低盐土壤中生长的 LD-13 品种更耐盐。推测 WL-192 比 LD-13 耐盐性除了受选育地区土壤盐度的影响外，还可能与品种自身及光周期、温度、海拔。纬度等外部生长环境等因素有关。结合青海西部地区气候环境和盐碱土地资源开发利用，WL-192 品种更适合在青海地区推广种植。

（3）不同的混合盐碱条件对藜麦的影响 赵颖等（2019）针对西北地区藜麦栽培土壤限制问题，研究盐碱胁迫对藜麦种子萌发及抗性相关酶特性的影响，探讨藜麦对盐碱土壤的适应机制，为藜麦在盐碱地的栽培实践提供理论依据。将中性盐（NaCl、Na_2SO_4）和碱性盐（$NaHCO_3$、$NaCO_3$）按不同比例混合模拟出20 种混合盐碱条件对藜麦种子进行胁迫，分析盐碱胁迫下藜麦种子的发芽率、发芽势、发芽指数和抗氧化酶活性及同工酶表达。结果表明，5 种盐碱胁迫均引起藜麦种子发芽率，发芽势，发芽指数降低，且随着盐浓度的增加，萌发受到显著抑制（$P<0.05$），对藜麦种子萌发影响较大。各处理组各浓度盐碱胁迫下超氧化物歧化酶和谷胱甘肽还原酶活性均高于对照；SOD 活性均低于 CK。随盐浓度

增加，POD 活性比 CK 降低 4 倍，过氧化氢酶（CAT）活性随盐碱浓度的增加而下降。

（二）应对措施

1. 选用抗（耐）盐碱品种

许斌等（2020）以天然型黑色和黄色藜麦品种为试验材料，研究了盐碱度对两藜麦品种生长、抗氧化系统和无机渗透调节离子的影响，解析了不同藜麦品种对盐碱胁迫的耐受能力。结果表明，盐碱胁迫促进了两藜麦品种根系的生长，但明显抑制了茎叶生长，黑色藜麦品种抑制程度大于黄色藜麦品种。高浓度处理下，黄色藜麦品种过氧化氢酶（CAT）活性急剧升高，且不同处理下总抗氧化能力（T-AOC）均高于黑色藜麦，表明黄色藜麦品种具有更强的清除活性氧能力。盐碱处理前后离子选择吸收参数 K^+/Na^+ 有明显差异，处理前黑色藜麦 K^+/Na^+ 高于黄色藜麦，处理后 K^+/Na^+ 差异逐渐缩小；在高浓度处理下，黄色藜麦 K^+/Na^+ 显著高于黑色藜麦。由此可见，黄色藜麦耐盐碱能力强于黑色藜麦品种，更适合在滨海盐碱地种植。

刘文瑜等（2020）以 40 份来自不同省份的耐盐性藜麦种质为材料，设置 0、100mmol/L、200mmol/L、300mmol/L、400mmol/L 和 500mmol/L NaCl 处理，测定种子萌发期的发芽率、发芽势、胚轴长、胚根长和鲜重，并利用相关性分析和隶属函数相结合的方法，筛选耐盐性较强的材料。研究表明，与对照相比，随盐浓度升高，40 份藜麦种质发芽率、发芽势、胚轴长、胚根长和鲜重均呈先升高后降低的趋势；通过对各指标进行相关性分析，发现鲜重与发芽势呈极显著（$P<0.01$）正相关；根对 40 份藜麦种质进行隶属函数、聚类分析和综合评价后，将供试材料分为 3 大类，即强耐盐、中度耐盐和敏盐材料，筛选出强耐盐材料 4 份，分别为 JSS L-2、HJL34-1、HJL-33-2 和白藜，敏盐材料 4 份，分别为 HZL-1-3、HZLM 5-3、HZLM11-2 和 ML L-3，研究结果可为藜麦耐盐新品种的选育提供了理论依据。

姜奇彦等（2015）对中国沿海地区新收集种质资源金藜麦（*Chenopodium quinoa* Willd.）进行了耐盐性及营养品质评价。结果表明，金藜麦在对盐胁迫相对敏感的芽期和苗期表现出相对较高的耐盐性；籽粒蛋白质含量为 14.2%，蛋白营养价值优于牛奶以及小麦、水稻、玉米、大豆等作物；籽粒中富含维生素 B、E 等以及钙、锰、铁、铜、锌等矿质元素，特别是钙含量高达 190.16mg/100g，是小米钙含量的 35 倍；且金藜麦籽粒含有丰富的必需脂肪酸，如亚油酸（3.58g/100g）和亚麻酸（0.44g/100g），天然抗氧化剂维生素 E 含量为 7.66mg/100g。这些研究结果表明，新收集的金藜麦种质资源具有较高的营养价值和耐盐性，将为我国藜麦研究和种植提供重要的种质资源。

2. 抗盐锻炼

利用抗盐锻炼方式来提高植物幼苗的耐盐性，操作简单、可行有效且成本低。播种前用一定浓度的无机、有机外源物溶液浸泡种子，可促进种子萌发和幼苗生长，增强植物耐盐碱性。

3. 使用外源技术

外源 NO 可通过提高 SOD、POD、CAT 和 APX 等抗氧化酶活性和渗透调节物质脯氨酸的含量使得盐碱胁迫下藜麦膜脂过氧化的程度降低。说明外源 NO 通过调控细胞内活性氧稳态及渗透调节能力来缓解盐碱胁迫对种子萌发期生长的抑制，加快种子萌发期的生长进程，从而增强藜麦幼苗的盐碱适应能力。

4. 合理施肥

通过合理养分管理，减少盐碱性对植物的影响。从现有研究来看，钾肥、氮肥等养分直接与作物的耐盐碱性有关，通过对养分的合理管理，极大地提高植物的耐盐碱性。

四、灾害性天气及其应对

（一）冻害

冻害即在 0℃ 以下的低温使作物体内结冰，对作物造成的伤害。

1. 影响

土壤温度出现 -2℃ 左右的低温，持续时间小于 5h，且负积温占有效积温不超过 15% 时，不会对种子的发芽造成伤害；当最低温度低于 -10℃，且低于 0℃ 的持续时长在 14h 左右时，藜麦幼苗会进入休眠期，此时的负积温约占有效积温的 1/5；最低温度低至 -14℃ 左右，0℃ 以下低温持续达 15h，负积温占有效积温的 40% 或以上时，达到试验田藜麦的致死温度，藜麦幼苗进入枯萎期。

张崇玺等（1997）对南美藜苗期试验研究显示，高原冬季具有夜冷昼暖的气候特点，从观测知，最早出现冻害萎蔫是当天日出前短时间地面低温导致的，而其他冻害级别需滞后 2~3d 才能完全表现出来，每一次以数天为周期的低温天气过程之后，各品种出现的冻害级别应该是这一过程有害温度强度、出现日数综合作用的结果。但在气象和冻害级别观测分析中发现，起点温度是冻害级别升级的主导因素，在新的一级起点温度出现之前，尽管与原来一级起点温度出现后 2~3d 的水平上变化不大，只有新的一级起点温度出现后，苗受伤害程度和死苗数才会有比较明显的变化。当然在观测中也发现，如果略低于原起点温度到低温出现日数过多，尽管逐日死苗数很少或苗受伤程度变化不大，但到一定时间后，死苗数还是可以达到新一级霜冻级别的。由于主试验绝大多数品种各播期冻害级别的升级，主要是地面最低温度达到新的一级起点温度所引起的，因而关于介于两起点温度间的地面最低温度出现日出时冻害级别升级的下限值虽需进一步试验研究，但其意义并不大，因为实际生产中很难遇到这种情况。

2. 应对措施

（1）化学方法　喷施各种防霜剂、抗霜剂能有效防御霜冻的危害。

（2）农业措施　如灌溉法。在霜冻来临的前一天，在藜麦田间灌水，把较温暖的水灌入农田里，使土壤热容量增加，同时提高了低层空气的温度，缓和了温度下降，从而达到防霜的目的。

（二）高温

1. 影响

高温使藜麦叶绿素失去活性，降低光合作用速率。白天高温会抑制植物光合作用，减少糖分的合成和累积。夜晚高温会加速植物呼吸作用，消耗植物更多的营养物质，降低藜麦的产量和品质。高温会加速藜麦体内水分的蒸发，水分大量用于蒸腾散热，破坏藜麦体内的水分平衡，使藜麦出现萎蔫干枯，如不及时浇水，容易使藜麦失水干枯死亡。高温会加速藜麦的生长发育，全生育期缩短，使作物提前成熟，提前衰老，影响产量。高温干旱还容易发生病毒病。

2. 应对措施

（1）及时浇水降温　浇水能改善田间小气候，中午阳光强烈时，能降温 $1\sim3℃$，防止蒸腾作用失去大量水分导致的藜麦萎蔫，甚至枯死。

（2）均衡施肥　注意补充喷施叶面肥，增强植物抗逆能力。喷施叶面肥时，建议加大喷施水量，水能促进植物对营养物质的吸收，能降温增加湿度。

（三）干旱

由外界环境因素造成作物体内水分亏缺，影响作物正常生长发育，进而导致减产或失收的现象，涉及土壤、大气和人类对资源利用等多方面因素，其特点是影响作物生长。

农业干旱主要是由大气干旱或土壤干旱导致作物生理干旱而引发的。

1. 干旱的类型

（1）大气干旱　特点是空气干燥、高温和太阳辐射强，有时伴有干风。在这种环境下植物蒸腾作用大大加强，但根系吸收的水分不足以补偿蒸腾的支出，使植物体内的水分急剧减少而造成危害。

（2）土壤干旱 特点是土壤含水量少，水势低，作物根系不能吸收足够的水分，以补偿蒸腾的消耗，致使植物体内水分状况不良影响生理活动的正常进行，以致发生危害。

（3）生理干旱 特点是土壤环境条件不良，使作物根系生命活动减弱，影响根系吸水，造成植株体内缺水而受害。

2. 干旱的影响

干旱对植物最直接影响是引起原生质脱水，原生质脱水是旱害的核心，由此可引起一系列的伤害。

改变膜的结构与透性。细胞膜在干旱伤害下，失去半透性，引起胞内氨基酸、糖类物质的外渗。

破坏正常代谢过程。例如，光合作用显著下降，甚至停止；呼吸作用因缺水而增强，使氧化磷酸化解偶联，能量多以热的形式消耗掉，但也有缺水使呼吸减弱的，这些都影响了正常的生物合成过程；蛋白质分解加强，蛋白质的合成过程削弱，脯氨酸大量积累；核酸代谢受到破坏，干旱可使植株体内的 DNA、RNA 含量下降；干旱可引起植物激素变化，最明显的是 ABA 含量增加。

水分的分配异常。干旱时一般幼叶向老叶吸水，促使老叶枯萎死亡。蒸腾强烈的功能叶向分生组织和其他幼嫩组织夺水，使一些幼嫩组织严重失水，发育不良。

原生质体的机械损伤。干旱时细胞脱水，向内收缩，损伤原生质体的结构，如骤然复水，引起细胞质与壁的不协调膨胀，把原生质膜撕破，导致细胞、组织、器官甚至植株的死亡。

宿婧（2019）等研究了干旱胁迫对藜麦种子萌发及生理特性的影响。试验中，植物种子萌发指标是反映其耐旱性能的最直接指标，PEG-6000 主要是模拟干旱胁迫对藜麦种子的影响，通过调节细胞内外的渗透压来阻止水分子进入细胞内，细胞缺水就会影响种子的萌发，从而达到控制 PEG 的质量浓度与作用时间来影响种子萌发的目的。这与对水稻和沙冬青的研究结果类似，即低、中质量浓度的 PEG 胁迫可促进种子的萌发，而高浓度 PEG 则会抑制种子萌发。游离氨基酸含量与植物抗逆性存在一定关系，游离氨基酸越多，结合水越多，抗逆性越强。说明藜麦种子在较高质量浓度的 PEG 胁迫下，抗逆性增强。POD、SOD 和 CAT 普遍存在于植物体内，是植物体内的重要抗氧化酶，与植物的生理生化有着密切关系。随着 PEG 质量浓度的增加，SOD 活性也增加，以抵制干旱对种子萌发的影响，但当 PEG-6000 质量浓度过高时，SOD 酶活性受到一定的影响，导致藜麦种子的发芽率受到影响。CAT 和 POD 同属于过氧化物酶类，与呼吸作用、光合作用和生长素的氧化都有密切的关系。低质量浓度的 PEG-6000 处理藜麦种子，酶活升高，增加了光合作用强度，为种子萌发提供了充分的养分，促进种子萌发，降低了干旱对种子萌发的影响；高质量浓度的 PEG-6000 使种子内部的渗透压增高，种子活性降低，各类营养物质与酶活的下降不利于种子的萌发。POD 活性随着 PEG-6000 质量浓度的增加而增加，而 POD 一般在老化组织中活性较高，说明高质量浓度的 PEG-6000 能加速藜麦种子的木质化。这与前人研究结果略有不同，其原因可能是不同植物种子对干旱胁迫应答的生理特征和机制有所差异。藜麦种子能够通过调节抗氧化酶系统、渗透胁迫物质应对干旱胁迫，当 PEG-6000 质量浓度超过 0.2g/mL 时可对藜麦种子产生伤害，应及时补水抗旱。较低质量浓度的 PEG-6000 处理能提高 CAT 和 SOD 活性等，对种子萌发也表现出明显的促进作用；较高质量浓度的 PEG-6000 处理能不同程度地降低 CAT 和 SOD 活性并抑制种子萌发；高质量浓度的 PEG-6000 处理显著降低了藜麦种子发芽率；随着 PEG-6000 质量浓度的升高，游离氨基酸含量也随之增加。要综合评价藜麦的抗旱性，应该以多个指标为依据综合考虑，后续的研究还需进一步探讨影响藜麦种子发芽的生理机制，为选育抗旱品种提供更为全面的理论依据。

3. 应对措施

发展农田灌溉事业。制订用水计划，科学用水，节约用水，充分发挥现有水源的最大效益。改进耕作制度，调整作物种植结构，选育耐旱品种，充分利用有限的降水；研究应用现代技术和节水措施，例如人工降雨、喷滴灌、地膜覆盖、保墒，以及暂时利用质量较差的水源，包括劣质地下水甚至海水等。

本章参考文献

曹宁，高旭，陈天青，等，2018. 贵州藜麦的种植及病虫害防治 [J]. 农技服务，35（4）：50-51.

韩利红，谢晶，2019. 山西省藜麦产业现状与发展思路 [J]. 农业技术与装备（12）：30-31.

胡冰，2018. 青海藜麦产业：困境与嬗变 [J]. 青海金融（10）：44-47.

黄杰，刘文瑜，魏玉明，等，2017. 4 个藜麦品种在陇东干旱区幼苗生长量及生理生化指标分析 [J]. 甘肃农业科技（10）：35-38.

姜奇彦，牛风娟，胡正，等，2015. 金藜麦耐盐性分析及营养评价 [J]. 植物遗传资源学报，16（4）：700-707.

姜庆国，温日宇，郭耀东，等，2017. 藜麦的种植栽培技术与病虫害防治 [J]. 农民致富之友（22）：154.

康建奎，2018. 青海高原有机藜麦栽培技术 [J]. 青海农技推广（4）：

24-25.

李秋荣，李富刚，魏有海，等，2019. 青海高原干旱地区藜麦害虫与天敌名录及 5 种害虫记述 [J]. 植物保护（1）：190-198.

李扬汉，1998. 中国杂草志 [M]. 北京：中国农业出版社.

刘文瑜，杨发荣，黄杰，等，2017. NaCl 胁迫对藜麦幼苗生长和抗氧化酶活性的影响 [J]. 西北植物学报，37（9）：1 797-1 804.

刘文瑜，何斌，杨发荣，等，2019. 不同品种藜麦幼苗对干旱胁迫和复水的生理响应 [J]. 草业科学，36（10）：2 655-2 665.

刘洋，闰殿海，毛玉金，等，2016. 藜麦在青海的引种及适应鉴定方法探究 [J]. 青海农林科技（2）：61-63.

吕亚慈，郭晓丽，时丽冉，等，2018. 不同藜麦品种萌发期抗旱性研究 [J]. 种子，37（6）：86-88.

曲波，张谨华，王鑫，等，2018. 温度和光照对藜麦幼苗生长发育的影响 [J]. 农业工程，8（7）：128-131.

权有娟，袁飞敏，李想，等，2020. NaCl 胁迫对藜麦幼苗生长及生理特性的影响 [J/OL]. 广西植物：1-8.

任贵兴，杨修仕，么杨，2015. 中国藜麦产业现状 [J]. 作物杂志（5）：1-5.

邵怡若，许建新，薛立，等，2013. 低温胁迫时间对 4 种幼苗生理生化及光合特性的影响 [J]. 生态学报，33（14）：4 237-4 247.

时丕彪，李亚芳，耿安红，等，2017. 盐胁迫对藜麦种子萌发特性的影响 [J]. 安徽农业科学，45（26）：29-31，65.

宿婧，史晓晶，梁彬，等，2019. 干旱胁迫对藜麦种子萌发及生理特性的影响 [J]. 云南农业大学学报（自然科学版）（6）：928-932.

孙玉洁，王国槐，2009. 植物抗寒生理的研究进展 [J]. 作物研究，23（5）：293-297.

田记均，唐嫒，董雨，等，2020. 水分胁迫对不同发育时期藜麦生理的影响 [J]. 生物学杂志，37（6）：73-76.

王晨静，赵习武，陆国权，等，2014. 藜麦特性及开发利用研究进展 [J]. 浙江农林大学学报（2）：296-301.

王黎明，马宁，李颂，等，2014. 藜麦的营养价值及其应用前景 [J]. 食品工业科技（1）：381-384，389

王毅，2015. 干旱胁迫对作物影响研究概况 [J]. 现代农业（4）：14-15.

王志恒，黄思麒，李成虎，等，2021. 13 种藜麦萌发期抗逆性综合评价

［J］. 西北农林科技大学学报（自然科学版），49（1）：25-36.

韦良贞，郭晓农，柴薇薇，等，2020. 高海拔繁育对藜麦耐盐性的影响
［J］. 大麦与谷类科学，37（5）：8-15.

温日宇，刘建霞，李顺，等，2019. 低温胁迫对不同藜麦幼苗生理生化特性
的影响［J］. 种子（5）：53-56.

温日宇，刘建霞，张华珍，等，2019. 干旱胁迫对不同藜麦种子萌发及生理
特性的影响［J］. 作物杂志（1）：121-126.

吴旭红，郑桂萍，穆有革，1995. 水分胁迫对作物形态和生理过程的影响
［J］. 齐齐哈尔师范学院学报（自然科学版）（3）：37-40，52.

修好，梁晓艳，石瑞常，等，2018. 混合盐碱胁迫对藜麦萌发期的影响
［J］. 山东农业科学，50（9）：51-55.

许斌，牛娜，赵文瑜，等，2020. 天然型藜麦品种抗盐碱生理特性比较研究
［J］. 土壤，52（1）：81-89

许盼云，吴玉霞，何天明，2020. 植物对盐碱胁迫的适应机理研究进展
［J］. 中国野生植物资源，39（10）：41-49.

闫凤霞，常建忠，刘学义，2008. 作物对水分胁迫反应的研究进展［J］. 山
西农业科学（7）：90-92.

杨发荣，刘文瑜，黄杰，等，2017. 不同藜麦品种对盐胁迫的生理响应及耐
盐性评价［J］. 草业学报，26（12）：77-88.

杨振兴，周怀平，关春林，等，2011. 作物对水分胁迫的生理响应研究进展
［J］. 山西农业科学，39（11）：1 220-1 222，1 238.

殷辉，周建波，常芳娟，等，2018. 藜麦霜霉病病原菌鉴定［J］. 植物病理
学报（3）：413-417.

于树华，毛汝兵，唐维，等，2008. 中国种子植物杂草分布区类型分析
［J］. 西南农业学报，21（4）：1 189-1 192.

岳凯，刘文瑜，魏小红，2019. 干旱胁迫对不同品系藜麦内黄酮和抗氧化性
的影响［J］. 分子植物育种（17）：956-962.

张崇玺，张小武，1997. 不同低温强度与次数对南美藜墨引 1 号苗期霜冻级
别的影响［J］. 草业科学（1）：11-12.

张佳华，王长耀，1999. 以气孔导度为显参的遥感光合水分胁迫作物产量模
型研究［J］. 水利学报（8）：36-40.

赵颖，魏小红，赫亚龙，等，2019. 混合盐碱胁迫对藜麦种子萌发和幼苗抗
氧化特性的影响［J］. 中国农业科学，50（21）：4 107-4 117.

赵颖，魏小红，李桃桃，2020. 外源 NO 对混合盐碱胁迫下藜麦种子萌发和

幼苗生长的影响 [J]. 草业学报, 29 (4): 92-101.

BAID V W, 1994. Low temperature and drought regula ted geneex pression in Bermudag rass [J]. Turfg rass and Enviro nmental Research (2): 32-33.

CHEN S Y, 1997. Injury of membrane lipid peroxidantion to plant cell [J]. Plant Physioloyg Communications, 27 (2): 84-90.

LIU H Y, ZHU Z J, LU G H, 2004. Effect of low temperature stress on chilling tolerance and protective system against active oxygen of grafted watermelon [J]. Chinese Journal of Applied Ecology, 15 (4): 659-662.

第五章　藜麦品质与利用

第一节　藜麦营养品质

一、概述

藜麦可利用部位主要是种子，含有多种营养成分。除主要成分是以淀粉为主的碳水化合物外，还有蛋白质等含氮化合物、脂类、多种功能性成分、维生素、矿物质等。

申瑞玲等（2016）研究结果表明，藜麦营养价值远高于小麦、水稻和玉米等传统谷物。藜麦蛋白含量丰富，其中，白蛋白和球蛋白含量占总蛋白质的44%～77%，不含麸质蛋白；含有16种氨基酸，包括9种人体必需氨基酸，组成比例均衡，适宜人体吸收，其中，赖氨酸和组氨酸含量较高。2014年数据，水分含量11.3g/100g、蛋白质12.1g/100g、碳水化合物57.2g/100g、脂肪6.3g/100g、膳食纤维10.4g/100g、灰分2g/100g，蛋白质和脂肪含量超过小麦、稻米、玉米、小米。李荣波等（2017）介绍，藜麦是全谷全营养完全蛋白碱性食物，藜麦中蛋白质的含量平均为16%（最高可达22%），富含人体必需的8种氨基酸和婴幼儿必需的1种氨基酸，尤其是一般谷物中缺乏的赖氨酸含量很高（赖氨酸是人体组织生长及修复所必需的）；钙、镁、磷、钾、铁、锌、硒、锰、铜等矿物质营养含量高，富含不饱和脂肪酸、类黄酮、B族维生素和维生素E、胆碱、甜菜碱、叶酸、α-亚麻酸、β-葡聚糖等多种有益化合物，膳食纤维素含量高达7.1%，胆固醇为0，不含麸质，低脂，低热量，低升糖（GI升糖值35，低升糖标准为55），是常见食物里最理想的食材，也是特殊人群的首选食材。胡一波等（2017）通过试验研究结果表明藜麦的主要营养成分是淀粉，平均可达53.07%（48.05%～55.91%），变异系数最小（3%）。其次为蛋白质，平均在16.04%（14.9%～17.89%）。而藜麦籽粒中脂肪的含量较低（5.68%），其中主要为不饱和脂肪酸（5.07%）。另外，藜麦氨基酸中谷氨酸的含量最高，为19.59mg/g（14.17～25.58mg/g），与其他谷物相比，藜麦籽粒中含有较高的赖氨酸和组氨酸，分别为6.44mg/g和3.47mg/g。藜麦还含有丰富的酚类物质和皂苷，总多酚的含量平均为 1.98mg/g（1.62~2.78mg/g），变异系数为 12%。总黄酮含量为 0.32~1.08mg/g，变异系数最大（23%）。另外，藜麦籽粒中总皂苷的含量平均为 6.3mg/g（4.25~8.89mg/g）。邓俊琳等（2017）对拉萨种植的贡扎 8 号藜麦与甘肃种植的陇藜 1 号的全营养成分进行测定，并与国内外已报道的其他产地的藜麦营养成分进行对比分析。结果表明，拉萨种植的贡扎 8 号与甘肃种植的陇藜 1 号营养成分、矿物质含量相近。拉萨种植的贡扎 8 号的粗脂肪、粗纤维、矿质元素 P 的含量略高于陇藜 1 号，其余成分略低于陇藜 1 号。贡扎 8 号的蛋白质含量为 12.8%，矿物元素 Fe 和 Ca 分别高达 9.97mg/100g、42.5mg/100g，K 和 Na 含量分别为 725.54mg/100g、4.78mg/100g。焦兴弘等（2017）调查属种不同产地藜麦，结果显示，祁连山白藜麦蛋白质含量高。祁连山白藜麦是全谷全营养完全蛋白碱性食物，且具有营养活性，蛋白质含量高达 16%~19%（牛肉20%），约为稻米和玉米的 2 倍，品质与奶粉和肉类差不多，是大米等谷物的最佳替代品。祁连山白藜麦含有人体必需的几乎全部天然氨基酸，且比例平衡，易于吸收，最主要的是赖氨酸含量高，其他谷物食品不能相比，从而达到营养均衡，促进生长发育。祁连山白藜麦富含人体必需的脂肪酸，脂肪酸质量主要与脂肪酸结构的合理性有关系，藜麦脂肪酸中亚油酸的含量最高，达到了 60% 左右，比黑芝麻、核桃、稻米粉都高。祁连山白藜麦脂肪含量是玉米的 2 倍，且其脂肪酸组成与玉米相近，因而祁连山白藜麦在植物油提取方面具有重要开发前景。祁连山白藜麦中不饱和脂肪酸的比例占总脂肪酸的 82% 以上，具有降低低密度脂蛋白，升高高密度脂蛋白的功效，祁连山白藜麦中的脂肪品质适合人体的需要。祁连山白藜麦含有丰富的维生素和人体必需的微量元素。且祁连山白藜麦还是核黄素和叶酸等 B 族维生素的良好来源，含有大量的维生素 E，维生素 C 的含量高于小麦。富含 β-胡萝卜素、烟酸，核黄素、维生素 E 和胡萝卜素含量大大高于小麦和大米。祁连山白藜麦还富含人体必需的众多微量元素，如 Ca、Fe、Zn、Mn、Mg、K 等。卢宇等（2017）曾以内蒙古种植的藜麦为试验原料，对其主要营养成分、氨基酸、脂肪酸、矿物质及维生素进行分析与评价。结果表明，藜麦中蛋白质含量为 13.1%、粗脂肪为 7.7%、淀粉为 49%、灰分为 2.2%、粗纤维为 2%。就蛋白质组成看，藜麦含有 17 种氨基酸，其中，有 7 种必需氨基酸，赖氨酸含量丰富。根据氨基酸评分（AAS）和化学评分（CS），藜麦第一限制性氨基酸是蛋氨酸和胱氨酸。藜麦含有 13 种脂肪酸，不饱和脂肪酸含量丰富，占脂肪酸总量的 85.25%，饱和脂肪酸占 14.75%，其中，棕榈酸含量最高，占脂肪酸总量的 7.92%。矿物质和维生素含量丰富，其中，K、Ca、Mg、P、Fe、维生素 B_1 和维生素 B_2 含量均很高。张婷婷等（2017）以产自云南香格里拉的藜麦为研究对象，对其品质成分进行分析，包括水分、粗脂肪、直链淀粉、支链淀粉、可溶性多糖、水溶性蛋白、多酚、游离氨基酸总量、氨基酸组成和矿物质元素。并采用同时蒸馏萃取，气相色谱-质谱联用技术分析藜麦挥发性成分。结果显示，与常见谷物（小麦、稻米、玉米）相比，香格里拉藜麦淀粉含量较低，含有大量优质蛋白质和多不饱和脂肪酸以及丰富的多糖和矿质元素，并且其必需氨基酸组成较为均衡。石振兴等（2017）曾对4份国内和56份国外藜麦材料籽粒的品质性状进行了分析。结果表明，60份藜麦材料籽粒的千粒重、灰分、蛋白质、淀粉、脂肪、粗纤维、总黄酮和总多酚平均含量分别为4.23g、2.28%、14.03%、57.71%、6.53%、2.46%、1.83mg/g和1.49mg/g。国内藜麦材料的灰分、蛋白质和总多酚平均含量较高，分别为3.47%、14.92%和1.78mg/g；秘鲁藜麦材料的脂肪、粗纤维和总黄酮平均含量较高，分别为6.69%、2.66%和2.03mg/g；美国藜麦材料的淀粉平均含量较高，为59.91%；玻利维亚藜麦材料的千粒重较高，为4.32g；不同籽粒颜色藜麦材料之间的品质存在差异，黑色藜麦材料的蛋白质含量较高，白色和红色藜麦材料的淀粉含量较高，红色和黑色藜麦材料的粗纤维、总黄酮和总多酚含量较高。李荣波（2018）概括，藜麦营养价值丰富、全面，高蛋白质、低脂肪、低糖，富含多种人体必需的氨基酸，是唯一一种单体植物即可满足人体基本营养需求的食物，成为中国小杂粮作物的后起之秀。焦红艳等（2018）运用理化分析方法对藜麦中粗脂肪、碳水化合物、蛋白质、氨基酸、矿物质及维生素含量进行测定，并对其脂肪酸和氨基酸组分进行分析。结果表明，藜麦的营养成分以淀粉（64.7%）为主，蛋白质（15.81%）、粗脂肪含量（2.53%）远高于一般谷物，氨基酸含量均衡，第一限制氨基酸为含硫氨酸。脂肪酸中以不饱和脂肪酸（71.14%）为主，其中，人体必需的多不饱和脂肪酸占55.33%。藜麦中矿物质、维生素含量丰富，从营养质量指数判断K、Fe、Zn、维生素E、叶酸可满足孕中晚期妇女的营养需求。崔蓉等（2019）通过测定总糖、还原糖、淀粉、粗纤维和可溶性膳食纤维5种成分的含量，比较藜麦、小麦、高粱、燕麦及玉米中这5种成分的差别。结果表明，藜麦的总糖、还原糖及淀粉含量低于其他谷物，粗纤维和可溶性膳食纤维的含量高于其他谷物。张文杰（2016）进行营养分析，结果表明，与其他常见谷物如小麦、稻米和小米等相比，藜麦的淀粉含量较低（57.1%），含有丰富蛋白质（14.9%）；为高钾低钠食物，能满足人们每日对矿物质的需要，并且是膳食纤维的良好来源。4种藜麦总酚含量范围为697~841mg GAE/100g，黄藜麦总酚含量最高（841mg GAE/100g），红藜麦总酚含量最低（697mg GAE/100g）；黄酮含量与4种藜麦颜色的深浅顺序一致。此外，4种藜麦均有一定程度体外降糖活性，并且白藜麦与黄藜麦的体外降糖活性高于黑藜麦与红藜麦。4种藜麦淀粉的直链淀粉含量大小为：黑藜麦>白藜麦>红藜麦>黄藜麦。洪佳敏等（2019）对6种杂粮的基本营养成分含量测定结果表明，白藜麦的蛋白质含量最高，且不含麸质蛋白，4种藜麦（白藜麦、红藜麦、黑藜和黄藜麦）的脂肪含量为5.5%～6.31%，是苦荞的2倍、白青稞的5倍。陈志婧等（2020）对陇藜1号、香格里拉白藜、香格里拉红藜、香格里拉黑藜、太旗白藜、太旗红藜、太旗黑藜7种藜麦的营养成分、氨基酸和矿质元素进行了含量测定和分析比较。结果表明，太旗黑藜蛋白质含量高达16.52g/100g，脂肪含量为3.38g/100g，总膳食纤维含量11.07g/100g，其高蛋白质、低脂肪、高总膳食纤维特性尤为突出，更适合有减肥需求或素食主义群体。陇藜1号和香格里拉红藜主要氨基酸（谷氨酸、精氨酸和天冬氨酸）均高于其他品种，且其必需氨基酸（EAA）含量也明显较高。其中，太旗白藜和香格里拉红藜必需氨基酸含量评分最优，更适合婴幼儿群体。另外，7个藜麦品种中K、Ca、Cu、Mg的含量都高于小麦、水稻和小米，尤其是香格里拉黑藜K含量高达12 037mg/kg，而Na含量在检出限以下，具有高钾低钠的良好营养特性，更适合中老年群体。赵亚东（2018）分析测定了119份藜麦资源的营养品质，黄色藜麦粗蛋白含量最高，红色藜麦含量最低；白色藜麦的总淀粉含量最高，黄色藜麦总淀粉含量最低，但直链淀粉含量最高；3种颜色藜麦直链淀粉含量的变异均较大；红色藜麦的脂肪含量最高，白色藜麦脂肪含量最低；白色藜麦的纤维含量最高，红色藜麦的灰分含量最高。聚类分析将119份藜麦分为3大类，第Ⅰ类纤维含量最高；第Ⅱ类直链/支链比值、蛋白、脂肪、灰分含量最高；第Ⅲ类纤维含量最低。古桑德吉等（2020）对8种西藏藜麦的粗蛋白、粗脂肪、总淀粉、矿物质的含量（Na、Ca、Fe、Zn）含量进行了测定分析。结果表明，藜麦含有丰富的营养成分，8个藜麦资源的淀粉（48.5～56.7g/100g）、脂肪含量（4.5～5.8g/100g）差异不大，8个藜麦资源蛋白质含量范围在11.2～14.8g/100g，其中，贡扎系列（贡扎4号、贡扎5号、贡扎8号、贡扎12号）的藜麦蛋白质含量略高于其他品种的藜麦，与其他常见谷物中蛋白相比，均高于文献报道的玉米（10.2%～13.4%）、水稻（7.5%～9.1%）、玉米（10.2%～13.4%）、小麦（11.9%）、燕麦（11.6%）中的蛋白，几乎位于几类常见谷物之首。同时，Fe、Zn以及Ca含量较高，Na含量低，是一种能满足人们每日对矿物质的需要并且低钠的谷物。赵雷等（2019）介绍了藜麦麸皮中含有丰富的蛋白质以及淀粉，其含量分别占26.86%、28.78%，其蛋白含量远高于白藜麦种子（11.81%），是红色、黑色藜麦种子蛋白含量（13.74%、13.39%）的2倍，但淀粉含量远低于藜麦种子淀粉含量（61.23%），藜麦麸皮中的膳食纤维含量为12.9%，高于藜麦种子中的膳食纤维（含量8%左右）。藜麦麸皮中的油脂含量占14.15%，具有提取油脂的潜力。藜麦麸皮中的钾、镁、铁、锰、铜、钠含量均高于藜麦籽粒中矿物质的含量，钙含量远低于藜麦籽粒中钙的含量。

二、栽培措施对藜麦品质的影响

郭谋子等（2016）以甘肃条山农林科研所培育的藜麦种子为研究材料，通过45℃热水浸种30min，再用25℃温水浸泡25min，滤干水分后放置于25℃培养箱内培养30min的催芽处理，检测分析处理前后藜麦种子中蛋白质、粗脂肪、总淀粉、碳水化合物、氨基酸、维生素、黄酮、膳食纤维、超氧化物歧化酶（SOD）等营养成分的变化。研究表明，经催芽处理后，藜麦种子中脂肪、淀粉和碳水化合物的含量由于发生水解反应含量降低，部分维生素（维生素C、维生素E和叶酸）由于含水量的增加相对含量也有所降低；而游离态的氨基酸、维生素 B_1、维生素 B_2、膳食纤维和黄酮类化合物活性成分含量均有升高，藜麦营养更加均衡合理，营养品质得以提高。徐天才等（2017）探讨了不同海拔种植的藜麦籽中营养成分与海拔之间的关系。选取4个不同海拔高度进行大田试验，研究不同海拔对藜麦籽中的蛋白质、灰分、氨基酸、微量元素等营养成分含量的影响。结果表明，藜麦籽的总糖、灰分、Mn、K、天门冬氨酸、谷氨酸、缬氨酸、异亮氨酸、酪氨酸、精氨酸和氨基酸总含量是随着海拔的增高而增加；粗纤维、棕榈酸、α-亚麻酸、Cu 含量是随海拔增加而下降。藜麦营养成分的含量与种植海拔有密切关系，应根据实际需要合理种植。在海拔 2 000m 下种植的藜麦，丙氨酸、亮氨酸含量最高，海拔 2 700m 种植的藜麦蛋氨酸含量最高，海拔3 400m 种植的藜麦天门冬氨酸、谷氨酸、酪氨酸、苏氨酸、丝氨酸、缬氨酸、异亮氨酸、丙氨酸、精氨酸、赖氨酸、组氨酸、脯氨酸、苯丙氨酸、总氨基酸含量最高。石振兴等（2016）对国内 17 份藜麦材料进行测定，得出蛋白质含量在10.97%~18.88%，且同一品种低纬度的籽粒蛋白高于高纬度。苏艳玲等（2019）以山西静乐和秘鲁红、秘鲁白、秘鲁黑 4 个藜麦品种为研究试材，对种子萌发中营养物质的变化进行了研究。结果表明，4 个品种的藜麦种子在整个萌发过程中蛋白质含量、还原糖含量、淀粉酶活力均呈上升趋势；氨基酸含量则先上升后下降，在第 2 天时达到最大值；脂肪含量在萌发中呈下降趋势。其中，秘鲁红藜的营养品质略优于静乐白藜，而高于其他 2 个品种。通过对营养物质的综合分析，最终确定种子萌发第 2 天时营养较高。王倩朝等（2020）以陇藜 1 号为材料，在云南省芒市分 6 个不同时期进行播种，收获后分别测定其主要品质性状。结果表明，不同播种时间的藜麦主要功能成分发生显著变化。类黄酮含量随播种时间的推迟先降低后增加，总氨基酸含量随播种时间延迟逐渐降低，可溶性蛋白质含量随播种时间的延迟逐渐增加，维生素 E 含量随播种时间的推迟大体呈逐渐增加趋势。抗坏血酸含量随播种时间的延迟先大幅度降低然后略微增加，最后显著降低。另外，不同播种时间的藜麦微量元素含量会发生显著变化。镁、铁、锌、钙含量随播种时间的推迟均表现先增加后降低的趋势。刘俊娜等（2020）以滇藜1号（红藜）和滇藜2号（白藜）2个藜麦品种为材料，分8个不同时期进行播种，研究不同播期对藜麦主要营养成分和抗氧化成分含量的影响。结果显示，红藜的营养品质和保健功能均优于白藜，且红藜的主要营养成分和抗氧化成分含量较高；播期对藜麦营养品质和抗氧化成分有较大影响，藜麦成熟期温度逐渐降低，氨基酸含量降低，可溶性蛋白质、类黄酮、维生素E、皂苷和花青素含量增加。表明适宜的播期能有效改善藜麦的品质性状。周彦航等（2020）以3个品种的藜麦苗为研究对象，分别对其6个采收期的不同营养成分及含量进行研究，探讨不同采收期不同品种藜麦苗营养成分的差异，确定适合食用的采收期及品种。结果表明藜麦苗的纤维素含量随着采收期的延长而递增；16种氨基酸含量均在第28、第33、第38天较高，总量递减；总糖、蛋白质、脂肪、维生素C含量均在第28、第38天较高，在第48、第53天时较低；矿物质含量的变化与采收期无明显关系。综上，第38天为综合效益较高的采收期。第28天的藜麦苗营养最优，最适食用，但产量低，不建议大批量采收；在第43天以后，特别是第53天营养成分低，纤维素含量最高，不适合采收。与加拿大品种QC5相比，山西的QF3和内蒙古的QM1两个品种藜麦苗更适合食用。张文刚等（2020）以青藜2号为原料，采用谷氨酸钠（Monosodium Glutamate，MSG）和抗坏血酸（Ascorbic Acid，ASA）协同处理藜麦萌发富集 γ-氨基丁酸（γ-amniobutyric acid，GABA），探讨了浸泡和萌发因素对藜麦GABA含量的影响。结果表明，MSG和ASA浓度分别为2mg/mL和6mg/mL时有利于藜麦GABA含量的提高，以该浓度组合为基础通过正交试验优化的藜麦胁迫萌发富集GABA最佳培养条件为浸泡时间6h、浸泡温度25℃、萌发时间48h、萌发温度25℃，在此条件下GABA含量达到1.613mg/g，分别为藜麦种子和对照组去离子水处理萌发藜麦GABA含量的3.07和2.26倍。付荣霞等（2020）以青海藜麦为研究对象，考察温度和时间对藜麦萌发率、鲜重、干重、营养物质含量及产率的影响。结果表明，萌发温度对藜麦萌发率、鲜重、干重、营养物质含量均有一定影响，藜麦在20~30℃萌发率最高，低于或高于此范围萌发率均下降；在萌发初期阶段，藜麦还原糖含量上升而淀粉含量下降，之后还原糖呈下降趋势，且萌发温度越高，下降趋势出现越早；萌发12h内，藜麦芽蛋白质含量呈下降趋势，之后缓慢回升；在15~35℃条件下，藜麦萌发后粗脂肪含量下降。通过对产率变化进行分析确定20℃条件下萌发24~48h可以有效减少营养成分损失。研究结果有利于降低藜麦芽产品成本，在藜麦芽下游产品开发中具有一定参考价值。王倩朝等（2020）以筛选出的89个藜麦高代品系为材料进行主要营养及抗氧化成分含量的测定，并进行相关性和主成分分析。结果显示89个藜麦品系主要营养及抗氧化成分含量的平均变异系数为 36.83%，说明在不同藜麦品系之间存在较大的遗传特性差异，各指标变异系数均高于 20%。其中，维生素 E 的变异系数高达 49.78%，遗传变异最大，表明其变异范围更广；可溶性蛋白的变异系数最小（20.09%），相对变幅较小。相关性分析表明，主要营养成分中总氨基酸与可溶性蛋白呈极显著负相关（$P<0.01$），总淀粉和可溶性糖呈极显著正相关（$P<0.01$），抗氧化成分中抗坏血酸和类黄酮呈极显著正相关（$P<0.01$）。主成分分析显示前 5 个主成分（可溶性蛋白、类黄酮、总氨基酸、可溶性糖和总淀粉含量）的累计贡献率高达 88.36%。筛选出滇藜-2、滇藜-12、滇藜-14 和滇藜-111 等 4 个具有较高综合利用价值的高代品系。本研究为藜麦主要营养及抗氧化成分遗传特性分析与评价及新品种选育提供理论参考和材料基础。赵丹青等（2019）通过比较宁夏 4 个产区藜麦的营养成分及矿物元素含量发现不同产区藜麦蛋白质含量 13~16g/100g。彭阳县孟源乡种植的藜麦蛋白质含量为 16g/100g，总膳食纤维含量 11.3g/100g，总糖含量 8.8g/100g，黄酮含量 0.43g/100g，均高于其他地区，脂肪含量为 5.4g/100g。固原市原州区种植的藜麦，营养成分含量均低于其他 3 个地区。氨基酸组成稳定；其中，谷氨酸、精氨酸、天门冬氨酸以及赖氨酸含量较高。产于固原市原州区的藜麦，其氨基酸含量高于其他地区，作者推测可能是因为固原地区海拔较高、温度较低，有利于藜麦中蛋白质氨基酸的合成。在中卫市香山乡产区，藜麦的硒含量为 0.15g/kg，高于其他产区；筛选出 QA056 品种具有高蛋白质、高总膳食纤维、低脂肪、低总糖的特点，可作为藜麦种植的优势品种。赵亚东（2018）研究表明青海不同地区之间的藜麦在营养、功能成分含量及抗氧化活性方面的差异具有显著性（$P<0.05$）。营养成分方面，西宁地区藜麦的粗纤维、脂肪、总淀粉、粗蛋白平均含量高于乌兰；乌兰地区藜麦直链淀粉平均含量高于西宁，但是不同资源之间的差异较大。功能成分方面，西宁地区藜麦游离酚平均含量高于乌兰，乌兰地区藜麦游离黄酮、结合黄酮、结合酚、皂苷平均含量高于西宁。抗氧化活性方面，西宁地区藜麦游离酚的 ABTS⁺·清除能力高于乌兰，乌兰地区藜麦游离酚 DPPH·清除能力，结合酚的 DPPH·清除能力、ABTS⁺·清除能力、FRAP、皂苷的 DPPH·清除能力、ABTS⁺·清除能力、FRAP 均高于西宁。石钰等（2020）在陕西 4 个不同的地区进行藜麦种植，并对藜麦籽内的理化性质、蛋白质含量、氨基酸含量、微量元素含量、重金属含量进行测定分析。研究表明，受到陕西不同区域地质环境（海拔）以及天气环境（气温）的影响，不同区域种植的藜麦理化性质、蛋白质含量、氨基酸含量、微量元素含量、重金属含量都存在一定的差异，但是蛋白质含量、氨基酸含量、微量元素含量都十分丰富。通过分析发现，延安市富县羊泉镇种植的藜麦籽粒重量相对较大、总淀粉含量相对较高、蛋白质含量最高、锌元

素、钙元素以及钠元素的含量相对较高，安康市白河县双丰镇种植的藜麦总糖量最高、粗纤维含量最小，榆林市榆阳区榆阳镇种植的藜麦粗纤维含量最高，硬脂酸、油酸、α-亚麻酸、甘碳烯酸以及未知脂肪酸的含量相对较高，但蛋白质含量最低。

三、主要营养成分

（一）藜麦淀粉

1. 藜麦淀粉种类和形态

藜麦淀粉有直链淀粉和支链淀粉两类。

魏志敏等（2016）介绍藜麦淀粉含量为38%~61%，支链淀粉所占比例高于直链淀粉，糊化温度64℃左右。王启明等（2019）介绍，藜麦种子的淀粉含量约占干重的58.1%~64.2%。藜麦淀粉是A-type晶型结构，相对结晶度35%~43%，粒径0.4~2μm，小于小麦（2~4μm）、水稻（6.5~8μm）、大麦（15.9~17.6μm）和玉米（1~2μm）淀粉，比表面积较大，具有较强的吸附活性。藜麦淀粉中直链淀粉约占4.7%~17.3%，直链淀粉的链长较短，每个直链分子有较多的单元链；而支链淀粉的链长和聚合度较高，单元链数量众多，超长支链所占比重高达13%~19%。这样独特的结构，使得藜麦淀粉在不同温度下具有更好的热力学稳定性和流变性，可用于进行特殊材料的开发。藜麦淀粉糊化温度范围为57~64℃，相变热熔值为8.8~11.5 J/g。藜麦淀粉具有较低的血糖生成指数，每100g藜麦淀粉中主要含有120mg D-木糖和101mg麦芽糖，而葡萄糖（19mg）、果糖（19.6mg）的含量很低。刘月瑶等（2020）介绍了淀粉是藜麦的主要成分，其含量占干物质总量的50%以上，所以藜麦粉的性质在很大程度上取决于藜麦淀粉的组成和性质。藜麦淀粉粒度小，为0.4~3μm，直链淀粉与支链淀粉的比例为1:3，支链淀粉具有大量的短链和超长链，因此具有冻融稳定性、低胶凝点和低温耐受性好的特点。张贞勇等（2020）介绍淀粉是藜麦种子中最主要的碳水化合物，粗提取含量为60%左右，其中，支链淀粉含量较高，直链淀粉约占总淀粉含量的6%~7%。采用氯仿与正丁醇按一定体积比组成的Sevage试剂和三氯乙酸或用专一性的蛋白酶去除多糖中的蛋白质，用活性炭、过氧化氢、大孔吸附树脂除去多糖中的色素；采用径向流色谱新技术、凝胶柱色谱法去除多糖中的蛋白质可以同时除去色素。再经过去除淀粉纯化后得到阿拉伯多糖和阿拉伯果胶多糖。张文杰（2016）经扫描电子显微镜观察和激光粒度分析结果表明，4种藜麦淀粉颗粒直径为0.7~2.5μm，不同颗粒形貌均呈多边形结构；黑、红、白藜麦淀粉的D95值均小于2.5μm，说明3种进口藜麦淀粉颗粒大小更集中；由

X-衍射分析结果可知，4 种藜麦淀粉晶型均表现为 A 型，与典型谷物淀粉的类型相同，结晶度分别为 25.8%、26.5%、25.3%、34.3%；4 种藜麦淀粉的红外特征吸收峰符合淀粉的特征吸收峰。孔露等（2019）曾利用碱性蛋白酶提取青海高原藜麦淀粉（白藜麦淀粉 WCS、红藜麦淀粉 RCS、黑藜麦淀粉 BCS）后观察其直链、支链淀粉含量变化。3 种藜麦淀粉经过高温高水分的糊化处理（温度 100℃，料液比 1∶12g/mL），使用扫描电镜、激光粒度分析仪、X 射线衍射仪、傅里叶红外光谱仪、差示扫描量热仪等仪器将糊化前后藜麦淀粉的颗粒形态、粒径、晶体结构、分子结构、热特性等性质进行分析，比较得出藜麦淀粉糊化前后的差异。扫描电镜图表明，碱性蛋白酶提取的 3 种藜麦淀粉颗粒大小均为 1～2μm，淀粉颗粒呈近球形，具有光滑完整的表面结构，糊化后的 3 种淀粉颗粒表面破坏程度高（图 5-1）。激光粒度仪测定出淀粉颗粒粒径增大，糊化处理后，3 种藜麦淀粉的粒径 D（10）分别增加了 25.58μm、9.16μm、27μm。X 射线衍射

图 5-1 藜麦淀粉糊化前后颗粒形态分析（孔露等，2019）

注：WCS、RCS、BCS 电镜放大倍数为 5000 倍的未糊化藜麦淀粉，
GT-WCS、GT-RCS、GT-BCS 电镜放大倍数为 500 倍的糊化后藜麦淀粉。

图谱显示出糊化后淀粉晶体结构消失、定型区向不定型区转变。傅里叶红外光谱显示 3 种藜麦淀粉糊化后结构不变，分子键未受到破坏，仅表现为透过率增加。糊化处理可以改善藜麦淀粉的加工特性，为藜麦淀粉的应用提供理论依据。焦梦悦（2019）运用扫描电镜观察藜麦淀粉颗粒形貌，与常见淀粉进行比较：藜麦淀粉颗粒小（1~1.5μm），与大米、糯米、玉米淀粉颗粒形态相似为多面体。运用 X 射线衍射确定藜麦淀粉衍射图与木薯淀粉相似，确定为 C 型且伴有 V 型晶体的晶型；相对结晶度 45.82%，仅次于糯米淀粉。分离纯化支链淀粉，通过测定碘蓝值（0.093）、最大吸收波长（568nm）及葡聚糖凝胶色谱确定其聚合度高、支链淀粉长、中长支链占比高的特点。

王柒（2018）以提取率作为评价指标，藜麦淀粉分离的优化工艺条件为：料液比 1 : 12，pH 值 11，温度 35℃，时间 2h，此时白淀粉的提取率为 50.54%，纯度为 95.73%，黄淀粉提取率为 33.66%，纯度为 80.03%。

唐媛（2020）在不同钙离子条件下，对灌浆期藜麦籽粒淀粉含量及合成关键酶活性变化进行了研究分析。结果显示高钙处理下 LL-03 支链淀粉和直链淀粉含量明显提高，H-1 支链淀粉和直链淀粉含量无明显变化，低钙处理下 LL-03 直链淀粉含量明显降低，支链淀粉含量无明显变化，H-1 支链淀粉和直链淀粉含量明显降低。高钙处理下，LL-03 4 种酶活性峰值时间不变，H1 除结合态淀粉合酶（Granule Binding Starch Synthase，GBSS）外其余酶活性峰值时间不变。低钙处理下，LL-03 蔗糖合成酶（Sucrose Synthase，SS）、可溶性淀粉合酶（Soluble Starch Synthase，SSS）活性峰值时间提前；H1 SS、SSS、GBSS 活性峰值时间提前，籽粒提前衰老，淀粉合成减少。根据藜麦淀粉含量与淀粉合成关键酶活性的相关性分析，钙离子水平对两种藜麦籽粒淀粉积累具有重要调节作用。总体表现为高钙处理促进淀粉合成，低钙则降低了淀粉合成。

Xing 等（2021）研究了藜麦萌发过程中淀粉形态结构变化。结果显示中藜 1 号藜麦（ZQ）的直链淀粉含量为 17.37%，几乎是其他 2 种基因型的 4~5 倍。天然未萌芽藜麦淀粉颗粒表面略显粗糙，呈多面体，具有多个棱角。与天然藜麦淀粉相比，萌芽的藜麦淀粉颗粒的表面显示出更多的针孔和明显的褶皱（图 5-2）。萌发的蒙藜 1 号藜麦淀粉（MQS）和云南红藜麦淀粉（YQS）的短链比例高于天然淀粉，而在中藜 1 号藜麦淀粉（ZQS）中观察到了相反的结果。表明萌发处理显著影响了藜麦的淀粉结构。

2. 藜麦淀粉的性质

张文杰（2016）对黑、红、白、黄 4 种藜麦进行研究，结果表明黄藜麦的溶解度与膨胀度、凝沉性及冻融稳定性较好。藜麦全粉与淀粉的 DSC 分析结果显示，黑藜麦的糊化温度最高，4 种藜麦全粉的峰值温度（Tp）范围为 64.6~

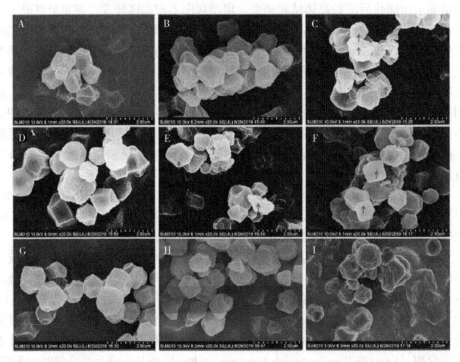

（A）MQS0，（B）MQS24，（C）MQS48，（D）ZQS0，（E）ZQS24，（F）ZQS48，
（G）YQS0，（H）YQS24，（I）YQS48

图5-2 正常未萌发和萌发藜麦淀粉的扫描电镜图（Xing et al., 2021）

69℃，相变热焓（△H）范围为6.3~6.8 J/g；4种藜麦淀粉峰值温度（Tp）范围为59~61.8℃，相变热焓（△H）范围为8.8~11.5 J/g。藜麦淀粉的流变学特性测定结果表明，藜麦淀粉属于假塑形非牛顿流体，剪切稀化程度随淀粉浓度的增大而增大；剪切结构恢复能力很强，在受到高速剪切破坏后，能迅速恢复到原来的结构；4种藜麦淀粉中，国产藜麦的触变性最大；藜麦淀粉浓度增大，储能模量（G'）、耗能模量（G"）也越大，淀粉分子间的相互作用增强，形成凝胶的网状结构更牢固；在30~100℃的升温扫描过程中，G'、G"都呈现出先上升后下降的变化趋势，并且直链淀粉含量越高，相应的峰值模量G'max和G"max越大。藜麦的消化速度较快，消化完成时，4种藜麦全粉的消化水解率与淀粉含量成正比；4种藜麦淀粉的消化水解率与直链淀粉含量成反比，其中，黄藜麦与红藜麦的快消化淀粉含量较高，而黑藜麦与白藜麦的慢消化淀粉和抗性淀粉含量较高。

翟娅菲等（2017）采用X射线衍射（XRD）、扫描电子显微镜（SEM）和差示扫描量热仪（DSC）等对碱法和酶法提取的藜麦淀粉的结构和热性能进行了分析，并测定了藜麦淀粉的膨胀度、冻融稳定性和碘蓝值。结果表明，藜麦淀粉颗粒较小，平均粒径为 $1.15 \sim 1.97\mu m$，支链淀粉含量较高。几种淀粉的溶解度、膨胀度、冻融稳定性、透光度和糊化温度等理化特性均与各自的结构特征相关，表现出不同程度的差异。

张园园等（2017）研究藜麦粉对小麦面团及面包质构特性的影响，为开发藜麦焙烤食品提供理论依据。在对藜麦粉中蛋白组分含量系统研究的基础上，利用质构仪的 TPA 模式测定添加藜麦粉对小麦面团硬度、弹性和黏性的影响，测定藜麦粉对面包硬度和弹性的影响。结果表明，随着藜麦粉添加量的增加，面团的硬度呈先减小后增加的趋势，添加量为 15% 时硬度最小；弹性呈先增大后减小的趋势，在藜麦粉添加量 15% 时达到最大值，黏性呈逐渐增大的趋势。随着藜麦粉添加量的增加，面包的硬度逐渐增大，弹性逐渐减小，感官评分先增大后减小，在 15% 时达到最大值。因此，藜麦粉的添加改变了小麦面团和面包的质构特性，且面团的质构特性与面包质构特性、面包感官品质间具有一定相关性。袁晓丽（2017）系统研究了改性后淀粉的理化特性。结果显示在低水分含量和短时间湿热处理后，淀粉的颗粒形貌、结晶类型基本没有发生变化，仅表现为 X 射线衍射峰强度下降，结晶类型仍为 A 型；随着水分含量和热处理时间的延长，淀粉颗粒之间出现聚集和黏连，部分淀粉颗粒表面出现皱缩、凹坑和孔洞，并且少量淀粉发生熔融变形。淀粉结构由 A 型变为 A+V 型，（1 045/1 022）/cm 的比值增大。湿热处理后淀粉的糊化温度、T_o（起糊温度）、T_p（峰值温度）升高，并且与水分含量和热处理时间呈正相关，淀粉的终止黏度、崩解值、峰值黏度、回生值、AH（糊化焓）、溶解度、膨胀度和冻融稳定性均降低。焦梦悦（2019）应用布拉班德黏度仪测定淀粉糊化特性，与其他淀粉（153.5 ~ 1 068 BU）相比，藜麦淀粉回升值最低，为 97BU，得出藜麦淀粉抗回生能力强；测定−18℃反复冻融测定析水率，结果显示藜麦淀粉冻融稳定性一般；测定不同时间下 α-淀粉酶对淀粉的酶解情况，显示藜麦淀粉的高酶敏感性；测定不同温度下淀粉溶胀力，得出藜麦淀粉与小麦等溶胀力相似。孔露等（2019）对 3 种藜麦淀粉（白藜麦淀粉 WCS、红藜麦淀粉 RCS、黑藜麦淀粉 BCS）的体外消化特性、酶解动力学特性、溶解度与膨胀力、冻融稳定性、黏度特性等指标进行研究。结果表明，红藜麦淀粉中快速消化淀粉含量最高，为 60.74%，黑藜麦淀粉中抗性淀粉含量最高，为 33.4%。酶解动力学曲线显示 3 种藜麦淀粉初始消化速度较快，120min 后消化速度趋于平缓，消化完成时，WCS、RCS、BCS 的最终酶解率分别为：70.28%、80.64%、69.52%。不同藜麦淀粉的理化性质存在一定差异，主要与直链淀粉与支链淀粉比例、非淀粉组分、晶体结构等因素有关。黏度曲线表明支链淀粉含量越高,黏度越大,一定时间后淀粉凝胶网络形成,黏度保持稳定状态。王静等(2021)以藜麦为研究对象,研究体外模拟胃液消化的条件下对α-淀粉酶抑制作用的影响。结果表明,3种藜麦对α-淀粉酶的抑制活性也均呈现剂量效应关系。3种藜麦未消化组的半抑制浓度(50% inhibiting concentration,IC50)为11.43~27.43mg/mL,低于抑制α-葡萄糖苷酶的IC50值,说明藜麦对α-淀粉酶的抑制能力强于α-葡萄糖苷酶。经胃消化后,对α-淀粉酶抑制活性略有提高,3种藜麦的IC50值均低于未消化组。在模拟胃液消化条件下,藜麦胃消化产物对α-淀粉酶的抑制活性明显增强,且相比α-葡萄糖苷酶,对α-淀粉酶的抑制能力更强。藜麦对α-淀粉酶的抑制活性并没有随着消化的进行而继续提升,反而有所降低。在模拟肠道消化阶段,玻利维亚藜麦在20mg/mL时抑制率为59.46%,明显低于胃消化组的75.13%。相应的IC50值为10.67mg/mL,也显著大于胃消化组的IC50值(6.53mg/mL)。青海藜麦和山西藜麦与玻利维亚藜麦均有相似的趋势,IC50分别为8.17、9.17mg/mL,均略高于各自胃消化组的IC50(分别为6.77、6.99mg/mL)。结果表明,经过肠消化,藜麦对α-淀粉酶的抑制活性有所降低。同时透析袋内的抑制活性增强(3种藜麦透析袋内液的IC50值分别为7.34、5.4、6.23mg/mL)。表明藜麦肠消化后更容易被肠道利用以发挥其抑制α-淀粉酶的活性。

Xing等(2021)研究藜麦淀粉萌发过程中理化性质的变化。结果显示,萌发降低了藜麦淀粉的相对结晶度,但没有改变其晶体结构类型。在萌发过程中,峰值粘度(最大粘度)、最低粘度、回生焓和回生百分比显著降低。表明萌发处理显著影响了藜麦淀粉的理化性质。

(二)藜麦蛋白质

主要种类是清蛋白和球蛋白。藜麦富含氨基酸,主要以谷氨酸、精氨酸和天冬氨酸为主,酪氨酸、组氨酸和蛋氨酸则含量较低。

不同藜麦品种蛋白质含量有显著差异,王玉玲等(2018)测定了白藜、红藜、黑藜3种藜麦蛋白质含量,发现黑藜(13.74%)>红藜(13.39%)>白藜(11.81%)。Wringt等(2002)探究了甜、苦2种藜麦,表明甜藜麦的蛋白质含量为14.8%,苦藜麦为15.7%,口感差的品种蛋白质含量反而高。

王龙飞等(2017)介绍,藜麦蛋白质含量高于大麦(11%)、水稻(7.5%)和玉米(13.4%),与小麦蛋白含量相当,达到了15%,其品质在一定程度上与脱脂奶粉和肉类相当。因为藜麦蛋白符合人类对食品营养、健康的需求,自2005年以来,藜麦已经成为国际上畅销的健康食品。氨基酸组成均衡。藜麦蛋白是一种全蛋白食品,几乎含有全部天然氨基酸,特别是富含人体必须的8种氨基酸和婴幼儿必需的组氨酸,且比例平衡。藜麦中富含组氨酸,可以成为组氨酸的良好来源。同时 FAO、WHO 等组织评估指出，藜麦必需氨基酸含量高于水稻、小麦和玉米等常规作物，特别是谷物蛋白质中较为缺乏的赖氨酸、蛋氨酸、苏氨酸和色氨酸，均存在于藜麦蛋白中；第一限制性氨基酸赖氨酸是谷物蛋白质中含量较低的一种必需氨基酸，在藜麦蛋白质中的含量达到 6.4g/100g，是小麦、玉米和水稻的 2 倍，色氨酸则达到稻谷的 2 倍，玉米的 4 倍；在成人每日摄食蛋白质的推荐量中，藜麦可提供组氨酸 180%、蛋氨酸+半胱氨酸 212%、色氨酸 228%、异亮氨酸 274%、赖氨酸 338%、苯丙氨酸+色氨酸 320%、缬氨酸 323% 和苏氨酸 331%。杨春霞等（2018）介绍，藜麦样品经酸水解处理，应用氨基酸分析仪对不同品种藜麦中氨基酸组分及含量进行分析。结果表明，藜麦中含有 17 种常规氨基酸，含量达到 9.19%～13%，必需氨基酸和半必需氨基酸分别占总氨基酸的 37.4%、4.78%；其中，以天冬氨酸、谷氨酸和精氨酸含量较高，必需氨基酸中以赖氨酸含量最高，达到 0.8%。藜麦中氨基酸种类齐全、配比合理。陈光等（2018）介绍，藜麦属于一种全蛋白食品，并具有独特的、全面的营养价值，其蛋白质含量高达 13%～17%，为其他谷物的 1～2 倍，且品质与奶粉及肉类相当。能够替代肉类以满足人体对于蛋白质的需求，可在一定程度上缓解过度放牧对环境造成的压力，藜麦籽粒中赖氨酸的含量较高，约为 5.4%，其含量明显高于其他谷物（稻米 2.1%、小麦 2.6%，玉米 3%）。因此，长期食用藜麦食品可有效改善中国膳食结构导致的"赖氨酸缺乏症"。李赫等（2020）介绍，藜麦分离蛋白主要是由球蛋白和清蛋白组成，其谷蛋白含量较低（0.5%～0.7%）。藜麦 11s 球蛋白中含有 8 种必需氨基酸，但其含硫氨基酸含量较低，主要集中在 2s 球蛋白中。藜麦蛋白含有与牛乳酪蛋白相似的氨基酸组成。藜麦分离蛋白中精氨酸（99.7mg/g 蛋白）、半胱氨酸（5.5mg/g 蛋白）和蛋氨酸（21.8mg/g 蛋白）的含量高于大豆分离蛋白（41mg/g、0.6mg/g、9.3mg/g 蛋白），能够为儿童的成长发育提供较高的营养价值。藜麦中游离色氨酸含量较高，能够进入大脑为中枢神经系统神经递质的合成提供原料。藜麦蛋白质含量根据品种不同可达 9.1%～15.7%。

高睿等（2019）介绍藜麦的蛋白质含量为 13.6%，显著高于玉米、小麦和水稻等主粮。除此以外，藜麦的营养优势还体现在其氨基酸种类丰富，其中以谷氨酸、精氨酸和天冬氨酸的含量最高，藜麦内含 9 种人类无法合成的必需氨基酸，配比合理，而赖氨酸这种限制性氨基酸含量高达 0.8%，要优于传统谷物籽实中的含量。藜麦籽实的氨基酸多数存在于籽粒的核内，与传统主粮（例如水稻、小麦）相比，在研磨或者加工过程中氨基酸成分并不容易脱落丢失，可以较好地保留营养成分。另外，产于意大利、希腊、摩洛哥的藜麦籽实蛋白含量分别为 14.7%～16.6%、15%～18.5%、大于 20%，都显著高于我国当前流通的商业种藜麦蛋白质含量。

王启明等（2019）介绍 FAO/WHO 对人体每日摄入氨基酸的推荐量中，藜麦可提供组氨酸推荐量的 180%、异亮氨酸的 274%、赖氨酸的 338%、蛋氨酸+半胱氨酸的 212%、苯丙氨酸+色氨酸的 320%、苏氨酸的 331%、色氨酸的 228%、缬氨酸的 323%。因此，藜麦蛋白是一种营养全面的优质植物蛋白。

刘月瑶等（2020）研究表明，藜麦蛋白具有良好溶解度、吸水性、脂肪吸收性、凝胶能力、乳化能力成膜能力和泡沫形成能力。

于跃等（2019）研究表明，藜麦的蛋白含量（16.5%），高于大米（14.5%）、小麦（14.5%）和玉米（10.5%）。藜麦含有精氨酸和组氨酸在内的所有必需氨基酸，除亮氨酸外的所有必需氨基酸均足以满足 FAO/WHO 对成人的要求，赖氨酸含量几乎是小麦和玉米的 2 倍，比大米高 25%，组氨酸含量高于大米和小麦。藜麦蛋白具有很高的体外消化率（78.37%±1.08%）、吸水率（3.94mL/g±0.06mL/g）和吸油量（1.88mL/g±0.02mL/g）。藜麦蛋白发泡的能力可以达到 69.28%±9.39%，60min 后仍然可以保持 54.54%±15.31%。

田格等（2019）通过复合酶协同超声提取藜麦蛋白质，在单因素实验的基础上，利用响应面法优化得到提取藜麦蛋白的最佳工艺条件得到最佳提取条件为酶配比（纤维素酶）：（糖化酶）为 4:6、酶解时间为 70.59min、酶解温度为 50.06℃、pH 值为 5.03、总加酶量为 427.18 U/g，通过验证实验得到的蛋白质提取率为 76.82%。另外，Wright 等（2002）证明脱脂藜麦种子粕蛋白提取条件为 36.2℃，料液比 19.6:1，90min，得率为 62.1%（9.06g/100g）。综上，藜麦籽粒蛋白质含量存在差异，这可能与研究材料来源、种植位置、种子颜色、提取工艺等有关。

（三）藜麦脂肪

柳慧芳等（2018）以藜麦为原料，以油脂得率为考察指标，通过单因素实验和正交试验，确定超临界 CO_2 萃取藜麦油的最佳工艺条件，并用气相色谱技术对其成分进行分析。结果从藜麦油中共分离鉴定出 26 种化合物，其中，含量较高的为亚麻酸、亚油酸和油酸，相对百分含量分别为 30.96%、21.94%、15.23%。

汤尧等（2018）为研究烹煮前后藜麦脂溶物活性组分和抗氧化活性的变化规律，以加拿大产的白色、红色和黑色的藜麦种子为试材，采用实验模拟烹煮方法（藜麦籽和水 1:5 比例，炖煮 30min），运用气相色谱质谱联用法（GC-MS）、高效液相色谱法（HPLC）和液相色谱-质谱联用法（HPLC-MS）对藜麦烹煮前后的脂肪酸含量、生育酚和类胡萝卜素进行定性定量分析，并测定脂溶性物质的自由基清除能力（DPPH）、铁离子还原/抗氧化能力（FRAP）和氧自由基清除能力（ORAC）。发现烹煮能显著增加藜麦中脂溶性提取物类胡萝卜素和生育酚（VE）含量，提高脂溶物的抗氧化活性，但对脂肪酸含量影响不显著。

郭敏等（2019）为研究国内外不同产地藜麦的成分差异，采用气相色谱-质谱联用技术对藜麦中脂肪酸及非极性小分子物质进行测定，并结合无监督模式的主成分分析和有监督模式的正交偏最小二乘判别分析对产地与成分之间的相关性进行分析。结果表明，不同产地藜麦中的脂肪酸组成相似，主要是不饱和脂肪酸，其占总脂肪酸80%以上；脂肪酸含量差异显著，其中，亚油酸含量最高，均在50%左右；小分子物质含量与产地相关性显著，D-葡萄糖、蔗糖、麦芽糖和核糖醇为差异性化合物。

高睿等（2019）介绍藜麦籽实脂肪含量为6.6%，显著高于三大主粮玉米（3.7%）、小麦（2.2%）、水稻（2.8%）。籽实中的脂肪酸主要由对人体健康有益的不饱和脂肪酸组成，约占总脂肪含量的85.25%，主要有油酸、亚油酸和α-亚麻酸等形式，而反油酸含量为0.48%，低于联合国粮农组织建议的最大摄入量比例，所以藜麦也可以成为优良的替代油料作物。我国藜麦籽实的脂肪含量与秘鲁（12.4%）、厄瓜多尔（9%）、玻利维亚（9.5%）等藜麦原产国具有显著差距，尤其在不饱和脂肪酸占脂肪酸总量方面差距更大（秘鲁藜麦可达88%，我国为85.25%）。

王启明等（2019）介绍，藜麦中油脂含量为5%~7.2%，高于一般谷物（如小麦）的2~3倍。藜麦油脂富含不饱和脂肪酸，尤其是亚油酸和亚麻酸含量较高，其中，ω-6和ω-3系不饱和脂肪酸比例约为6:1，总不饱和脂肪酸含量达89%，多不饱和脂肪酸含量高达54%~58%。这些不饱和脂肪酸在体内可以代谢形成花生四烯酸、二十碳五烯酸（EPA）或二十二碳六烯酸（DHA）等对人体大脑发育、前列腺素调节或者心血管调节等具有很好作用的保健物质，而且对降低低密度脂蛋白，升高高密度脂蛋白，维持质膜流动性有一定的功效。

于跃等（2019）介绍，藜麦中的脂肪含量在2%~9.5%，高于小麦、玉米、大麦等常见谷物，仅低于大豆。藜麦油的不饱和脂肪酸含量丰富，与饱和脂肪酸的比值为4.9~6.2，高于大多数食用油，例如大豆油（3.92），玉米油（4.65）。藜麦含有人体无法合成的必需脂肪酸中的亚油酸（ω-6）和α-亚麻酸（ω-3）含量分别可以达到48.2%~56%和3.8%~8.3%。另外藜麦油脂富含维生素E，保证了良好的氧化稳定性，具有成为新油籽的潜力。藜麦油脂中富含角鲨烯，在抗氧化、调节胆固醇代谢、抗癌、抗辐射、抑菌等方面都有显著功效。

（四）藜麦活性成分

魏爱春等（2015）介绍藜麦不仅含有丰富的蛋白质、淀粉、VB₁、叶酸、矿物质（Ca、Zn、Fe）等营养物质，还含有多酚、黄酮、芦丁、槲皮素、异槲皮素、皂苷等功能成分，具有抗氧化、抗炎、降血糖、减肥等生理活性。

雷洁琼（2016）归纳了藜麦中总多酚、皂苷、黄酮类、多糖、蛋白质与氨基酸、矿质营养素及其他化学成分等方面的研究概况。

黄艳辉等（2017）介绍，对筛选的90份藜麦材料进行了超微弱发光研究和黄酮含量测定，通过二者的相关性分析得出藜麦种子的黄酮含量与超微弱发光值之间呈极显著负相关（$r=-0.965$，$P<0.01$），因此利用超微弱发光值来反映藜麦种子黄酮含量高低的方法是可行的，利用该技术可以快速、无损伤地对藜麦种子黄酮含量的高低进行初期筛选。

熊成文等（2017）报道，采用超声波提取、香草醛-高氯酸分光光度法，以藜麦皂苷A为对照品，检测波长482nm，样品提取采用60%乙醇溶液，料液比1∶30，提取时间30min，提取2次，回收乙醇后用水饱和的正丁醇萃取3次。结果是藜麦中总皂苷浓度在$0.02112\sim0.06336$mg/mL范围内具有良好的线性关系。

胡一晨等（2018）综述了藜麦活性成分研究进展情况。藜麦作为一种营养价值突出的功能性健康食品，不仅富含多酚、黄酮、皂苷、多糖、多肽、蜕皮激素等活性成分，还含有丰富的维生素、必需氨基酸、矿物质（K、P、Mg、Ca、Zn、Fe）等营养物质。藜麦籽粒中主要含香草酸、阿魏酸、阿魏酸4-葡萄糖苷、槲皮素-3-芸香糖苷等酚酸类，其中，3,4-二羟基苯甲酸和对香豆酸4-葡萄糖苷只存在于红色和黑色的藜麦籽粒中。黑色藜麦籽粒中23种多酚含量总和最高，红色次之，白色最低。总多酚含量明显高于小麦、大麦和粟。藜麦含有丰富的黄酮类化合物，主要以苷类形式存在，包括槲皮素、异鼠李素、山奈酚等，其中，以槲皮素和山奈酚的含量最多。与普通谷物（如小麦、大麦、燕麦、黑麦等）相比，藜麦中黄酮类物质含量较高，为$36.2\sim72.6$mg/100g，平均达58mg/100g，其中，黄酮醇平均含量为174mg/100g，槲皮素平均为36mg/100g，山奈酚平均为20mg/100g。

李玉英等（2018）介绍的他们的试验研究。以3种山西静乐黑色（Black quinoa，BQ）、红色（Red quinoa，RQ）、白色（White quinoa，WQ）藜麦种子为材料，系统研究藜麦基本营养成分、黄酮含量，并探讨藜麦黄酮的体外抗氧化和抗菌活性。结果表明，藜麦中含有丰富的营养成分，氨基酸的种类和比例可以满足人体基本需求，其中，赖氨酸和组氨酸含量较高，3种藜麦种子中水分、灰分、淀粉、脂肪含量差异不大，蛋白质和黄酮含量随着颜色的加深而增加；藜麦中的黄酮化合物主要为槲皮素和山奈酚，含量分别为$15.06\sim35.25$，$15.56\sim20.46$mg/100g。抗氧化检测结果表明，藜麦黄酮提取物具有良好的抗氧化活性，对DPPH清除能力高于维生素C，羟自由基（·OH）清除能力以及Fe^{3+}还原力略低于 Vc，而且深色种子有更高的黄酮含量和抗氧化活性。抑菌试验表明，藜麦黄酮提取物对大肠杆菌、金黄色葡萄球菌、枯草芽孢杆菌均有明显的抑制作用，其中对大肠杆菌最为敏感。

魏丽娟等（2018）做过的试验研究建立了一测多评法（QAMS）测定藜麦中6种酚类成分的含量，并且对5种藜麦中6种酚类物质进行了比较。采用超高效液相色谱法，ACQUITYUPLC BEHC18（2.1mm×50mm，1.7μm 色谱柱，甲醇-0.2% 冰乙酸水溶液为流动相，进行梯度洗脱，检测波长247nm，流速0.2mL/min，柱温35℃；以异荭草素为内参物，建立其与咖啡酸、对香豆酸、阿魏酸、芦丁、槲皮素的相对校正因子，采用一测多评法和外标法（ESM）同时计算各待测成分的含量，用 SPSS 软件对一测多评法和外标法所得含量进行分析。结果表明，5种藜麦品种中咖啡酸、对香豆酸、阿魏酸、异荭草素、芦丁、槲皮素的含量可用一测多评法进行测定，两种方法得到的含量值之间没有显著性差异（$P > 0.05$），其中，异荭草素、咖啡酸、对香豆酸、阿魏酸、芦丁、槲皮素在5种藜麦中的含量分别为210.34~370.61、3.77~8.04、168.86~300.21、10.98~17.15、31.13~42.75μg/g。建立的以异荭草素为内标的一测多评法操作简单，重复性好，可为藜麦的质量评价提供参考。

熊成文等（2018）建立了藜麦中槲皮素、山奈酚的高效液相色谱含量测定方法。藜麦样品用80%甲醇溶液超声波及回流提取后再加浓盐酸水解，采用高效液相色谱法测定水解液中槲皮素和山奈酚的含量（以十八烷基硅烷键合硅胶为填充剂，甲醇-0.4%磷酸溶液（55：45）为流动相，检测波长360nm，流速1mL/min，柱温30℃，进样量20μL），采用外标法进行面积定量。结果表明，槲皮素在0.02~0.4μg，山奈酚在0.01~0.2μg 范围内呈良好的线性关系（r=0.999）；平均加样回收率分别为91.0%，89.3%，相对标准偏差分别为0.7%，4.5%（n=9）。该方法具有操作简单、重现性好、结果可靠、专属性强等特点，可用于藜麦中槲皮素和山奈酚的含量测定。

任妍婧等（2019）介绍了藜麦活性成分的品种间差异。以不同藜麦品种的原粮粉与脱皮粉为实验材料，对其主要营养成分、总酚、总黄酮含量及抗氧化活性进行测定。结果表明，不同藜麦品种的营养成分存在一定差异。3种原粮粉的粗蛋白、总淀粉含量显著低于脱皮粉，灰分含量显著高于脱皮粉（$P < 0.05$）；原粮粉与脱皮粉的之间粗脂肪、粗纤维含量没有明显差异。原粮粉中总酚、总黄酮及皂苷含量均高于脱皮粉，格尔木原粮粉的总酚（1.70mg GRE/g）、总黄酮（2.08mgRE/g）及皂苷（10.38mg OAE/g）含量最高，海藜脱皮粉的总酚（1.13mg GRE/g）、总黄酮（0.76mgRE/g）及皂苷（6.55mg OAE/g）含量最低。不同品种间脱皮粉及原粮粉的抗氧化活性存在显著差异（$P < 0.05$），藜麦原粮粉

提取物的总抗氧化能力、DPPH·清除能力、ABTS⁺清除能力、铁离子还原力（FRAP）均显著高于脱皮粉（$P<0.05$）。

申瑞玲等（2016）介绍了藜麦中含有多种植物化学物质，如多酚、异黄酮、胆碱、植物甾醇、植酸和皂苷等。藜麦总多酚含量（以没食子酸 GAE 当量表示）明显高于小麦（56mg GAE/100g）、大麦（88mg GAE/100g）和小米（139mg GAE/100g）。据报道，藜麦至少含有 23 种酚类化合物，主要为酚酸，如，香草酸、阿魏酸及其衍生物；槲皮素和山奈酚是藜麦中主要的黄酮化合物，而常见谷物（小麦、大麦、燕麦、黑麦）不含有黄酮类化合物。藜麦中含有植物次级代谢产物甾醇/酮类蜕皮激素，日常膳食中，只有少数食物（如菠菜、藜属植物）含有，主要以 20-羟基蜕皮激素形式存在。藜麦皂苷主要为三萜烯皂苷，它也是许多中草药如人参、甘草和柴胡等的有效成分。根据皂苷含量可将藜麦分为甜藜麦（皂苷含量小于鲜重的 0.11%）和苦藜麦（皂苷含量大于鲜重的0.11%）2 种。

Tang 等（2015）对 3 种不同基因型的藜麦种子内酚类物质进行分离，共得到 23 种酚酸类物质，分别为 3,4-苯甲酸、对香豆酸苷、对羟基苯甲酸、香草酸-4-葡萄糖苷、2,5-苯甲酸、咖啡酸、香草酸、表没食子儿茶素、表儿茶酚、香草醛、刺槐素/大黄素/三羟黄酮-7-甲醚、对香豆酸、阿魏酸、4-阿魏酸苷、异阿魏酸、山奈苷、三叶豆酸、芦丁、山奈酚-3-葡萄糖苷、3-槲皮素苷、槲皮黄酮、山奈酚、鹰嘴豆素。

王启明等（2019）介绍，藜麦中酚类物质按分子质量的增加分为酚酸、黄酮、单宁，按照存在状态又分为自由酚、结合酚。藜麦中总酚含量为 1.23～3.24mg 没食子酸当量/g，黄酮含量为 0.47～2.55mg 槲皮素当量/g，其中，自由酚和结合酚分别为 274.6～380.3mg/100g、13.9～16.4mg/100g。含量最多的自由酚是阿魏酸-4-葡萄糖苷（13.2～16.1mg/100g），而结合酚主要是羟基肉桂酸、羟基苯甲酸、脱氢尿苷酸及其衍生物，其中，阿魏酸及其衍生物含量最丰富。多酚中黄酮醇糖苷类物质含量最高（83.9mg/100g），这类物质包括槲皮素、山奈酚及其衍生物等至少 12 种以上单体化合物。通过色谱分离及质谱技术分析，藜麦中至少有 26 种酚类化合物已被鉴定，含量较高的是香草酸、阿魏酸及其衍生物，以及黄酮类物质（槲皮素、山奈酚及其糖苷）。不同品种和环境的藜麦籽粒中酚类化合物的种类和含量也有很大差异，黑色藜麦中多酚种类和含量最高，红色次之，白色最低。日本的藜麦中槲皮素含量 150～220μmol/100g，约为其他品种的 3 倍。在农作物中，藜麦中的蜕皮素含量是最高的，为 138～570μg/g。这种物质由多种单体化合物构成，在藜麦中已经检测到至少含有 13 种不同的蜕皮素，其中，20-羟基蜕皮激素（20HE）含量最高，占总蜕皮素的 62%～90%，其余由

罗汉松甾酮和卡诺酮等构成。另外，藜麦种子中的甾醇类物质含量约为 118mg/
100g，其中主要是 β-谷甾醇（63.7mg/100g），油菜甾醇（15.6mg/100g）、豆甾
醇（3.2mg/100g），比传统谷物类（如大麦、小米、玉米）甾醇含量高。藜麦中
甜菜素主要是由甜菜苷和异甜菜苷构成，在 pH 值 3~7 相对稳定。这种物质具有
比多酚更强的抗氧化性，而且是天然的食物染料来源，不同颜色的藜麦是甜菜素
的很好来源。甜菜碱是 N-三甲基化氨基酸，在谷类作物中普遍含有，但是在藜
麦中含量更高（3 930~6 000μg/g）。甜菜碱对同行干胱氨酸的调节非常关键，对
肥胖、糖尿病和心血管疾病的预防和治疗有显著作用。

　　于跃等（2019）介绍了藜麦酚酸的含量为 31.4~59.7mg/100g，可溶性酚酸
的比例为 29%~61%，主要成分为香草酸、阿魏酸及其衍生物。藜麦黄酮类化合
物的含量为 36.2~72.6mg/100g，主要成分为槲皮素、山奈酚及其糖苷。使用
HPLC-DAD-MS 测得黑白红 3 种藜麦中游离多酚（FP）含量为 466.99~
682.05mg/kg，酸水解多酚（AHP）含量 663.79~685.17mg/kg，碱水解多酚
（BHP）含量 657.06~758.08mg/kg。并发现藜麦酚类提取物的总酚含量
（TPC）与抗氧化活性正相关，与铁离子还原抗氧化能力（FRAP）法和氧化自
由基吸收能力（ORAC）法测定结果的相关系数 R^2 分别可以达到 0.9865 和
0.9956，藜麦 AHP 在 FRAP 测定法中的抗氧化活性强于 FP 和 BHP，与常见的豆
类相当。

　　杨发荣等（2017）介绍，藜麦的叶片、花、果实、种子和种皮中均含有三
萜类皂苷，并且皂苷含量因藜麦品种和种植环境不同而存在差异，总体含量变化
范围为干物质的 0.01%~4.65%。从藜麦中分离出多种三萜类皂苷，其中，主要
的苷元有齐墩果酸的单糖链皂苷、双糖链皂苷、常青藤苷元、陆酸等。藜麦种皮
的皂苷具有抗真菌活性，50μg/mL 的藜麦皂苷粗提液即可抑制白念珠菌的生长。
通过碱溶液处理藜麦种皮，可提高其皂苷螺旋性，处理后的单糖链皂苷对福寿螺
的抑制活性高于双糖链皂苷。皂苷类物质不仅会影响藜麦的口感，而且是主要的
抗营养因子，因此在食用藜麦之前，需用水除去种子表层的皂苷成分，皂苷水溶
液可以用作洗发水。

　　王启明等（2019）介绍，藜麦皂苷是由三萜糖苷配基（齐墩果酸、常春藤
苷元、植物鞣酸、丝氨酸）在 C3 或 C28 位置连接一个或多个糖分子（阿拉伯
糖、半乳糖、葡萄糖、木糖、葡萄糖醛酸）而构成。这种皂苷在藜麦种子的表
皮中含量最高，为 0.66~3.09g/100g，其中，植物鞣酸、常春藤苷为含量最高的
皂苷，约占总皂苷的 70%，不同品种类型和生态环境的藜麦皂苷含量差异巨大。
在藜麦外种皮的粗提物中至少已鉴定出 20 种不同类型的皂苷化合物，这类皂苷
具有的共性是溶于水，具有很好的发泡能力和溶血活性，表面活性和乳化能力

较好。

赵亚东（2018）分析了青海 119 份藜麦资源的游离酚、游离黄酮平均含量高于结合酚、结合黄酮含量，结合酚类的 DPPH・、ABTS$^+$・清除能力高于相应的游离酚类，游离酚类的 FRAP 高于结合酚类。3 种颜色藜麦的功能成分含量与抗氧化活性存在显著差异（$P<0.05$）；白色藜麦的结合酚类平均含量最高，皂苷、游离酚类平均含量最低；红色藜麦的皂苷、游离酚类平均含量最高，结合酚类平均含量最低；黄色藜麦的皂苷、游离酚类、结合酚类的平均含量均为中等水平。DPPH・清除能力方面，红色藜麦皂苷活性最强，黄色藜麦酚类物质活性最强；FRAP 方面，红色藜麦的皂苷、酚类物质的活性最强；ABTS$^+$・清除能力方面，红色藜麦的皂苷、游离酚活性最强，白色藜麦结合酚的活性最强。

党斌（2019）采用化学法分析了 90 份青海藜麦资源中游离酚类、结合酚类含量，通过 DPPH・、ABTS$^+$・清除力及 FRAP 铁还原力指标评价各组分的体外抗氧化活性。结果表明，不同藜麦酚类物质含量均存在较大差异，且结合酚类物质含量差异较大，游离酚类物质含量相对较小，游离酚类和结合酚类物质在清除 DPPH・、ABTS$^+$・、FRAP 方面存在明显差异，其中，结合酚类具有较强的清除 DPPH・、ABTS$^+$・能力，分别达 4 732.56、3 371.97μmol/100g；游离酚类的 FRAP 还原能力相对较强，达 1 408.64μmol/100g。白色、黄色藜麦的结合酚类物质清除 DPPH・、ABTS$^+$・能力显著高于红色藜麦，分别达 4 657.41、5 065.66μmol/100g，3 532.37、3 350.72μmol/100g；红色藜麦的酚类物质 FRAP 铁还原力最强（3 264.42μmol/100g）。聚类分析表明，参试的大部分青海藜麦资源结合酚类物质含量较低，DPPH・、ABTS$^+$・清除力较弱，但 FRAP 铁还原力较强，其中，有 6 个藜麦资源的结合酚类物质含量最高，5 个藜麦资源的抗氧化活性最强。此结果为功能性藜麦新品种的选育提供了优质资源和指导意义。

王静等（2021）以藜麦为研究对象，研究体外模拟消化对藜麦总酚和总黄酮含量、抗氧化活性以及对 α-葡萄糖苷酶和 α-淀粉酶抑制作用的影响。结果表明，模拟消化后，总酚和总黄酮含量分别提高了 278%~370% 和 320%~455%，生物利用度分别提高到 17.5%~20.19% 和 32%~32.14%，而用 1,1-二苯基-2-三硝基苯肼（DPPH）自由基清除能力、2,2-联氮-二（3-乙基-苯并噻唑-6-磺酸）二铵盐（ABTS）自由基清除能力和铁离子还原力（FRAP）3 种方法测得的抗氧化活性分别提高了 185.2%~224.3%、137.4%~186.4% 和 154%~171.2%。

（五）其他成分

如维生素、矿物质、膳食纤维等。

刘永江等（2020）介绍，藜麦中富含胡萝卜素、叶黄素和玉米素、维生素

B_1、维生素 B_2、维生素 B_3、维生素 B_5、维生素 B_6、维生素 B_9、维生素 C 类，藜麦的矿物质含量也明显高于其他谷物。

魏爱春等（2015）报道了不同研究者测定的藜麦籽粒中矿物质含量存在一定差异，如 Ca 的含量从 20mg/100g 变化至 390mg/100g，K 的含量从 500mg/100g 变化至 1 980mg/100g，这可能与品种、土壤类型、光照强度和成熟度等有关。梅丽等（2020）发现藜麦籽粒较藜麦叶片矿物质含量高，而且藜麦蔬菜的膳食纤维、钾、镁含量均高于菠菜、油菜、芹菜、大白菜；藜麦蔬菜较其他蔬菜低钠（13mg/100g），同时，藜麦蔬菜中含有维生素 B_2、维生素 C、胡萝卜素。

王启明等（2019）介绍，藜麦中膳食纤维含量约为7%，与水果、蔬菜和豆类中的膳食纤维相似。膳食纤维中大多为不溶性纤维，可溶性纤维只占25%。藜麦富含人体所需的各种维生素，含量是小麦或玉米等谷物的多倍以上。其中，维生素 E 的含量为 5.37mg/100g，维生素 B_2 为 0.39mg/100g，叶酸为 78.1mg/100g，类胡萝卜素为 1.1~1.8mg/100g，维生素 C 为 5~16.5mg/100g，维生素 B_6 为 0.2mg/100g。这些维生素对人体的很多生理机能和代谢起着至关重要的作用。藜麦中总灰分含量约为 4.3%，高于小麦（1.13%）和稻米（0.19%），这些灰分的主要成分是 Mn、Fe、Mg、Ca、K、Se、Cu、P、Zn 等矿物质。其中，P 含量为 140~530mg/100g，Ca 为 27.5~148.7mg/100g，Mg 为 26~502mg/100g，K 为 7.5~1 200mg/100g，Fe 为 1.4~16.8mg/100g，Zn 为 2.8~4.8mg/100g。藜麦中 Ca、K、P 和 Mg 含量均高于其他禾谷类作物，婴儿每天食用 100g 藜麦足以满足对生长发育所需 Fe、Zn、Mg、Cu、Mn 等矿质元素。

洪佳敏等（2019）研究表明，4 种藜麦（白藜麦、红藜麦、黑藜和黄藜麦）的粗纤维含量丰富，且远高于苦荞、白青稞的粗纤维含量，其中，黑藜麦的粗纤维含量高达 6.64%，符合《预包装食品营养标签通则》（GB 28050—2011）中规定膳食纤维含量大于6g/100g，即为高或富含膳食纤维或良好来源。

高睿等（2019）研究证明藜麦的粗纤维（5%）和膳食纤维（8.9%）含量介于小麦和玉米之间，能够促进肠胃消化，促进营养物质的吸收。此外，藜麦籽实中矿质元素（Ca、Mg、Fe、Zn）与维生素含量均高于三大作物的籽实，Ca 含量为 533.6mg/kg、Mg 2 083.9mg/kg、Fe 54.3mg/kg、Zn 33.5mg/kg，附加更高的维生素 B_2（0.37mg/100g）、维生素 E（4.7mg/100g）和叶酸(0.5mg/100g)等。

刘月瑶等（2020）介绍了藜麦中的膳食纤维由木聚糖和果胶多糖组成，是具有较多亲水基团的生物大分子，吸水性能好。

陈光等（2018）证实藜麦含有由富含阿拉伯糖的果胶多糖和木聚糖组成的膳食纤维，其中，不可溶膳食纤维占78%，可溶性膳食纤维占22%。膳食纤维在消化系统中能改善肠道菌群，为益生菌的增殖提供能量和营养，且膳食纤维能够吸附肠道中的有害物质并加速其排出。另外，藜麦中含有丰富的矿物质元素，且比例适中，易被吸收，其钙、镁、铁、锌的含量均高于禾谷类作物。100g 藜麦可以满足人体每天对矿质元素铁、镁和锌的需求。此外，藜麦中钙含量高于小麦 2 倍以上，高于稻米和玉米 5 倍以上，因此长期食用藜麦不仅可以维护骨骼和组织健康，并且能够起到预防骨质疏松的作用。藜麦是良好的维生素来源，其中，维生素 B、维生素 E 和叶酸的含量均高于绝大多数谷物，所含叶酸是小麦和稻米的 3 倍，是玉米的 7 倍以上，长期食用可有效预防婴儿神经管畸形。藜麦中维生素 E 具有很强的抗氧化性，因此具有抗衰老的作用。

于跃等（2019）介绍了藜麦的 Ca（275～1 487 mg/kg）、Mg（260～5 020mg/kg）、Fe（14～168mg/kg）、Zn（28～48mg/kg）、Mu（1.9～33mg/kg）、Cu（2～51mg/kg）、P（1 400～5 300mg/kg）、K（70～12 000mg/kg）的含量均高于玉米和小麦，可以满足均衡膳食的需求。藜麦的植酸含量（1.18g/100g）比较低，可溶性铁的含量几乎达到常见谷物的 2 倍，是良好的矿物质来源。藜麦中维生素 B_6 和 B_9 含量很高，100g 的含量可以满足儿童和成人的每日需求；维生素 B_2 含量分别可以满足儿童和成人每日需求的 80% 和 40%。藜麦中的维生素 B_2、维生素 B_3、维生素 B_6、维生素 B_9 的含量高于小麦、燕麦、大麦。

陈志婧等（2020）对 7 个藜麦品种营养成分分析，发现藜麦 K、Ca、Cu、Mg、Fe 含量都高于小麦、水稻和小米，尤其是铁的含量。

第二节　藜麦利用与加工

一、利用

藜麦是全谷全营养完全蛋白碱性粮食资源，其胚乳占种子的 68%，且具有营养活性，蛋白质含量高且品质与奶粉、肉类相当，富含多种氨基酸，其中，有人体必需的氨基酸，比例适当且易于吸收，尤其富含植物中缺乏的赖氨酸；同时，钙、镁、磷、钾、铁、锌、硒、锰、铜等矿物质营养含量高，富含不饱和脂肪酸、类黄酮、B 族维生素和维生素 E、胆碱、甜菜碱、叶酸、α-亚麻酸、β-葡聚糖等多种有益化合物；膳食纤维素含量高，不含胆固醇，不含麸质，低脂、低热量、低糖，因此，藜麦有"营养黄金"的美誉，在食品加工、保健药品研制、化妆品开发、饲料利用等方面具有重要的应用价值。

（一）食用

藜麦开发的食品有：藜麦面条、藜麦面包、藜麦饼干、藜麦即食麦片、藜麦果酒、藜麦白酒、藜麦奶茶、藜麦蛋白饮料（王启明等，2019）、藜麦糕、藜麦牛奶粥、藜麦红枣南瓜粥等。

1. 直接食用

藜麦是易熟易消化食品，有淡淡的坚果清香或人参香，口感独特，可以和多种食材搭配，是印加土著居民的主要传统食物。

传统上藜麦多用于制作沙拉、汤、粥、特色菜、藜麦饭等，还可搭配其他谷物等一起食用，如藜麦小米粥、藜麦大米粥、藜麦大米焖饭、白面藜麦饼等。

（1）沙拉类　藜麦蔬菜沙拉、藜麦水果沙拉、藜麦苗沙拉等。

（2）特色菜　藜麦可以与海鲜类食材搭配制作美味佳肴，如藜麦浇海参、藜麦扒鲍鱼、藜麦鳕鱼等。

（3）汤类　藜麦有清香味道很适宜与其他材料做汤类，如藜麦鲍鱼汤、藜麦菠菜番茄汤、藜麦草菇汤、藜麦鸡丝汤、藜麦番茄牛尾汤等（肖正春等，2014）。

有研究表明，常压蒸煮藜麦可保留较多的维生素 B_1、维生素 B_2，有较低的淀粉水解指数，可产生更多的风味物质，高温蒸煮有利于酚类物质的保留，因此，常压蒸煮可能是一种较适于藜麦的烹调方式（延莎等，2018）。

2. 藜麦面食

藜麦籽粒可以磨成面粉，用于制作面包、面条（挂面、意大利面等）、饼干、薯片、薄煎饼等其他加工食品。在面条、面包或饼干制作时，添加一定量的藜麦粉替换其他谷物粉，不但不会影响口感、柔韧度、质构和可接受性，而且提高了营养和功能组分的含量。现已有藜麦挂面、红薯藜麦饼干、红曲藜麦高蛋白饼干、无麸质藜麦饼干、藜麦曲奇饼干、玉米藜麦饼干、藜麦杂粮面包等藜麦产品。

3. 藜麦麦片

目前，已公开的、有保健用的藜麦即溶麦片有多个种类，具有不同的功效，分别是适于糖尿病人食用的、养颜美容的、宁心安神的、清热利湿的、滋补润肺的、清热解暑的、滋补养生的等；也适用于孕妇食用的藜麦麦片及多口味复合藜麦麦片，例如百香果口味、巧克力风味、藜麦黑豆复合风味等多种藜麦麦片。

4. 发酵制品

通过发酵工艺，藜麦可以制成酸奶、味噌、藜麦酱、藜麦啤酒、藜麦黄酒、藜麦白酒和藜麦醋等不同产品。研究表明，以荞麦和藜麦为原料发酵制成的无麸质啤酒样饮料具有很好的化学和感官特性。用双歧杆菌等益生菌对藜麦进行固态发酵后，藜麦的抗氧化活性、降血糖活性等健康功效得到进一步增加（Matjaž et al.，2014）。

5. 饮料

国内外研发出的产品有藜麦苹果汁、藜麦红豆复合软饮料、小米藜麦复配谷物饮品、藜麦红枣复合饮料、藜麦金针菇蛋白饮料、儿童高蛋白饮料等。市场上另有藜麦籽粒制成的藜麦籽粒茶、藜麦绿茶、藜麦红茶等。

家庭中，也可将藜麦或者藜麦芽打米糊（浆）后，与各类水果混合成的藜麦果汁饮品，也可磨制藜麦豆浆（汁）等。

另外，藜麦蛋白的体积保持能力可以改变面团或烘焙产品的质地，同时具有高发泡能力和稳定性，作为食品添加剂也有很大的开发潜力（于跃等，2019），还可开发应用于食品中作抗氧化剂、发泡剂、甜味剂及保护剂等（胡一晨等，2018）。

藜麦优质的氨基酸构成和高蛋白含量，使其蛋白质粉的纯化加工已被很多奶粉企业关注并作为热门的开发领域，如以雀巢为代表的食品企业已开始生产婴幼儿藜麦粉来替代奶粉。

（二）饲用

近年来，随着人民生活水平的不断提高，人们对牛羊肉、奶制品等畜产品的需求不断增加，极大地促进了中国畜牧业的发展。饲草是中国畜牧业发展的基础和保障，目前中国饲草料供应不足，特别是优质饲草料缺乏成为制约草食畜牧业发展的主要瓶颈。藜麦具有耐盐碱、耐瘠薄、抗寒、抗旱等优良特性，适宜生长在高海拔冷凉地区，藜麦高海拔生长区域多与中国的农牧交错区相重叠，有望成为一种新的粮饲兼用型作物。而早在史前时期，在藜麦的原产地——南美洲安第斯山脉地区，就已经开始用藜麦的籽实、收获加工后的副产品——麸皮、秸秆等饲喂家畜，可谓藜麦饲用历史已久。在中国，多认为人们研究和利用藜麦的重点仍然在籽实及其作为人类食物的潜力上，将藜麦作为一种饲料（成分）用于饲喂家畜的研究与实践报道很少。但是，藜麦的生物量积累和品质表现均表明，它是一种很有潜力的牧草，在适当时期可取其地上部分直接饲用（刘敏国等，2017）。

通常，采用饲料的总可消化养分（TDN）、干物质采食量（DMI）、可消化干物质（DDM）和相对饲喂价值（RFV）来评价粗饲料的价值。TDN 反映粗饲料的消化率和动物的消化能力，通常纤维含量低且蛋白含量高的干草有较高的 TDN。RFV 反映酸性洗涤纤维（ADF）和中性洗涤纤维（NDF）对饲草品质的影响，ADF 和 NDF 含量越高，RFV 越低。DMI 是影响肉牛生产水平和饲料效率的重要因素，在同等情况下，粗饲料的 DMI 越高，饲料的品质越好，但在相同 DMI 时应考虑粗饲料的消化吸收。粗饲料的消化率受组成成分、成分结构、收割时期等因素的影响，且中性洗涤纤维中的难消化部分是限制纤维碳水化合物利用的主要因素，利用藜麦作为饲料必须考虑中性洗涤纤维、酸性洗涤纤维和木质素含量及消化率等因素，以便评估饲草营养质量。有研究表明，藜麦植株（成熟期）、秸秆都具有很高的饲用价值，特别是成熟期藜麦植株，其相对饲用价值达 239.04（表 5-1）。

表 5-1　藜麦与苜蓿、玉米青贮饲用营养价值比较（刘敏国等，2017）

指标	干物质(%)	粗蛋白(%)	中性洗涤纤维(%)	酸性洗涤纤维(%)	总可消化养分(%DM)	干物质采食量(%)	可消化干物质(%)	相对饲喂价值
藜麦籽粒	75.34	18.3	8.19	2.52	—	—	—	—
藜麦植株（成熟期）	61.27	16	30.2	14.5	71.48	3.97	77.60	239.04
藜麦秸秆（收获籽粒后）	64.8	7.2	54.87	24.48	63.98	2.19	69.83	118.39
苜蓿干草	93	13.45	45.45	31.88	58.42	2.64	64.07	131.12
玉米青贮	89.58	8.68	57.84	33.94	56.87	2.07	62.46	100.45

1. 藜麦的饲用研究

（1）藜麦籽粒　藜麦籽粒中含有丰富的蛋白质、矿物质、类胡萝卜素和维生素，氨基酸组成均衡，尤其是它含有一般谷物缺少的赖氨酸、组氨酸和蛋氨酸，在饲料中添加藜麦籽粒可以改善动物饲料中氨基酸的平衡，但藜麦的籽粒作为人类食物有很大的经济价值，若考虑其作为饲料饲喂家畜，可能在经济产出上并无优势，因此，以藜麦籽粒做饲料添加的研究相对较少。

通过在鸡的日粮中分别加入 100g/kg、200g/kg、400g/kg 的未去皂苷藜麦，研究发现，随着日粮中藜麦含量的增加，鸡的增重速率减少，说明过量添加未去皂苷的藜麦籽粒对鸡的增重具有一定的抑制作用。但是，通过水洗或碾磨去除藜麦籽粒的皂苷、提高日粮中蛋白的含量或降低日粮中含皂苷藜麦的比例均可以提高鸡的生长速率和存活率（Jacobsen，2003）。

为了验证甜藜麦品种和苦藜麦品种（含皂苷、洗净、无皂苷）的食味性，以改良的安第斯豚鼠为动物模型进行试验，结果表明，从苦藜麦中去除皂苷（清洗），无论是甜藜麦还是清洗的苦藜麦，都能显著提高其口感，然而，当同时提供燕麦、玉米、大麦时，燕麦和玉米都比藜麦（甜的或苦的）更受欢迎（Pate et al.，2006）。

（2）藜麦麸皮、秸秆和干叶　藜麦籽粒生产加工过程中产生的麸皮、秸秆等副产物因其所含有的蛋白质、纤维素等也使其具备很高的动物饲料价值。藜麦麸皮蛋白含量在11.14%~14.94%，含有较高的蛋白；藜麦成熟秸秆因具有较高的纤维素含量，与籽粒和成株期茎叶相比，并不具有饲用优势，但与常规的玉米秸秆相比，藜麦秸秆的木质素含量较低，适口性较好，生物降解和动物消化吸收率高，可以取代玉米秸秆改善反刍动物的日粮组成。

采用添加不同比例的藜麦茎秆替代部分全株玉米青贮时，西杂肉牛育肥后期饲粮中利用藜麦茎秆替代干物质中20.00%的全株青贮玉米时，对肉牛健康无不良影响，可提高其干物质消化率，增加养殖效益（郝怀志等，2017）。在日粮中添加藜麦茎秆对肉牛生长性能和营养物质消化率的影响的研究，结果表明，添加15%藜麦茎秆对肉牛的干物质采食量和平均日增重无显著影响，而添加30%藜麦茎秆会显著降低肉牛干物质采食量和平均日增重（姜庆国等，2019）。因此，利用藜麦收获、加工后的副产品（如麸皮、秸秆）很有发展前景，但在加工环节和投入、供求上则体现劣势，尚需因时制宜。

（3）藜麦青绿饲料和青贮饲料　青绿饲料和青贮饲料的营养特性高、富含多种维生素，且适口性好、消化性强，在一定程度上也避免了秸秆焚烧所造成的环境污染。

藜麦全株在开花期的生物产量能达11.4t/hm²，蛋白质含量超过17%，此时藜麦枝叶繁茂，茎叶柔嫩多汁，适口性好，可取其地上部分作为青绿饲料直接饲用（刘敏国等，2017）。

藜麦可溶性碳水化合物含量表现为直接青贮显著高于添加剂青贮，青贮后藜麦的粗蛋白、可溶性碳水化合物较原料相比均有所降低（王艺璇等，2019）。

在全株生育期内，单株干物质的积累随着生长时间的延长而增加，在营养生长阶段叶片和茎秆的干物质积累增加迅速，在生殖生长阶段果穗和籽粒的干物质积累达到最高；不同生育期藜麦全株饲用营养价值不同，苗期由于蛋白含量较高，纤维与皂苷含量较低，其相对饲喂价值最高，为207.86%，但此时植株矮小生物产量低；灌浆期相对饲喂价值次之，为122.41%（魏玉明等，2018）。

藜麦品种Sajama和Chucara在土壤水分不足的3种处理下，藜麦皂苷含量在分枝期最低，开花期最高，且水分缺失越多皂苷含量越低；开花期蛋白质含量超过15%，但低于现蕾期，且水分缺失越多蛋白质含量越高；虽然高水分缺失导致生物产量减少，但开花期收割产量仍能达到5.94t/hm²和6.54t/hm²，这2个品种可作为高海拔干旱地区的饲草来源。在考虑到生物产量、皂苷含量、相对饲喂价值等因素，藜麦全株在灌浆期收获适口性好，较适宜作为青绿饲料（Cantú et al.，2002）。

2. 藜麦饲用开发前景

中国主要从美国、加拿大、澳大利亚以及西班牙等国进口饲草产品，进口对于中国畜牧业的发展和安全十分不利，而藜麦具有的高营养价值、高生物产量以及广泛的生物适应性等显著特点，则说明藜麦是良好的饲料替代品，尤其是在高海拔、干燥、寒冷等贫瘠地区，藜麦的副产品及其全株青贮可以成为当地畜牧业生产的重要补充以及牧草来源，对改善生态环境和农民增收等方面有重要意义。

目前，国内外对于藜麦饲用方面的研究相对较少。藜麦全株在开花期时藜麦枝叶繁茂，茎叶柔嫩多汁，适口性好，可取其地上部分作为青绿饲料直接饲用。用青藜麦草替代苜蓿用于饲喂家兔的育肥效果，发现 6 周后各处理之间体重相差不明显，青藜麦草可以作为一种良好的饲草（刘敏国等，2017）。但对于藜麦青贮饲料、副产物的开发利用以及在动物日粮中的添加比例等方面有待更深入的研究。

藜麦饲草开发和应用的主要限制因素是藜麦皂苷含量和纤维含量。藜麦皂苷产生的苦味会影响哺乳动物的摄食行为，对饲料的采食量、消化率以及动物生产性能产生负面影响，但皂苷也具有较多有益的生理功能，使其更适用于作为动物绿色饲料的来源；藜麦秸秆的纤维素、蛋白质及脂肪含量接近玉米秸秆的相应含量，值得一提的是，藜麦秸秆的木质素含量明显低于玉米秸秆，这大大降低了秸秆作为动物饲料时木质素对胃蛋白酶及胰蛋白酶的酶解抗性作用，使藜麦秸秆呈现出更加柔软蓬松的性质，适口性更好，有利于动物主动采食，更有利于生物降解和动物消化吸收，使其较其他秸秆更加适用于饲料生产。

（三）保健

随着全球气候变化环境改变、人口老龄化增加、代谢性疾病增多等因素，人类健康和粮食安全变得越来越重要。而食物作为一种通过负担得起的综合策略来对抗代谢疾病和年龄相关疾病的策略，在疾病治疗和预防中发挥着强大的作用，"功能食品"即具有特定健康功效的食品已在世界各地出现，可从改善整体健康水平到降低疾病发生的风险等方面发挥作用。功能食品包括具有特定健康益处的传统食品，也包括通过自然富集、强化或加工而含有特定功能营养素水平增强的食品。

藜麦因其营养价值而被称为"超级食品"，加之藜麦富含的维生素、多酚、类黄酮类、皂苷和植物甾醇类等活性物质，使藜麦还具有抗氧化、抗癌、降糖、降脂等多种健康促进作用和药用价值，藜麦全植株都具有开发和利用价值，是开发功能性食品的重要资源。

1. 防治乳糜泻

乳糜泻患者常因需无麸质饮食的限制，不能摄入足够的的蛋白质、膳食纤维、维生素和矿物质，导致营养缺乏，引起临床并发症，如骨质疏松症、贫血或恶性肿瘤等。现代研究证明，藜麦蛋白质无肝肾毒性，且无麸质，特别适用于乳糜泻患者，可增强机体免疫力，提高胃肠消化能力。

在一项针对乳糜泻患者的人体临床试验中，研究人员对使用藜麦籽粒作为一种安全、无麸质的谷物替代品进行了评估。19名乳糜泻患者连续6周每天摄入50g藜麦。干预前后评估胃肠道多项参数，包括绒毛高度：隐窝深度、表面肠细胞高度、每100个肠细胞上皮内淋巴细胞数量和血清脂质水平。研究发现，食用藜麦后，胃肠道参数改善，血脂水平保持在正常范围内，总胆固醇、低密度脂蛋白、高密度脂蛋白和甘油三酯均有轻微下降。藜麦中的醇溶谷蛋白不仅避免了麸质导致的胃肠道过敏，还可以激活肠道疾病患者的免疫反应。因此，藜麦可成为乳糜泻患者的优质营养来源，近年来藜麦无麸质食品的研发也备受关注。

2. 抗癌、抗氧化

现代医学研究表明，癌症、衰老或其他疾病大都与过量自由基的产生有关联。

研究分析饮食中添加藜麦种子对血浆和氧化应激的影响，发现藜麦可以通过降低血浆中丙二醛和提高抗氧化酶的活性，提高抗氧化能力，因此，藜麦可作为天然抗氧化剂的一个重要来源。

藜麦中的总多酚含量与其DPPH自由基清除能力呈显著正相关，揭示其具有抗氧化功能。FRAP自由基试验的研究也证实了藜麦强抗氧化活性的作用。除此之外，藜麦叶乙醇提取物含的没食子酸、山奈酚和芦丁等物质能够抑制脂质过氧化，抑制前列腺癌细胞增殖和交叉感受态细胞的运动性，具有抗癌活性。

3. 抗炎、抗菌和增强免疫应答

藜麦的抗炎、抗菌和增强免疫应答作用源于藜麦皂苷和类黄酮物质。

大量研究证实皂苷具有抗菌、抗病毒和抗炎的作用。通过动物模型试验发现，藜麦皂苷与霍乱毒素或卵清蛋白共同灌胃或鼻内给药，可增强血清、肠道和肺部分泌物中抗原的特异性IgG和IgA抗体反应（Estrada et al. , 1998）。通过评价藜麦皂苷对RAW264.7细胞一氧化氮（NO）、肿瘤坏死因子-α（TNF-α）和细胞白介素-6（IL-6）表达的影响，结果表明，藜麦皂苷能抑制炎症介质的释放，达到较好的抗炎作用（Yao et al. , 2014）。通过对6种藜麦皂苷提取物（即未纯化的藜麦提取物、纯化的藜麦提取物、碱处理且未纯化的藜麦提取物、碱处理且纯化的藜麦提取物、非热处理而碱处理且未纯化的藜麦提取物及非热处理而碱处理且纯化的藜麦提取物）的抗灰霉病菌特性，以及这种活性是否会因碱解而增强的评价，结果表明，未经处理的藜麦提取物对灰霉病菌菌丝生长的抑制活性最低，而皂素提取物经碱处理后，其菌丝生长和孢子萌发均受到显著抑制。因此，藜麦皂苷经碱液处理后能有效抑制菌丝生长和孢子萌发，并且能够破坏真菌细胞膜，这可能与皂苷甾体成分与细胞膜更紧密的连接有关（Stuardo et al.，2008）。此外，藜麦中赖氨酸可协助产生抗体，提高免疫力，参与脂肪酸代谢并促进钙的吸收；精氨酸具有扩张血管、增加血流量以促进机体组织氧气和养分输送的功效；阿拉伯聚糖、果胶多糖具有保护胃黏膜，抗溃疡活性，可见，补充藜麦蛋白，不仅可以满足孕妇和婴幼儿优质蛋白源的需求，还可改善人体免疫力，促进人体营养均衡。

4. 防治高血压、高血脂

随着生活水平的提高，高血压、高血脂症的发病率呈现上升的趋势。研究显示，藜麦蛋白质氨基酸比例均衡，可调节机体的脂肪代谢，进而起到降低血脂的作用。藜麦的多种不饱和脂肪酸具有降低低密度脂蛋白胆固醇，升高高密度脂蛋白胆固醇的作用，能够有效预防血管动脉粥样硬化。如藜麦中富含 $\omega-3$ 脂肪酸，具降低血脂、舒张血管的特性；藜麦富含钾、镁等矿物质，能改善膳食结构，有效降低血压；藜麦植物甾醇可控制血清胆固醇水平，具有降低心血管疾病发病风险。临床试验证明每日食用25g藜麦粉，连续四周，血清中甘油三酯和总胆固醇含量明显下降，谷胱甘肽含量则显著提高，因此，藜麦适合于三高患者食用。另外，藜麦芦丁可降低糖尿病鼠血管平滑肌细胞的的通透性及脆性、防止血细胞的凝集、扩张冠状动脉和增强冠状动脉血流量等多重生理功效，防治心血管疾病（申瑞玲等，2016）。

5. 防治糖尿病、助减肥

藜麦是一种低脂、低升糖、低淀粉的食物。研究发现，藜麦血糖指数（Glycemic Index，GI）为53±5，远低于水稻（69±7）和小麦（70±5），可以延缓血糖升高，达到降血糖的目的。体外酶抑制实验发现藜麦中的酚类和黄酮类物质能够抑制消化系统中的 $\alpha-$ 葡萄糖苷酶和胰脂肪酶，因此，该类化合物具有潜在降低血糖和控制体重的作用，尤其适用于Ⅱ型糖尿病患者，藜麦将有潜力发展成为糖尿病、肥胖人群的主食。虽然藜麦的抗糖尿病的影响还没有在人体被研究过，但是在动物试验中食用藜麦种子能显著降低小鼠血浆葡萄糖水平。

谷物是膳食纤维的主要来源之一，其中，藜麦是摄入膳食纤维的良好食材。研究中发现，藜麦总膳食纤维含量为13.4%，其中11%为非可溶性纤维，2.4%为可溶性纤维。这两种纤维素对调节血糖水平、降低胆固醇含量和保护心脏都有非常重要的作用。且煮熟的藜麦籽粒体积增大 3~4 倍，而且藜麦富含的膳食纤维吸水能力强，摄食后具有饱腹感，可以减少进食量，有助于减肥。

（四）其他用途

藜麦也可用于化妆品行业、化工行业和生态旅游观光。通过分析藜麦成分与人体皮肤的密切关系，发现藜麦应用于化妆品中的优势有：藜麦蛋白为天然的皮肤营养剂，天然的头发调理剂；藜麦皂甙为天然温和的植物表面活性剂；藜麦籽油是可食用性的油脂，并且与医学美容关系密切；藜麦丰富的矿物质是皮肤的营养调味剂（何海芬等，2018）。

另外，研究发现一种由藜麦淀粉制成的金纳米粒子组成的新型抗菌生物膜有望应用到食品包装当中，以阻隔金黄色葡萄球菌和大肠杆菌等食源性微生物。脱除皂苷的藜麦乙醇提取物能够提高油脂氧化稳定性，延缓酸败期，为潜在食品添加剂提供来源。

同时，藜麦茎秆和穗的颜色鲜艳，可用于开发生态旅游观光。

二、提取与制备

（一）提取

1. 提取蛋白质

藜麦蛋白作为一种优质蛋白，平均含量可达到 12%～23%，与谷物和豆类蛋白相比，其氨基酸含量丰富且均衡，必需氨基酸含量更高。因此，在食品工业中，藜麦在作为优质蛋白质提取原料的应用中具有巨大的潜能。

与谷物蛋白质相似，藜麦蛋白也是由清蛋白、球蛋白、醇溶蛋白和谷蛋白组成的，但醇溶蛋白和谷蛋白含量较低。藜麦蛋白的主要成分是清蛋白和球蛋白，二硫键的作用使得它们的分子结构更加稳定。不同的提取方法和提取条件会影响提取物的得率、结构和组成成分，从而影响藜麦蛋白的功能性质。

目前，主要采用碱溶酸沉法提取藜麦蛋白，另外还有酶解分离法和碱提-膜法用于提取藜麦蛋白。

以脱皮藜麦为原料，通过碱溶酸沉法提取藜麦蛋白，利用单因素试验比较不同提取 pH 值、温度、料水比和时间对藜麦蛋白提取率的影响，并对藜麦蛋白的亚基分布、氨基酸组成及功能性质进行研究。结果表明，不同提取条件对藜麦蛋白提取率的影响顺序为 pH>料液比>温度>提取时间。在 pH 值 11、料水比 1：12、温度 45℃、提取时间 3h 条件下，藜麦蛋白的提取率达 67.13%，纯度为 78.30%（王棐等，2018）。

藜麦蛋白的主要亚基包括 50ku、（30～35）ku、20ku，并含有许多分子量小于 15ku 的亚基。藜麦蛋白的氨基酸组成平衡，富含各种必需氨基酸，能满足 FAO/WHO 推荐的 10～12 岁儿童的需要。蛋白提取过程对除含硫氨基酸外的其他氨基酸组成影响不大。尽管藜麦蛋白的凝胶性较差，最小凝胶浓度为180mg/mL，但其溶解度在 pH 值为 8 时达到 63.68%，在 pH 值为 6 时高于豌豆蛋白和大豆蛋白的溶解度，且具有良好的乳化性和乳化稳定性。

杨严俊等公开了一种碱提—膜法提取藜麦多肽的方法，包括①淀粉酶酶解：将藜麦清洗除杂、湿法磨浆过筛制备藜麦浆液，使用 α-淀粉酶酶解藜麦浆液；②碱提：采用碱提法提取出藜麦蛋白，提取的藜麦蛋白碱提液进行陶瓷膜澄清；③第一次超滤：将步骤②所得陶瓷膜澄清液体通过超滤膜；④蛋白酶酶解：将步骤③所得超滤膜截留液调节 pH 添加蛋白酶进行酶解；⑤第二次超滤：将步骤④所得蛋白水解液再次通过超滤膜；⑥脱盐、脱色、干燥：将步骤⑤所得蛋白水解透过膜液脱盐，脱色，干燥，即可制得藜麦多肽（杨严俊等，2019）。

田格以脱皮藜麦为原料，通过复合酶协同超声提取藜麦蛋白。以蛋白质的提取率为考察指标，在单因素试验的基础上，固定酶配比，采用响应面试验优化，得到最佳提取条件为：加酶量配比（纤维素酶：糖化酶）为 4：6，酶解时间为71min，酶解温度为 50℃，pH 值为 5，总加酶量为 427U/g，进行验证实验得到的蛋白质提取率为 76.82%。凝胶电泳分析表明，藜麦蛋白的主要亚基分子量分别为 50、32~39、22~23 和 8~9kDa（田格，2020）。

除此之外，藜麦麸皮也可以提取蛋白质。薛鹏等公开了藜麦麸皮蛋白质的提取方法，采用微生物发酵法，主要步骤为①原料处理：将干燥的藜麦麸皮置于粉碎机中磨粉，过 40 目筛，烘干，4℃储存；②脱脂：称取一定量的干燥藜麦麸皮粉，加入脱脂剂，回流提取得到藜麦麸皮油后将藜麦麸皮粉风干；③提取：脱脂后的藜麦麸皮粉按质量比 1：（13~17）加入 75%乙醇，置于超声机中超声 40~90min，抽滤取滤液，将滤液浓缩得浓缩液，并将滤渣烘干；④大孔吸附树脂纯化：将上述浓缩液过大孔吸附树脂柱，经水冲洗，收集洗脱液，待洗脱液无色后，用双缩脲试剂检测，不变色时停止冲洗；⑤发酵：向上述步骤③的滤渣中加入葡萄糖、水、尿素以及发酵菌株，边加边搅拌，发酵结束后，加入 NaOH 溶液（1N），搅拌均匀，离心取上清液；⑥沉淀：将上述步骤④中的洗脱液与步骤⑤中的上清液混合，用 HCl（1N）调节 pH 值为 2.5~4.5，离心，得到粗蛋白质；⑦灭菌：将粗蛋白质置于高温灭菌锅内，103Kpa、121.3℃、15min；⑧冷冻干燥：将灭菌后的粗蛋白质用水冲洗至中性，然后置于冷冻干燥器中冷冻干燥成粉，4℃条件下储存备用。不仅可得到藜麦麸皮蛋白质，而且可得到藜麦麸皮皂苷和藜麦麸皮油，实现了藜麦麸皮蛋白质的进一步深化应用，使得藜麦麸皮得到充分的利用，提高其实用价值和经济效益（薛鹏等，2019）。

目前，藜麦蛋白的研究以及开发利用还处于初级阶段，对藜麦蛋白结构性质及提取的研究还不够深入，关于简单高效地分离纯化藜麦蛋白的方法也较少，还

需进一步研究。

2. 提取活性物质

藜麦作为一种营养价值突出的功能性健康食品，富含多酚、黄酮、皂苷、多糖、多肽、蜕皮激素等活性成分，具有均衡补充营养、增强机体功能、抗氧化、降血糖、降血脂、抗炎、提高免疫、防治心血管疾病以及抗菌抗溃疡等生理活性。

（1）总多酚 多酚是植物中一类具有生物活性的次生代谢产物，主要分为黄酮、酚酸和儿茶素，广泛存在于植物性食物中。据报道，藜麦中至少含有23种酚类化合物。目前，有关天然产物中多酚类成分提取方法研究不少，有超声浸提法、有机溶剂提取法、超声波-复合酶法和索氏提取法等，但中国有关藜麦多酚提取方法的研究不多，仅有溶剂提取和超声辅助提取。

溶剂提取是利用原料组成在不同溶剂中的溶解度不同，选用能最大限度溶解有效成分的溶剂，将有效成分溶解出来。溶剂提取是植物多酚传统的提取方法。以藜麦叶为原料，研究藜麦叶片多酚的最佳提取工艺及体外抗氧化活性。在单因素试验的基础上，选取乙醇浓度、料液比、提取时间进行三因素三水平的组合研究。结果表明，藜麦叶片多酚的最佳提取条件为：乙醇体积分数83%，物料比1：20。提取时间1.12h。同时发现藜麦叶片多酚的含量存在明显的品种间差异（陆敏佳等，2016）。

陈宝华公开了从藜麦籽实中提取富集多酚的方法，主要步骤有①将藜麦籽实，用乙醇加热回流提取，然后浓缩得浸膏；②将浓缩浸膏用自来水稀释，用盐酸调节值，充分搅拌后静置分层，板框过滤；③将过滤液过树脂进行吸附，吸附完毕先用自来水冲洗至色淡，再用乙醇洗脱；④将洗脱液继续浓缩、干燥得到含量的葵麦多酚。溶剂提取具有设备简单、操作简便，成本低，工艺重现性好，适于工业化应用等优点，但也存在所提多酚杂质多，提取时间长，提取率低，效率不高等问题（陈宝华，2017）。

超声辅助提取是利用超声波在溶液中产生的空化效应、机械振动剪切效应及热效应，有效破坏细胞壁，加速有效成分溶出，有利于提取，可提高提取率。以藜麦为原料，采取响应面的方法，优化超声辅助提取多酚工艺。在单因素的实验基础上，研究温度、时间、液料比和功率对多酚提取量的影响。结果表明，提取温度45℃，提取时间80min，功率为177W，液料比为17：1时多酚的提取效果最佳，在此条件下多酚提取量为10.13mg/g。多酚的抗氧化研究结果表明，藜麦中的多酚还原力、对-O_2清除率、对DPPH·（1-二苯基-2-三硝基苯肼·）的清除率、对·OH的清除率随着浓度的增大而提高（赵保堂等，2018）。

以西藏藜麦为原材料，探究超声波辅助提取工艺中料液比、提取时间、提取温度、提取功率、乙醇体积分数 5 个因素对 3 种藜麦多酚提取量的影响，在获取单因素影响结果的基础上，进行响应面条件优化研究。结果表明，3 种藜麦多酚提取的最佳工艺条件均为料液比 1∶24（g/mL）、提取时间 42min、提取温度 42℃、提取功率 205W、乙醇体积分数为 70%（王若兰等，2020）。

目前，中国有关藜麦多酚的研究还很有限，藜麦多酚提取纯化及功能活性的研究很不深入，藜麦多酚分子结构与功能活性间构效关系的研究尚未涉及。可学习借鉴其他植物中多酚提取纯化工艺技术，深入开展藜麦多酚提取纯化工艺研究，创新藜麦多酚提取纯化工艺技术，提高得率和效率。

（2）黄酮　藜麦含有丰富的黄酮类化合物，主要以苷类形式存在，包括槲皮素、异鼠李素、山奈酚等，其中，以槲皮素和山奈酚的含量最多。目前，藜麦黄酮类化合物常用溶剂提取法、微波辅助提取法、超声波辅助提取法提取。

溶剂提取法选用的提取溶剂要对黄酮化合物有较大的溶解度，且不与其发生反应，还要考虑溶剂的安全性、是否经济易得等。常用于黄酮类化合物的提取溶剂为甲醇、乙醇、丙酮和水。

为了优化藜麦叶片黄酮的乙醇提取工艺和分析基因型间的差异，为藜麦黄酮的开发和高黄酮的品种筛选提供理论依据，采用 3 因子 3 水平正交试验设计，探讨了乙醇体积分数、料液比和浸提时间等因素对藜麦叶片黄酮提取率的影响，结果表明，藜麦叶片黄酮最佳提取条件为体积分数 70% 乙醇，1∶40 料液比，80℃水浴下回流浸提 0.5h。在优化条件下，1 次提取工艺得率达 85% 以上。各因素对叶片黄酮提取率的影响程度依次为：浸提时间>乙醇体积分数>料液比。研究表明，乙醇回流法适于提取藜麦总黄酮类化合物（陆敏佳等，2014）。

以藜麦种子为实验材料，以藜麦总黄酮的提取量为依据，改进乙醇浸提法提取黄酮的工艺方法，找出提取藜麦种子总黄酮的最佳工艺条件。结果表明，乙醇法提取黄酮工艺的影响因素由高到低依次为：料液比>浸提时间>乙醇浓度>浸提温度，并确定的最佳提取工艺条件为 60℃下，乙醇浓度 60%，料液比 1∶30，浸提 2h，得到藜麦种子总黄酮的平均提取得率为 2.648mg/g，最高提取量为 2.652mg/g（张永花，2019）。微波辅助提取法的特点是选择性高、溶剂耗量少、节约能源、受热均匀，可以较好地保留有效成分，产品提取率高。采用响应面法优化藜麦种子总黄酮的微波辅助提取工艺参数，乙醇作为提取溶剂，在单因素实验的基础上，运用 Box-Behnken 实验设计方案，结果表明，提取藜麦种子中总黄酮的最佳工艺为：微波时间 125s、微波功率 260W、料液比 1∶50，在此条件下提取液中平均总黄酮提取量为 6.5mg/g（梁彬等，2017）。超声波提取易于操作，能够节约提取时间，提高得率。用超声法探讨提取藜麦黄酮的最佳工艺，并测定其自由基的清除能力及对淀粉酶的降解作用。结果表明，最佳提取条件为：料液比为 1:50，乙醇浓度 80%，提取温度 50℃，提取时间 30min，超声功率为 240W。藜麦黄酮提取液对 DPPH·、·OH 的清除能力分别为 89.3%、86.6%，对淀粉酶的抑制率为 41.38%（董晶，2015）。

利用响应面分析方法研究超声波辅助提取藜麦种子黄酮的最佳提取工艺。在选取提取时间、超声波功率、温度做单因素试验的基础上，进行 3 因素 3 水平的 Central Composite 中心组合研究，建立影响因素与黄酮总得率之间的函数关系，并运用 DesignExpect8.0 软件对试验数据进行分析，通过响应面分析法对提取条件进行优化。修正理论值为提取时间 35min，超声波功率 42W，提取温度 59℃进行验证，实际总黄酮含量可达 0.31%，与预测值相符。控制提取温度和提取时间不变，比较超声波辅助提取法和热回流提取法所提取的总黄酮含量，结果显示，超声波辅助提取法的提取效率更高，其平均提取量为热回流法的 1.19 倍（吴雅露等，2019）。

（3）皂苷　皂苷是藜麦中主要的抗营养因子，主要存在于种皮中。皂苷味苦涩，会影响藜麦的口感，适当的洗涤或脱皮可去除。目前关于皂苷的提取方法主要有回流法、超声波提取法、微波辅助提取法、CO_2 超临界萃取法和酶提取法。采用复合酶协同超声提取藜麦种皮皂苷，并对其抗氧化活性进行了测定。得到最佳工艺条件为：总酶用量（以藜麦种皮质量为基准，下同）为 1.5%，酶配比（纤维素酶:果胶酶）为 3:2，酶解温度为 50.5℃，pH 值 5.5，酶解时间为 0.25h。在此条件下，藜麦皂苷的提取率较高，达到 85.32%；该法对藜麦种皮皂苷的提取率比单一纤维素酶提取率（81.56%）高 4.41%，比单一果胶酶提取率（82.2%）高 3.66%，比单独超声提取率（73.07%）高 16.76%（雷蕾等，2018）。采用超声波辅助乙醇提取藜麦中皂苷成分，采用响应面法优化主要工艺参数，对比白、红、黑 3 种颜色的藜麦皂苷抗氧化能力的差异。结果表明，藜麦中皂苷提取最佳工艺为：乙醇体积分数 90%，液料比 50:1，超声功率 300W，提取温度 60℃，提取时间 50min，此条件下，皂苷提取量为 12.65mg/g。对不同颜色藜麦皂苷的抗氧化能力进行测定，其中，黑色藜麦中皂苷活性显著高于其他品种（傅钰等，2020）。

以藜麦皮为原料，皂苷提取率为指标，通过单因素试验结合 Box-Behnken 响应面分析的方法，优化微波-超声辅助双水相提取藜麦皮皂苷的工艺。结果表明，影响藜麦皮皂苷微波-超声辅助双水相提取的因素大小顺序为：加盐量>微波功率>料液比>醇水比值，且加盐（磷酸氢二钾）量对皂苷提取率的影响极显著（$P<0.01$），料液比和微波功率对藜麦皮皂苷提取率影响显著（$P<0.05$）。优化的最佳工艺条件为：醇水比值 0.75、料液比 1:58，加盐（磷酸氢二钾）量 3.63g、微波功率 500W，微波温度 40℃，微波时间 1.5min，超声功率 400W，超

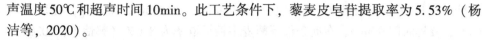

声温度50℃和超声时间10min。此工艺条件下，藜麦皮皂苷提取率为5.53%（杨洁等，2020）。

以藜麦麸皮为主要原料，应用超临界CO_2萃取技术提取藜麦麸皮皂苷，并应用响应面法对提取工艺进行优化。结果表明，最佳工艺参数为超临界压力37MPa，超临界温度60℃，萃取时间96min，乙醇浓度74%，在此条件下，藜麦麸皮皂苷提取率为0.96%。影响藜麦麸皮皂苷提取率因素由大到小依次为超临界压力>萃取时间>超临界温度>乙醇浓度（杨端，2019）。

（4）多糖 藜麦多糖主要包含淀粉类多糖和非淀粉类多糖。目前，藜麦多糖的提取方法主要有水浴加热回流法、超声波辅助法、微波法和纤维素酶提取法。

使用水浴加热回流法研究藜麦种子多糖的最佳提取工艺条件及其品种间的多糖得率差异，在单因素试验的基础上，选取提取温度、料液比、浸提时间进3因素3水平的Box-Behnken中心组合研究，并运用DesignExpect 8.0软件对试验数据进行分析，通过响应面分析法对提取条件进行了优化。结果表明，藜麦种子多糖的最佳提取工艺为：提取温度91℃，浸提时间1.5h，料液比1:34，在此条件下，多糖得率在理论上可达15.81g/100g。各因素对多糖提取率的影响程度依次为：料液比>提取温度>浸提时间（袁俊杰等，2016）。

以蒸馏水为提取剂采用超声波法辅助提取藜麦多糖，结果表明，藜麦种子在料液比为1:10时多糖提取率最高（徐澜等，2017）。

采用微波法提取藜麦秸秆多糖，在单因素实验的基础上，以得率为评价指标，结果显示，微波功率455W，微波时间5min，料液比1:30，秸秆粒度100目，多糖的得率为1.93%。正交实验优化结果为微波功率455W，微波时间6min，料液比1:30，秸秆粒度100目（郝晓华等，2017）。

采用酶解协同超声波联合方法提取藜麦中多糖，经试验确定最佳辅助酶为纤维素酶，最优添加量为3%。在单因素试验的基础上，进行响应面试验，结果表明，藜麦多糖最优提取工艺为：超声温度65℃、超声时间18min、料液比1:33，此时藜麦多糖的提取率为68.08%，与理论值70.78%接近（李佳妮等，2019）。

分别采用水提取法、纤维素酶提取法、超声提取法3种方法，以藜麦多糖的提取率为考察指标，对红、白、黑3种颜色藜麦进行多糖提取。通过分析可知，采用纤维素酶提取法对3种颜色藜麦中的多糖进行提取的提取率均为最高，其中，白色藜麦多糖提取率最高，为6.8%，其次是红藜麦和黑藜麦，提取率分别为6.4%和5.9%；在此基础上，以白藜麦作为提取原料，采用单因素和Box-Behnken试验对提取料液比、加酶量、提取温度、提取时间进行优化，确定白藜麦多糖最优提取工艺条件为：料液比 1∶32g/mL，加酶量 2 000U/g，提取温度 65℃，浸提时间 90min，在此条件下藜麦多糖提取率为 8.0%（郭怡等，2020）。

（二）制备

1. 制作饮料

藜麦淀粉含量较高且本身具有特殊的气味，为了保证产品的品质和稳定性，调配型和发酵型藜麦饮料在制备过程中均需对藜麦原料进行糖化和液化工艺研究。

以藜麦为原料，DE 值（还原糖值）为主要评估指标，采用单因素和正交试验设计对藜麦饮料生产中的淀粉液化和糖化工艺进行优化研究。确定了最优的液化工艺条件如下：α-淀粉酶量 11U/g、液化时间 45min、液化温度 65℃、pH 值为 7，此时液化的 DE 值为 24.46%。对液化后的藜麦水解液进一步糖化，其糖化最优工艺条件如下：糖化酶量 110U/g、糖化时间 70min、糖化温度 70℃、pH 值为 5，糖化 DE 值为 63.45%。该结果为后续藜麦饮料的制备提供了一定的参考（李贞景等，2018）。

也可通过添加不同的原料，如奶、红枣、花生，金针菇、坚果等，制作为多种藜麦复合饮品，可以有效改善藜麦口味的问题。

以藜麦、红枣、脱脂奶粉为主要原料，通过单因素试验和正交试验对藜麦红枣复合饮料的配方以及稳定性进行研究。结果表明，藜麦红枣复合饮料的最佳配方为藜麦米浆 50%，红枣汁 20%，脱脂奶 25%，白砂糖 1.0%；最佳的复配稳定剂添加量为蔗糖脂肪酸酯 0.03%，单硬脂酸甘油酯 0.10%。最终得到的产品兼具藜麦的清香和红枣的甜香，口感细腻，风味宜人，具有一定的营养保健价值，是一种新型天然健康饮品（李兴等，2018）。

以黑木耳、藜麦为原料，利用复合乳酸菌粉进行发酵，以感官评分和沉淀率为评价指标，采用正交试验对黑木耳藜麦复合发酵饮料发酵工艺和稳定性进行优化。结果表明，当发酵温度为 37℃，复合乳酸菌粉添加量为 5g/L，加糖量为 15%时，所得黑木耳藜麦复合发酵饮料感官评分为 96 分，酸甜宜口，风味独特；当均质压力为 35MPa，黄原胶∶明胶 1∶2（g∶g），稳定剂添加量为 0.4%时，沉淀率最低为 0.51%，无分层现象，说明发酵饮料稳定性好。黑木耳藜麦复合发酵饮料的研制既丰富了产品的种类，又提高了产品的市场竞争力，其粗多糖含量达 864mg/100mL，蛋白质含量为 1.6%，L-乳酸的含量为 8.7g/L；营养丰富，口感细腻，既具有黑木耳和藜麦天然风味，又有乳酸菌发酵的特有气味（刘晓艳等，2018）。

董周永等公开了一种发芽藜麦饮料，按质量百分比由以下成分组成：发芽藜麦汁 55%~65%，乳清蛋白 3%~4%，低聚果糖 10%~12%，黄原胶 0.02%~0.04%，CMC-Na0.04%~0.06%，刺槐豆胶 0.10%~0.12%，蔗糖脂肪酸酯 0.04%~0.07%，蒸馏单硬脂酸甘油酯 0.10%~0.17%，饮用水 16%~29%。公开了一种发芽藜麦饮料的制备方法，包括藜麦精选，发芽，焙烤，糊化，酶解，调配，均质，灌装，灭菌等工艺步骤（董周永等，2020）。

李翔等公开了一种藜麦松露发酵饮料及其制备方法，包括 25 份的藜麦、75 份的糯米、0.9 份的酒曲、2 份松露和 80 份水；还提供了一种藜麦松露发酵饮料的制备方法。将藜麦发酵成酒和松露泡酒增强功效的有点相结合，并利用藜麦和松露味发酵底物进行发酵；本发明具有工艺简单、操作简便、口感香醇等优点，在饮品技术领域具有很高的实用价值和推广价值（李翔等，2020）。

2. 制作啤酒

传统的啤酒是由大麦麦芽制成，至少有一种成分含有麸质，这就会在某些基因决定的人身上引发自身免疫反应，这剥夺了该类病人喝啤酒的乐趣。藜麦谷物是无麸质的，且蛋白质的氨基酸组成很平衡，必需氨基酸的含量很高。且藜麦的高麦芽糖和 D-木糖含量高，葡萄糖和果糖含量低，可用作生产啤酒和麦芽饮料。

以荞麦和藜麦为原料制备底发酵饮料，并探讨其物理、化学和感官特性。结果显示，若用藜麦完全代替大麦，进行类啤酒饮料发酵，藜麦发酵液表现出麦芽浸出物较低，糖化时间较长，总蛋白和可发酵氨基氮含量较高，碘含量和颜色较高，碳水化合物较低，还有挥发性物质，并受较高金属离子含量的影响，总体风味评价低于小麦啤酒。但藜麦酒表现出显著较高的葡萄糖及氨基酸含量，吡嗪类挥发性成分是大麦啤酒中未发现的成分，使得藜麦啤酒呈现不同的香气效果（Matjaž et al.，2014）。

采用单因素及正交试验研究了藜麦啤酒糖化过程中不同的下料温度、料水比、投料水 pH 值对藜麦麦汁总黄酮含量的影响，同时对藜麦啤酒的感官、理化及微生物指标进行了品评和测定。结果表明，最佳藜麦啤酒糖化工艺为下料温度 60℃、料水比 1:5、投料水 pH 值为 5。在此条件下，麦汁总黄酮含量可达 0.32mg/mL，原麦汁浓度为 10.94°P。藜麦啤酒具有藜麦特有的清香和香草气息，饱满扎实，泡沫洁白、细腻、口感顺滑。藜麦添加量超过 20% 时，藜麦皂甙会使得麦汁口味变苦，引起浑浊。藜麦啤酒的加工工艺流程为：原料粉碎→糖化工艺→麦汁过滤→麦汁煮沸→麦汁冷却和充氧→酵母扩培和添加→发酵→成品（卞猛等，2017）。

以澳洲麦芽和藜麦为原料进行的啤酒酿造工艺，以采用气相色谱-质谱联用（GC-MS）对不同发酵时间的藜麦啤酒进行风味物质检测及感官品评。通过 GC-MS 对啤酒酒样中的醇类物质、酯类物质和其他香味物质进行检测。第 16d 的醇类和其他香气物质含量最高，分别占总数的 8% 和 4% 左右，第 12d 的酯类物质含量最高，为 24%。同时对藜麦啤酒进行感官品评，发现第 16 和第 20d 的啤酒评分更高。由此说明，藜麦啤酒需要进行适度的储存，使其风味物质更加完善、酒体更加完美（杨贵恒等，2020）。

聂聪等（2021）公开了一种上面发酵型藜麦啤酒的制备方法，包括：将大麦芽和藜麦分别进行预处理后，混合均匀；加入水、β-葡聚糖酶、乳酸和氯化钙，进行糖化得糖化液；将所得糖化液煮沸，煮沸过程中添加酒花；煮沸结束后，加入卡拉胶和营养盐；冷却，得麦汁；然后向麦汁中通入氧气，加入酵母，进行主发酵至发酵液的糖度降至 3.5°P；封罐，在隔绝空气条件下，发酵直至双乙酰含量≤0.1mg/L；然后降至 0℃，贮酒即得。

3. 制作酸奶

酸奶是通过添加发酵粉或者发酵剂一类的物质，在合适的温度下，发酵而成。国家标准将酸奶分为四种（包括酸乳、风味酸乳、发酵乳、风味发酵乳），酸奶是补充益生菌生物的最佳载体，可以提供更多的健康益处，并且适合掺入功能性成分。酸奶细菌发酵使产品在蛋白质方面更易于消化，并可以减少由于乳糖转化为其他易于吸收的单糖而引起的乳糖消化问题。将藜麦与酸奶的优势相结合，不仅可以丰富酸奶制品的产品种类，也更契合当代人们对于健康与营养的追求。

以藜麦膨化粉和纯牛奶为主要原料，对藜麦酸奶的制备工艺进行研究。采用星点设计、响应面模拟试验，得出最佳制备工艺为：接种量 3%，发酵时间 3.7h，发酵温度 40℃，生产出的藜麦酸奶色微黄偏白，具有藜麦清香样香味，组织状态等俱佳。采取的工艺流程为：藜麦→预处理→（与纯牛奶）混合→过滤→（加入蔗糖）调配→均质→灭菌→冷却→接种→发酵→成熟→成品→藜麦粉→灭菌→检验（时政等，2017）。

通过研究藜麦—青稞料液比、接种量、发酵时间和发酵温度对藜麦复合酸奶品质的影响，开发高品质藜麦—青稞酸奶工艺，结果表明，藜麦复合型酸乳的最佳工艺参数为：添加量藜麦 10%、青稞 5%，接种量 3%，发酵时间 6h，发酵温度 40℃下制备的酸奶具有藜麦酸乳特有的风味，白色或微带浅黄色、光滑细腻、组织状态、滋味俱佳（魏艳丽等，2019）。

以藜麦为主要原料，通过浸泡、蒸、磨浆、过滤、发酵等主要工艺进行藜麦酸奶的研制。通过单因素实验、正交试验等方法确定了藜麦酸奶的最佳生产工艺和生产配方，即通过磨浆的方式添加藜麦，藜麦浆制备的料水比为 1:5，磨浆温度 60℃、磨浆时间 3min，过滤参数为 100 目；发酵时间 7h，发酵温度 40℃，白砂糖添加量 8%，藜麦浆添加量 20%，菌粉接种量为 0.3%，此最佳条件下藜麦酸奶的酸度为 84.7°T，稳定剂复配配方为卡拉胶 0.05%、明胶 0.07%、黄原胶 0.01%；藜麦酸奶色泽为乳白色，具有浓郁的藜麦香气，均匀协调，口感细腻润滑，酸甜适中，质地均匀，无沉淀。酸奶的蛋白质含量为 3.18g/100g，脂肪含量为 1.13g/100g，黄酮含量为 $1.45×10^{-5}$g/100g，氨基酸含量为 3.17g/100g，乳酸菌总数为 $3.27×106$cfu/ml，挥发性组分共有 35 种，酯类、酸类以及杂环类化合物是藜麦酸奶中主要的呈香物质。同时微生物指标均符合国标要求。蛋白质含量比平均水平高出 0.294g/100g；脂肪含量仅为所测其他样品的一半；必须氨基酸的含量也明显高于所测酸奶，建议此酸奶在室温时 5d 内饮用完，冷藏条件下 15d 内饮用完（杨露西，2020）。

采用单因素实验设计及响应面优化实验方法，以藜麦姜汁酸奶的感官评分为评价指标，研究酸奶配方中各成分比例对藜麦姜汁酸奶感官质量的影响，确定藜麦姜汁酸奶的最佳配方为：藜麦浆添加量 35.6%、脱脂奶粉添加量 11.6%、姜汁添加量 8.7%、白砂糖添加量 7%，且经初步的动物实验表明，该酸奶具有缓解饮水型砷中毒的作用。总之，藜麦酸奶的开发，丰富了杂粮奶制品种类，也丰富了藜麦与酸奶的产品市场（闫志鹏，2020）。

4. 制作藜麦白酒

随着人们的养生意识逐步的提高，人们对饮用白酒的健康需求也越来越高，不再只单纯考虑白酒的口感，还更多地考虑白酒所含的营养成分；因此，使用藜麦这种高营养谷物进行酒类酿造的工艺便应运而生，并且在酿造藜麦酒时，对原材料及工艺的要求就愈发严格，因此，传统的简单酿酒工艺需不断改进，目前藜麦白酒有酱香型、浓香型和藜香型等不同类型，其制备工艺稍有不同。

2018 年，北京藜粮液酒业有限公司推出的藜麦白酒"藜粮液"牌白酒上市，它是以 100%优质纯藜麦米为原料，以小麦培养的中温大曲为糖化发酵剂，混蒸续糟发酵 60d，经 16 个月的地埋式陶瓷大坛贮藏发酵而成，这也是国内首款浓香型藜麦白酒。

曹敬华等发明公开了一种藜麦浓香型白酒及其酿造方法，包括如下步骤：①藜麦蒸熟，接种根霉，培养得到根霉曲；②将小麦、藜麦、母曲和水混匀后，制备藜麦中高温大曲；③高粱蒸熟、摊凉，添加藜麦根霉曲，堆积糖化后再添加藜麦中高温大曲，发酵后蒸馏得到浓香型原酒；④藜麦在浓香型原酒中浸泡、过滤得浸泡藜麦和浸提液；⑤高粱、小麦、玉米蒸熟，大米和浸泡藜麦与步骤③蒸馏后的酒醅拉酸，全部混匀后添加藜麦中高温大曲，发酵，蒸馏得到浓香型原酒；⑥步骤④中的浸提液与浓香型原酒混匀得到藜麦浓香型白酒。此发明解决了传统工艺易出现泥臭味、缺乏健康因子的问题（曹敬华等，2018）。

陈卫东等公开了一种藜麦酒曲、藜麦白酒及其制备方法，该藜麦酒曲由白酒和中药材制备而成，该中药材包括以下重量份的原料：藜麦30~50份、锁阳5~10份、夜交藤1~10份、金银花1~10份、沙枣1~10份、当归1~20份。本发明采用纯植物、中草药制作藜麦酒曲，含有藜麦、锁阳、夜交藤、金银花、沙枣、当归的营养成分，比一般酒曲的化学配方更营养健康，酿出来的藜麦白酒口味醇厚、柔和、回味绵长（陈卫东等，2018）。

陈玉祥公布了一种酱香型藜麦酒及其酿造方法，包括：①原料的筛选及清洗。藜麦40~60份，小麦10~30份，玉米5~10份，大米10~20份，糯米5~10份，选择颗粒饱满、大小均匀、无杂质及碎粒的高品质藜麦及其他杂粮，将藜麦放入清洗机中，使用45~50℃的温水淘洗8~10min，在淘洗时剔除上浮麦粒，再使用簸箕捞出滤干水分，放置备用；将其他杂粮放入清洗机中，使用30~50℃的温水淘洗3~5min，在淘洗时剔除上浮麦粒，再使用簸箕捞出滤干水分；将滤干水分后的藜麦以及其他杂粮混合；②粉碎及润料。将混合后的原料进行粉碎，粉碎至20目以下，其中，大于30目的粗粉不超过总量的40%，再加入粉碎后原料总量100%~150%的水分放入透明的密封缸中密封浸泡60~80min；③添加酵母及二次润料。润料后按照每重量份原料加入2~2.5mg白酒活性干酵母的比例加入白酒活性干酵母，再次加入原料100%~150%的水，再次在透明的密封缸密封浸泡60~80min；④蒸煮。将③后得到的透明的密封缸放入。此方法最大程度的保留了藜麦的营养，也极大程度的提高了藜麦酒的口感，并且再次加入其他杂粮对藜麦酒的口感进行调和，并且使用陈酒进行勾兑保证了酒品的味道及香型均处于上佳水平（陈玉祥，2019）。

董炳岚公开了藜香型藜麦酒的制备方法，采用选取籽粒饱满、成熟、干净的红藜或者白藜，去杂质后经过干燥去皮、粉碎、泡粮、初蒸、闷水、复蒸、出甑摊凉、撒曲、入池、发酵、蒸馏等工序，得到藜香型藜麦酒，该藜麦酒采用70%~80%的藜麦去皮，20%~30%的藜麦保留的方式，不但提升了藜麦酒的风味、色泽、口感，而且保留了大量营养成分，增加了其保健功效（董炳岚，2019）。

5. 其他

此外，藜麦的生产加工技术包括藜麦黄酒、藜麦面包、藜麦饼干、藜麦醋、藜麦杂粮粥、藜麦麦片、藜麦面条、藜麦茶等的开发。

刘浩等（2015）报道了藜麦黄酒的酿造方法，并对藜麦黄酒中的挥发成分、营养成分以及功能成分进行了研究。结果表明，藜麦黄酒的挥发性物质组成为芳香族（64.09%，15种）、醇类（29.36%，7种）、酯类（4.37%，13种）、其他类（2.18%，22种）；与小米黄酒、燕麦黄酒、黍米黄酒相比，藜麦黄酒的清除DPPH·自由基能力最强，并且藜麦黄酒总氨基酸含量要高于北方传统（黍米）黄酒，在抗氧化特性方面也更具优势，藜麦可作为新型保健黄酒的酿造原料。

以感官评分、比容、酸度和质构为评价指标，采用单因素试验和正交试验对面包配方进行优化。结果表明，以藜麦粉和面包粉为基重，最佳工艺配方为藜麦粉添加量12%，面包改良剂添加量0.35%，白砂糖添加量8.75%，酵母添加量1%，食盐添加量1%，甜蜜素添加量0.2%，鸡蛋添加量5%，黄油添加量3%，水添加量43%。此时，藜麦杂粮面包感官评分93分，酸碱度、比容、硬度、弹性、咀嚼性等皆适宜（郝亭亭等，2017）。

在制作藜麦饼干时，以藜麦粉、低筋小麦粉为主要原料，添加油脂、绵白糖、小苏打、食盐、单甘酯、鸡蛋等辅料，生产藜麦饼干。当藜麦添加量为20%、油脂添加量为35%、绵白糖添加量为40%、小苏打添加量为0.4%时，藜麦饼干感官评分最高。在此工艺条件下生产的藜麦饼干呈浅黄色，组织细腻，口感香酥，有较高的营养价值（孙芳，2018）。

冷权忠公开了藜麦醋的制备方法，其酿造原料按照以下重量配比：藜麦50~54份，高粱15~18份，大米30~34份，其酿造辅料按照以下重量配比：糖化酶0.21~0.25份，大曲66~70份，酒曲0.4~0.5份；其制备方法包括如下步骤：①将酿造原料按照以上重量比混合，然后经过搅拌破碎机进行破碎，将破碎后的酿造原料进行袋装；②将袋装原料放入发酵池内进行搭淋处理，搭淋时间8~12h；③搭淋后的原料放入发酵池内进行蒸煮；④将蒸煮后的原料进行烤醅；⑤消毒和灌装，包装成成品（冷权忠，2018）。

通过对藜麦杂粮粥料液比及原料配比的研究，结果表明，在料液比为1∶8条件下，各原料添加量为藜麦40%，小米20%，糯米10%，燕麦米5%，芸豆5%，花生10%，红小豆5%，葡萄干5%时为最优配方。该产品具有低脂肪、低钠特点，重金属及微生物含量均符合国家相关食品安全标准（杨天庆等，2019）。

刘锦和武霞公布了制作藜麦麦片的方法，由麦片原片、蔗糖、脱脂奶粉、植脂末、核桃粉、山药粉和腰果粉组成，各组份按重量份数计包括：麦片原片60~70份、蔗糖10~20份、脱脂奶粉3~5份、植脂末2~3份、核桃粉8~10份、山药粉8~10份、腰果粉8~10份；所述麦片原片由藜麦粉、糙米粉、玉米粉和食盐组成，各组份按重量份数计包括：藜麦粉70~80份、糙米粉8~10份、玉米粉8~10份、食盐3~5份（刘锦和武霞，2019）。

罗鹏（2020）公开了一种藜麦面条及其制作工艺，包括以下重量份组分：小麦面粉700~800份、藜麦精粉300~400份、鸡蛋45~60份、青木瓜汁液20~30份、猕猴桃汁液40~60份、适量的食用碱与水（罗鹏，2020）。

　　王建龙公开了一种活性藜麦全株袋泡茶，通过采收藜麦茎叶、制备发芽藜麦米、低温烘炒杀青、混合干燥、粉碎包装等过程制备一种活性藜麦全株袋泡茶，该泡茶得到全株藜麦风味，其香气浓郁、营养丰富、味道醇厚、色泽鲜亮且其具有淡绿色的良好色泽，并含有酶活性及硒、黄酮、皂苷、茶多酚等活性成分，易于人体吸收（王建龙，2020）。

本章参考文献

卞猛，周广田，2017. 藜麦啤酒糖化工艺研究 [J]. 中国酿造，36（11）：180-184.

曹晓宁，田翔，王君杰，等，2016. 基于近红外光谱法快速检测藜麦纤维含量 [J]. 安徽农业科学，44（15）：17-19.

陈光，孙旸，王刚，等，2018. 藜麦全植株的综合利用及开发前景 [J]. 吉林农业大学学报，40（1）：1-6.

陈志婧，廖成松，2020. 7 个不同品种藜麦营养成分比较分析 [J]. 食品工业科技，41（23）：266-271.

崔蓉，王艳萍，2019. 藜麦及其他谷物的常规营养成分测定 [J]. 现代食品（16）：111-113

党斌，2019. 青海藜麦资源酚类物质及其抗氧化活性分析 [J]. 食品工业科技，40（17）：30-37.

邓俊琳，夏陈，张盈娇，等，2017. 拉萨藜麦的营养成分分析与比较 [J]. 中国食物与营养，23（9）：55-58.

丁云双，曾亚文，闵康，等，2015. 藜麦功能成分综合研究与利用 [J]. 生物技术进展（5）：340-346.

董晶，张焱，曹赵茹，等，2015. 藜麦总黄酮的超声波法提取及抗氧化活性 [J]. 江苏农业科学，43（4）：267-269.

董艳辉，于宇凤，李亚莉，等，2017. 藜麦种子黄酮含量的快速检测技术研究 [J]. 中国种业（7）：66-69.

付荣霞，周学永，肖建中，等，2020. 萌发温度与萌发时间对藜麦营养成分的影响 [J]. 食品工业，41（5）：341-345.

傅钰，张禾，符群，2020. 3 种藜麦皂苷的超声提取及抗氧化活性比较 [J]. 中国粮油学报，35（11）：40-47.

高菊霞，2020. 藜麦的发展与应用潜力分析 [J]. 农业技术与装备 10）：156-157.

高睿，李志坚，秦培友，等，2019. 藜麦的发展与应用潜力分析［J］. 饲料研究（12）：77-80.

古桑德吉，林长彬，杰布，2019. 基于西藏不同藜麦资源营养成分的研究［J］. 农牧科技（7）：10-12.

郭敏，卢恒谦，王顺和，等，2019. 基于气相色谱—质谱联用技术的不同产地中脂肪酸及小分子物质组成分析［J］. 食品科学，40（8）：208-212.

郭谋子，胡静，李志龙，等，2016. 浸泡及催芽对藜麦籽粒主要营养成分含量的影响［J］. 食品工业科技，37（18）：165-168，196.

郭怡，杨璇，肖萍，2020. 响应面法优化藜麦多糖提取工艺条件［J］. 天津农学院学报，27（4）：43-48+77.

郝怀志，董俊，何振富，等，2017. 藜麦茎秆对肉牛生产性能、养分表观消化率及血清生化指标的影响［J］. 中国草食动物科学，37（5）：26-31.

郝亭亭，唐琳清，刘瑶，等，2017. 新型藜麦杂粮面包工艺研究［J］. 农产品加工（1）：24-28.

郝晓华，郭苗，李志英，2017. 微波提取藜麦秸秆多糖及抗氧化性的测定［J］. 安徽农学通报，23（19）：12-14，83.

何海芬，朱统臣，林飞武，2018. 藜麦在化妆品中的应用前景［J］. 广东化工，45（02）：120-122，134.

洪佳敏，林宝妹，张帅，等，2019. 6种杂粮营养成分分析及评价［J］. 食品安全质量检测学报，10（18）：6254-6260.

胡一波，杨修仕，陆平，等，2017. 中国北部藜麦品质性状的多样性和相关性分析［J］. 作物学报，43（3）：464-470.

胡一晨，赵钢，秦培友，等，2018. 藜麦活性成分研究进展［J］. 作物学报，44（11）：1579-1591.

姜庆国，温日宇，郭耀东，等，2019. 饲草藜麦对肉牛生长性能和营养物质消化率的影响［J］. 中国饲料（6）：22-25.

焦红艳，高文庚，陈丽文，2018. 藜麦营养成分测定及对孕期妇女健康的促进作用［J］. 22（14）：1902-1903.

焦兴弘，2017. 祁连山白藜麦的营养价值及保健功能［J］. 食品安全导刊（33）：56.

孔露，孔茂竹，余佳熹，等，2019. 糊化处理对藜麦淀粉形态、结构及热特性的影响［J］. 食品工业科技，40（14）：56-61.

孔露，孔茂竹，余佳熹，等，2019. 藜麦淀粉消化特性与理化特性研究［J］. 食品科技，44（4）：285-290.

雷洁琼, 2016. 藜麦功能成分研究及利用 [J]. 青海畜牧兽医杂志, 46 (3): 42-47.

雷蕾, 张炜, 刘龙, 等, 2019. 复合酶协同超声提取藜麦皂苷及其抗氧化性 [J]. 精细化工 (3): 1-10.

李赫, 周浩纯, 张健, 等, 2020. 藜麦蛋白及肽的研究进展 [J]. 食品科技, 45 (03): 43-48.

李佳妮, 白宝清, 金晓第, 等, 2019. 酶解超声波协同提取藜麦多糖及体外活性评价 [J]. 食品研究与开发, 40 (8): 57-64.

李荣波, 李昌远, 李长亮, 等, 2017. 藜麦—小杂粮作物的后起之秀 [J]. 中国农技推广, 33 (10): 14-17.

李荣波, 2018. 药食同源植物藜麦 [J]. 农村百事通 (1): 28-28.

李兴, 赵江林, 唐晓慧, 等, 2018. 藜麦红枣复合饮料的研制 [J]. 食品研究与开发, 39 (18): 82-87.

李玉英, 王玉玲, 王转花, 2018. 藜麦营养成分分析及黄酮提取物的抗氧化和抗菌活性研究 [J]. 山西农业科学, 46 (5): 729-733, 741.

李贞景, 薛意斌, 张兰, 等, 2018. 藜麦饮料液化糖化工艺研究 [J]. 安徽农业科学, 46 (18): 140-143.

梁彬, 宿婧, 唐宽刚, 2017. 微波辅助提取藜麦种子中总黄酮工艺的优化 [J]. 海南师范大学学报 (自然科学版), 30 (2): 171-176.

刘俊娜, 孔治有, 张平, 等, 2020. 不同播期藜麦主要营养及抗氧化成分分析 [J]. 江苏农业学报, 36 (5): 1082-1087.

刘敏国, 杨倩, 杨梅, 等, 2017. 藜麦的饲用潜力及适应性 [J]. 草业科学, 34 (6): 1264-1271.

刘晓燕, 杨国力, 孔祥辉, 等, 2018. 黑木耳藜麦复合发酵饮料加工工艺及稳定性研究 [J]. 中国酿造, 37 (6): 193-198.

刘永江, 覃鹏, 2020. 藜麦营养功能成分及应用研究进展 [J]. 黑龙江农业科学 (3): 123-127.

刘月瑶, 路飞, 高雨晴, 等, 2020. 藜麦的营养价值、功能特性及其制品研究进展 [J]. 包装工程, 41 (5): 56-65.

柳慧芳, 郭金英, 江利华, 等, 2018. 超临界 CO_2 萃取藜麦油脂及其脂肪酸成分分析 [J]. 食品工业科技, 39 (22): 200-203.

卢宇, 张美莉, 王欣, 等, 2017. 内蒙古藜麦的营养成分分析及评价 [J]. 中国食物与营养, 23 (9): 50-54.

陆敏佳, 蒋玉蓉, 陈国林, 等, 2014. 藜麦叶片黄酮类物质的提取及基因型

　　差异 [J]. 浙江农林大学学报, 31 (4)：534-540.

陆敏佳, 蒋玉蓉, 袁俊杰, 等, 2016. 藜麦叶片多酚最佳提取工艺及其抗氧化性研究 [J]. 中国粮油学报, 31 (1)：101-106.

梅丽, 周继华, 王俊英, 2020. 北京市藜麦温室栽培试验初报 [J]. 中国农学通报, 36 (10)：53-59.

任妍婧, 谢薇, 江帆, 等, 2019. 藜麦粉营养成分及抗氧化活性研究 [J]. 中国粮油学报, 34 (3)：13-18.

任永峰, 黄琴, 王志敏, 等, 2018. 藜麦植株养分积累对源库调节的响应 [J]. 华北农学报, 33 (5)：151-159.

申瑞玲, 张文杰, 董吉林, 等, 2016. 藜麦的营养成分、健康促进作用及其在食品工业中的应用 [J]. 中国粮油学报, 31 (9)：150-155.

申瑞玲, 张亚蕊, 景新俊, 等, 2018. 藜麦淀粉-硬脂酸复合物的制备及性质研究 [J]. 河南农业科学, 47 (2)：135-139.

石钰, 张倩雯, 董林娟. 等, 2020. 陕西不同地区种植藜麦的营养价值分析及推广研究 [J]. 盐科学与化工, 49 (5)：29-32.

石振兴, 杨修仕, 么杨, 等, 2017. 60 份国内外藜麦材料子粒的品质性状分析 [J]. 植物遗传资源学报, 18 (1)：88-93.

时政, 高丙德, 郭晓恒, 等, 2017. 藜麦酸奶的制备工艺研究 [J]. 食品工业 (4)：125-128.

苏艳玲, 张谨华, 2019. 藜麦种子萌发中营养物质变化的研究 [J]. 食品工业, 40 (2)：208-210.

孙芳, 2018. 藜麦饼干生产工艺的研究 [J]. 粮食与油脂, 31 (1)：49-52.

汤尧、冷俊材, 李喜宏, 等, 2018. 烹煮对藜麦脂溶物质组成和抗氧化活性的影响 [J]. 食品科技 (12)：196-201.

王棐, 张文斌, 杨瑞金, 等, 2018. 藜麦蛋白质的提取及其功能性质研究 [J]. 食品科技 (2)：228-234.

王静, 刘丁丽, 罗丹, 等, 2021. 体外模拟消化对藜麦抗氧化活性、α-葡萄糖苷酶和 α-淀粉酶抑制活性影响研究 [J]. 中国粮油学报, 36 (1)：101-108.

王龙飞, 王新伟, 赵仁勇, 等, 2017. 藜麦蛋白的特点、性质及提取的研究进展 [J]. 食品工业 (7)：255-258.

王启明, 张继刚, 郭仕平, 等, 2019. 藜麦营养功能与开发利用进展 [J]. 食品工业科技, 40 (17)：340-346, 354.

王倩朝, 张慧, 刘永江, 等, 2020. 播期对藜麦主要农艺及品质性状的影响

[J]. 云南农业大学学报（自然科学），35（5）：737-742.

王倩朝，孔治有，刘俊娜，等，2020. 藜麦籽粒主要营养及抗氧化成分遗传特性分析与评价［J］. 云南农业大学学报（自然科学），35（6）：931-937.

王若兰，郭亚鹏，2020. 响应面法优化超声波辅助提取藜麦多酚的工艺条件［J］. 粮食与油脂，33（9）：1-7.

王艺璇，刘瑞香，马莹，2019. 藜麦在开鲁县的饲用价值研究［J］. 内蒙古林业科技，45（3）：39-42.

王玉玲. 等，2018. 藜麦基本营养成分分析及黄酮提取物的生物活性研究［D］. 太原：山西大学.

魏爱春，杨修仕，么杨，等，2015. 藜麦营养功能成分及生物活性研究进展［J］. 食品科学，36（15）：272-276.

魏丽娟，易倩，张曲，等，2018. 一测多评法测定藜麦中 6 种酚类成分［J］. 食品工业科技，39（19）：232-236.

魏艳丽，郝蓉蓉，周仑，等，2019. 青海藜麦复合型酸乳的制备工艺优化［J］. 青海科技，26（4）：22-27.

魏玉明，杨发荣，刘文瑜，等，2018. 藜麦不同生育期营养物质积累与分配规律［J］. 草业科学，35（7）：1720-1727.

魏志敏，李顺国，夏雪岩等，2016. 藜麦的特性及其发展建议［J］. 河北农业科学，20（5）：14-17.

吴雅露，陈琪，陈梦涛，等，2019. 响应面法优化藜麦种子黄酮的超声波辅助提取工艺［J］. 食品研究与开发，40（21）：100-106.

肖玉春，张广伦，2014. 藜麦及其资源开发利用［J］. 中国野生植物资源，33（2）：62-66.

熊成文，李晓伟，徐得娟，等，2017. 分光光度法测定藜麦中总皂苷的含量［J］. 安徽农业科学，45（26）：96-98，121.

熊成文，李晓伟，徐得娟，等，2018. 藜麦总皂苷含量测定方法的比较［J］. 食品研究与开发，39（9）：124-128.

熊成文，李晓伟，徐得娟，2018. 藜麦中槲皮素和山奈酚含量测定研究［J］. 山西农业科学，46（4）：529-533.

徐澜，郭晨晨，赵慧，2017. 超声波辅助提取藜麦多糖及其抑菌性与抗氧化性［J］. 江苏农业科学，45（11）：143-146.

徐天才，和桂青，李兆光，等，2017. 不同海拔藜麦的营养成分差异性研究［J］. 中国农学通报，33（17）：129-133.

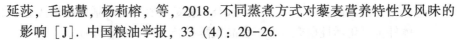

延莎，毛晓慧，杨莉榕，等，2018. 不同蒸煮方式对藜麦营养特性及风味的影响 [J]. 中国粮油学报，33（4）：20-26.

杨春霞，王晓静，赵子丹，等，2018. 藜麦中氨基酸含量分析 [J]. 宁夏农林科技（3）：48-50.

杨端，2019. 藜麦麸皮皂苷超临界 CO_2 萃取工艺优化 [J]. 食品研究与开发，40（20）：149-154.

杨发荣，黄杰，魏玉明，等，2017. 藜麦生物学特性及应用 [J]. 草业科学，34（3）：607-613.

杨贵恒，聂聪，姚青海，等，2020. 藜麦啤酒的酿造方法及香气化合物 [J]. 食品工业，41（11）：51-54.

杨洁，高佳丽，辛燕花，等，2020. 微波-超声辅助双水相提取藜麦皮皂苷工艺 [J]. 食品工业，41（10）：74-79.

杨天庆，龚建军，杨敬东，等，2019. 藜麦杂粮粥配方研制 [J]. 农产品加工（23）：19-22.

于跃，顾音佳，2019. 藜麦的营养物质及生物活性成分研究进展 [J]. 粮食与油脂，32（5）：4-6.

袁俊杰，蒋玉蓉，孙雪婷，等，2016. 藜麦多糖提取工艺的响应面法优化及其品种差异 [J]. 食品科技，41（01）：154-159.

翟娅菲，刘秀妨，张华，等，2017. 藜麦淀粉理化特性研究 [J]. 食品工业科技，38（24）：48-52，57.

张琴萍，邢宝，周帮伟，等，2020. 藜麦饲用研究进展与应用前景分析 [J]. 中国草地学报，42（2）：162-168.

张婷婷，吴恩凯，龚加顺，等，2017. 香格里拉藜麦品质成分分析 [J]. 食品研究与开发，38（24）：147-151.

张文刚，兰永丽，赵萌萌，等，2020. 谷氨酸钠和抗坏血酸协同处理藜麦萌发富集 γ-氨基丁酸工艺优化及胆酸盐吸附能力研究 [J]. 食品工业科技，41（9）：144-149.

张文杰，2016. 藜麦全粉与淀粉的理化性质与结构研究及应用 [D]. 郑州：郑州轻工业学院.

张永花，2019. 藜麦黄酮提取工艺优化 [J]. 山西师范大学学报（自然科学版），33（1）：73-77.

张园园，温白娥，卢宇，等，2017. 藜麦粉对小麦面团、面包质构特性及品质的影响 [J]. 食品与发酵工业，43（10）：197-202.

张贞勇，万志敏，2020. 藜麦多糖的研究进展 [J]. 化工管理（4）：14-15.

赵保堂，杨富民，朱秀萍，等，2018. 藜麦多酚的超声辅助提取工艺优化及体外抗氧化活性研究 [J]. 食品发酵科技，54（4）：8-15.

赵丹青，开建荣，路洁，等，2019. 宁夏不同产区、不同品种藜麦的主要营养成分和矿物元素含量分析 [J]. 32（6）：62-65.

赵红梅，杨艳君，马建华，2019. 藜麦杂粮面包的制备工艺 [J]. 山西农业科学，47（3）：457-459.

赵雷，李晓娜，史龙龙，等，2019. 藜麦麸皮营养成分测定及其油脂的抗氧化活性研究 [J]. 35（11）：199-205.

周彦航，陆明海，姜悦，等，2020. 不同采收期藜麦苗营养成分分析 [J]. 吉林农业大学学报，42（3）：261-268.

CANTÚ D J, GUERRERO J B S, GARCÍA R R, et al. , 2002. Quinoa for Forage: Saponin Concentration and Composition Analysis [J]. Oleaginosas, 147-154.

ESTRADA A, LI B, LAARVELD B, 1998. Adjuvant action of Chenopodium quinoa saponins on the induction of antibody responses to intragastric and intranasal administered antigens in mice [J]. Comp Immunol Microbiol Infect Dis, 21: 225-236.

JACOBSEN S E, 2003. The Worldwide Potential for Quinoa (Chenopodium quinoaWilld.) [J]. Food Reviews International, 19（1-2）: 167-177.

MATJAŽ D, MARTIN Z, THOMAS B, et al. , 2014. Processing of bottom-fermented gluten-free beer-like beverages based on buckwheat and quinoa malt with chemical and sensory characterization [J]. Institute of brewing & distilling, 120（4）: 360-370

PATE R N, JOHNSTON N P, RICO E, et al. , 2006. The Palatability of sweet (Surumi, Patacamaya, Sayana, Chucapaca) and bitter (Real) bolivian quino cultivars, corn, barley and oats as guinea pig foodstuffs [J]. Proceedings, Western Section, American Society of Animal Science, 57: 229-232.

STUARDO M, SAN M R, 2008. Antifungal properties of quinoa (Chenopodium quinoa Willd.) alkali treated saponins against Botrytis cinerea [J]. Ind Crop Prod, 27: 296-302.

TANG Y, LI X H, ZHANG B, et al. , 2015. Characterisation of phenolics, betanins and antioxidant axtivities in seeds of three *Chnopodium quinoa* Wild. genotypes [J]. Food Chemistry, 166: 380-388.

WRIGHT K H, PIKE O A, FAIRBANKS D J, et al. , 2002. Composition of at-riplex horteinsis, sweet and bitter Chenopodium quinoa Seeds [J]. Food Chemistry and Toxicology, 67 (4): 1383-1385.

XING B, TENG C, SUN M H, et al. , 2021. Effect of germination treatment on the structural and physicochemical properties of quinoa starch [J]. Food Hydrocolloids, 115: 1-9.

YAO Y, YANG X, SHI Z, et al. , 2014. Anti-inflammatory activity of saponins from quinoa (Chenopodium quinoa Willd.) seeds in lipopolysaccharide-stimu-lated RAW 264. 7 macrophages cells [J]. J Food Sci, 79: 1018-1023.